No.145

電圧/電流/インピーダンス/周波数特性/SN比…何でも測れる

私のサイエンス・ラボ！
テスタ/オシロ/USBアナライザ入門

CQ出版社

トランジスタ技術 SPECIAL No.145

未来の主役は Things（モノ）！ 作る力を磨いて1歩リード
Introduction　モノ作りには測定技術が欠かせない　川田 章弘，直崎 智里 …………… 6

第1部　基本の測定器 テスタの使い方

第1章　手始めにそろえたい2台からIoT実験ワークベンチまでを紹介
テスタを手に入れよう　川田 章弘 ……………………………………… 10
- 初めてのテスタ選び ……………………………………………………………………… 10

第2章　抵抗/電圧/電流の測定から電子部品の良品判定まで
**日用電子計「テスタ」の超初歩：
アナログ・テスタの使い道あれこれ**　川田 章弘 ……………………… 12
- [テスタの使い道①] 正しくはんだ付けされているか明らかにできる ……………… 13
- [テスタの使い道②] 電子部品や半導体が正常か明らかにできる …………………… 13
- [テスタの使い道③] 回路各部の電圧を測定できる …………………………………… 16
- [テスタの使い道④] 回路に流れている電流を測定できる …………………………… 17
- [テスタの使い道⑤] ゲインの周波数特性を測定できる ……………………………… 19
- [テスタの使い道⑥] 回路の特性をチューニングできる ……………………………… 19
- [テスタの使い道⑦] 電子回路の小さな変化を見せてくれる ………………………… 20
- [テスタの使い道⑧] 信号ラインの死活がわかる ……………………………………… 20

第3章　敏感に反応する針の指示値の意味からスペックの読み方まで
実践マニュアル！ テスタの正しい使い方　川田 章弘 ……………… 21
- 正しい使い方① 使う前の準備作業 ……………………………………………………… 21
- 正しい使い方② 水平において真正面から針を読む …………………………………… 22
- 正しい使い方③ 直流電圧の測り方 ……………………………………………………… 23
- **Column 1**　測定器を使うときは回路のふるまい（電流や電圧）を意識する ……… 23
- 正しい使い方④ 直流電流の測り方 ……………………………………………………… 24
- 正しい使い方⑤ 直流抵抗の測り方 ……………………………………………………… 25
- 正しい使い方⑥ 交流電圧の測り方 ……………………………………………………… 26
- 正しい使い方⑦ 交流電流の測り方 ……………………………………………………… 27
- **Column 2**　消耗した幽霊電池をアナログ・テスタで見つける ……………………… 28

Appendix 1　ぞんざいに扱われる運命だけど…対策はある！
テスタを壊さないために気をつけること　藤田 昇 …………………… 29
- **Column 1**　測定しながらレンジを切り替えてもいいの？ …………………………… 29
- **Column 2**　静電気でメータの指針がずれる？！ ……………………………………… 30

Appendix 2　低抵抗や大電流の測定時には要注意！
テスト・リードの抵抗について知っておこう　藤田 昇 ……………… 31
- **Column 1**　0Ω調整にまつわる都市伝説 ……………………………………………… 32

CONTENTS

表紙／扉デザイン：ナカヤ デザインスタジオ（柴田 幸男）
本文イラスト：神崎 真理子

第4章
100kHzまでのアナログ信号を高精度にキャッチできる
アナログ・テスタ拡張アダプタの製作①
入力抵抗を10MΩに上げる　川田 章弘 ……………………… 33
- Column 1　同じ電力を送るなら高電圧・低電流のほうがお得 …………………………… 35
- Column 2　内部抵抗のいたずら…テスタが誤差要因になる …………………………… 39

第5章
雑音から音声まで，どんな波形でも正確に
アナログ・テスタ拡張アダプタの製作②
実効値を正確に測る　川田 章弘 …………………………………… 40

第6章
何度も押すスイッチの劣化を調べたり，モータ用電流センサを選んだり
アナログ・テスタ拡張アダプタの製作③
mΩオーダの低抵抗値を測定する　川田 章弘 ………………… 48

第7章
Wi-FiやBluetoothを基板で受信！ 通信エラーや放射ノイズの原因究明に
アナログ・テスタ拡張アダプタの製作④
2.4GHzの電波レベルを調べる　川田 章弘 …………………… 51
- Column 1　アナログ・テスタ拡張アダプタの組み立てキット頒布のお知らせ ……… 54

第2部　本格派！ オシロスコープの使い方

第8章
まずは基本を押さえよう
オシロスコープとは何か　小川 一，天野 典 ………………… 55
- ■ オシロスコープとは ………………………………………………………………………… 55
- ■ オシロスコープの3大基本動作 …………………………………………………………… 56
- ■ 測定上の注意点 ……………………………………………………………………………… 58
- Column 1　鉄則！ オシロは3ピンACプラグでアースにつなぐ …………………… 59

第9章
電源ケーブルの接続からプローブ調整，測定まで
オシロスコープを実際に使ってみよう　小川 一，天野 典 …… 61
- ■ オシロスコープを起動する ………………………………………………………………… 61
- ■ 電圧プローブを接続する …………………………………………………………………… 63
- ■ 測定前の調整を行う ………………………………………………………………………… 64
- ■ 測定を行う …………………………………………………………………………………… 66
- Column 1　トラブルシュート　0V輝線の位置が電圧感度UPとともに中央のグラウンド・マーカからずれていく … 67

第10章
入力カップリングやトリガの各種設定機能を駆使して安定した波形を手に入れる！
オシロスコープが備える基本機能　小川 一 …………………… 68
- ■ DC成分を除去できる「入力カップリング機能」 ……………………………………… 68
- ■ トリガ点（波形表示の基準点）を決める機能 …………………………………………… 70
- ■ トリガ点をさかのぼって波形を表示できる「トリガ・ポジション機能」 ………… 73

トランジスタ技術SPECIAL No.145

- 表示信号以外もトリガ信号にできる「トリガ・ソース機能」………………………………………………… 74
- トリガ信号の周波数成分を選択できる「トリガ・カップリング機能」………………………………………… 75
- トリガ禁止期間を設定できる「トリガ・ホールドオフ機能」……………………………………………………… 77

第11章 オシロスコープの「仕様」と「実際に測れる信号の範囲」は一致しない
ディジタル・オシロスコープの性能を把握するキーワード：「周波数帯域」と「サンプリング・レート」　小川 一 ……………………… 79

- 周波数帯域 ……… 79
- 立ち上がり時間 ……………………………………………………………………………………………………… 80
- サンプリング・レート ……………………………………………………………………………………………… 81

第12章 感度，調整，周波数帯域…いずれも重要！
正しく測るために必ず知っておきたい聴診器「プローブ」の基礎知識　天野 典 …… 84

- 電子回路に気づかれないプローブがいい ………………………………………………………………………… 84
- 使うなら10：1プローブ …………………………………………………………………………………………… 85
- **Column 1** プローブの分類 ……………………………………………………………………………………… 85
- 本当の波形を見たいなら，1に調整，2に調整 …………………………………………………………………… 87
- **Column 2** トラブルシュート　グラウンド・リードの断線 ………………………………………………… 88
- 「プローブの帯域≧オシロの帯域」が基本 ………………………………………………………………………… 89

第13章 ノイズを受けずに拾ってひずみなく伝える
プローブの性能はグラウンド・リードの短さで決まる　天野 典 ………… 90

- 急峻な立ち上がりを正しく観測する接続技術 …………………………………………………………………… 90
- 周辺ノイズの影響を受けにくい接続技術 ………………………………………………………………………… 94
- **Column 1** 2本のプローブをつなぐときはグラウンドも2本つなぐ ……………………………………… 95

Appendix 3 反射したり減衰したり…信号は「波」である
信号伝送時に機器/ケーブル/コネクタのインピーダンスを合わせる理由　天野 典 …… 96

- どんな信号も伝わるときに反射や減衰に見舞われる …………………………………………………………… 96
- 反射のようす …… 97
- 減衰のようす …… 99
- 波形の乱れや遅延はデータ・エラーの元 ………………………………………………………………………… 99

第14章 アクティブ型/差動型から手作りまで！スペシャル・プローブで攻める
高速マイコンや高速インターフェースのプロービング技術　天野 典 …… 100

- 観測したい高速信号と測定系の周波数帯域についての基礎知識 ……………………………………………… 100
- **Column 1** 「測定系の周波数帯域はクロック周波数の10倍あればよい」といわれる理由 ……………… 101
- 3種類のプローブでFPGAの出力信号を観測してみた ………………………………………………………… 102
- **Column 2** 壊れやすいので要注意！アクティブ・プローブ3つの扱い方 ………………………………… 102
- 高速インターフェースの観測に特化した「差動プローブ」 ……………………………………………………… 103
- **Column 3** 汎用パッシブ・プローブで差動信号を観測する …………………………………………………… 105
- 帯域500MHz超！手作りワンコイン広帯域プローブ ………………………………………………………… 106

CONTENTS

第15章 電流/電圧/電力を正しく測るテクニック
電源やインバータの高電圧・大電流プロービング　天野 典 …… **107**
- 電流プローブの使い方 …… 107
- 高電圧差動プローブの使い方 …… 109
- 電流プローブと電圧プローブの合わせ技による電力測定 …… 110

第3部　高コスパ！ パソコンとUSB接続して使うマルチ測定器

第16章 オシロ/DMM/電源/SGからスペアナ/ネットアナ/バス・データ解析まで
全部入りスーパー測定器！ Analog Discovery 2　渡辺 潔 …… **112**
- 高速・高分解能A-D/D-AとFPGAを内蔵 …… 112
- 使ってみる …… 113
- **Column 1** Analog Discovery 2のオシロ入力端子はグラウンドが独立した差動タイプ …… 115

第17章 スペシャル・トリガ，重ね描き，ロング・メモリ分析，データ・パターン解析…
プロ機能満載！ Analog Discovery 2 逆引きマニュアル20選　渡辺 潔 …… **117**
- ①ワンタッチ波形表示機能を使う …… 117
- ②発生頻度の低い信号を見つける …… 118
- ③条件を絞り込んで狙った波形を捕まえる …… 120
- ④1回だけ有効な仕掛けで狙った波形を捕える …… 120
- ⑤過去の100波形にさかのぼって見る …… 121
- ⑥電圧振幅や周期を値で見る …… 122
- ⑦I2CやSPIインターフェースのデータ・パターンを解析する …… 123
- ⑧ナイキスト周波数以上の信号の波形を観測 …… 123
- ⑨信号の細部まで観測する …… 124
- ⑩ノイズを減らして信号だけを取り出す …… 126
- ⑪レベルの低い信号を高い分解能で測る …… 126
- ⑫信号の周波数成分を解析する …… 127
- ⑬テスト用の連続ロジック信号を出力する …… 128
- ⑭出力抵抗から雑音まで！ アナログ信号源のエミュレーション …… 129
- ⑮正弦波やのこぎり波など任意の連続信号を出力する …… 130
- ⑯音楽や声などややこしい波形の信号を出力する …… 131
- ⑰アンプやフィルタのゲイン＆位相の周波数特性を自動で測る …… 132
- ⑱アナログ・アンプの高調波ひずみ成分を解析する …… 133
- ⑲インピーダンスの周波数特性を自動で測る …… 134
- ⑳基準電位を気にすることなく2点の電位差を安心測定 …… 135

特別企画 Analog Discovery 2 和訳マニュアル …… **137**

第1部　**Analog Discovery 2 リファレンス・マニュアル** …… **138**

第2部　**WaveForms 2015 リファレンス・マニュアル** …… **174**

▶ 本書は，「トランジスタ技術」に掲載された記事を再編集，書き下ろしの章を追加して再構成したものです．初出誌は各記事の稿末に掲載してあります．

Introduction

未来の主役はThings(モノ)! 作る力を磨いて1歩リード

モノ作りには測定技術が欠かせない

川田 章弘／直崎 智里　Akihiro Kawata/Chisato Naozaki

図1　来たるIoTワールドの主役は人じゃなくモノ(Things)

IoT時代に活躍するのは「ハードウェア」

● マシンが計測/分析/制御/通信するIoTが現実に

インターネット上に無数にある超高性能なサーバ群と人工知能アルゴリズム，高速化したネットワーク，Wi-Fi/LTE無線通信ができるポータブル・コンピュータ，超小型ワンチップ半導体の誕生によって，マシンどうしが会話しながら勝手に生産活動するIoT(Internet of things)ワールドがリアリティを増してきました(図1)．IoTは次の3つで成り立っています．

① アナログ電子回路
② コンピュータ
③ ネットワーク

①のアナログ電子回路とは，身の回りの物理現象を捕えるセンサやA-D/D-Aコンバータ，アンプ，無線回路などのことです．高性能な電子回路を作ることができれば，センサが出力するアナログ信号を正確に取り込むことができます．

②のコンピュータ(情報科学の力)は，取り込んだアナログ信号を意味のある情報に加工したり，分析したり，判断したりします．③のネットワーク技術は，情報を世界中で共有し，付加価値を高めます．

● 高性能で信頼性の高いマシンを作る力があれば1歩リードできる

大人気の実験用エンベデッド・コンピュータ ラズベリー・パイやWi-Fi/Bluetooth搭載マイコン ESP-WROOM-32，アルデュイーノなど，つなぐだけで動かせるモジュールが目白押しです．いずれも数千円で手軽に買うことができます．

これらは，試作用としてはとても有用ですが，実用的なIoT製品には使うことはできません．厳しい使用環境の元でも，長期にわたり安定した性能を発揮し続けるIoT製品を作るためには，従来どおり，部品を適切に選び，信頼性の高い回路を設計し，はんだごてや測定器を使いこなして高性能な基板に仕上げる技術力が必要です．

図2　実際のIoTマシン
現在，私が開発に携わっている介護用ウェアラブル・デバイスDFree-U1（トリプル・ダブリュー・ジャパン，http://dfree.biz/）．膀胱にたまっている尿の量を測ってインターネット経由で介護者に知らせる

● **実際のIoTハードウェアの例**

図2に示すのは，私が開発した介護用ウェアラブル・デバイス「DFree-U1」（トリプル・ダブリュー・ジャパン，http://dfree.biz/）です．

膀胱にたまっている尿の量を超音波エコーで測定し，介護者に適切に伝えるIoTマシンです．実際に介護施設に導入されています．

本器は，クラウド・サーバ・コンピューティングをベースとした構成です．Bluetooth Low Energy（BLE）デバイスなどで既存インフラへ接続する「アクセス・ブリッジ（AB：Access Bridge）」と称するネットワーク・ブリッジのしくみを設けています．

本器には，マイコンや無線回路はもちろん，高性能なプリント基板アンテナを含む高周波回路，バッテリ・パワー・マネージメント回路，超音波トランスデューサ駆動回路，低消費電力超音波受信回路などのアナログ回路が搭載されています．

〈川田　章弘〉

（初出：「トランジスタ技術」2017年4月号）

実験室御用達の基本測定器

■ **大分類**

電子回路を評価するときに使う代表的な測定器を次に示します．測定器は次の2つに分類できます．

(1) 測定器：ディジタル・マルチメータ，オシロスコープ，スペクトラム・アナライザ（スペアナ）など，外部から来た信号を測る機能をもつもの
(2) 電源・信号源：ベンチトップ電源，ファンクション・ジェネレータなど，電源や信号を供給するもの

オシロスコープやスペクトラム・アナライザで測る物理量は「電圧」です．オシロスコープは，測定ターゲットの電圧の時間的な変化を捉えて表示します．スペクトラム・アナライザは，入力信号の電力（スペクトル）を周波数軸で表示します．内部では電圧信号を扱っています．

(1)の測定器が測っているのは，結局のところ電圧か電流のどちらかまたは両方です．電圧と電流の両方がわかれば，抵抗値も電力値も求めることができます．例外としてパワー・メータという測定器がありますが，これは入力信号を熱に変換することで電力を測定しています．

(2)は，なにかを測っているわけではありませんが，測定器メーカが販売しているため，測定器として扱われています．

■ **基本測定器の紹介**

● **ディジタル・マルチメータ（写真1）**

ハンド・テスタと呼ばれるもので，ディジタル式のものが主流です．直流と交流の電圧，電流，抵抗値を測ることができ，多くは，電圧測定用端子と電流測定用端子を別々に備えています．

▶ 電流は抵抗両端の電圧から計算で求める

図3に内部回路を示します．電流計は，電流をある値が既知の抵抗（数mΩ～数Ω）に流して，そこに生じた電圧を測って電流値を割り出します．

▶ 抵抗値は電流を流し込んで電圧を測って計算で求める
抵抗値は，電流を流し込んで電圧を測り，オームの

写真1 世界中のエンジニアが愛用する基本測定器① ディジタル・マルチメータ(PC700, 三和電気計器)

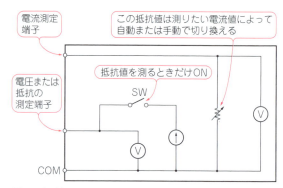

図3 ディジタル・マルチメータの内部等価回路

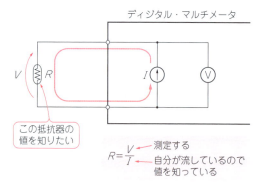

図4 ディジタル・マルチメータが抵抗値を測るメカニズム
数Vで壊れてしまう部品を測るときは「抵抗測定モード」を使わないほうがベター

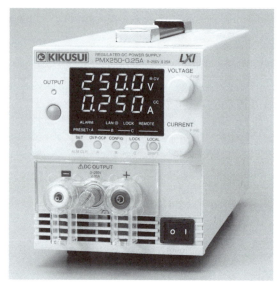

写真2 世界中のエンジニアが愛用する基本測定器② ベンチトップ電源(PMX-250-0.25A, 菊水電子工業)

法則を使って($R = V/I$)求めます．

図4に示すように，電圧測定端子の内部には定電流源があり，抵抗測定モードのときだけ接続されます．測定ターゲットが接続されると，この定電流源から電流が流れ出して，そこに生じた電圧を電圧計で読み取ります．マルチメータ自体は，定電流源から出力される電流を知っているので，測定した電圧値をその電流値で割り算して結果を表示します．

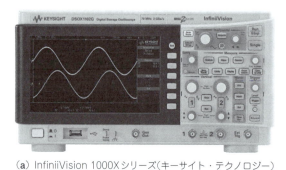

(a) InfiniiVision 1000Xシリーズ(キーサイト・テクノロジー)

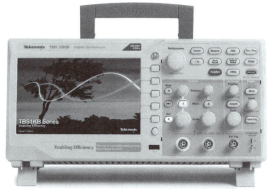

(b) TBS1202B(テクトロニクス)

写真3 世界中のエンジニアが愛用する基本測定器③ オシロスコープ

写真4 世界中のエンジニアが愛用する基本測定器④ ファンクション・ジェネレータ(SMA100B, ローデ・シュワルツ)
決まったインピーダンスに接続されることを想定して作られている．それ以外の負荷が接続されると出力電圧を維持できなくなる

● ベンチトップ電源(写真2)

電子回路に一定の電圧を供給する測定器です．

ダイヤルで出力電圧を設定できるものが多く，単出力タイプや複数出力タイプがあります．モニタに，出力中の電圧や電流をリアルタイムに表示する機能をもつものも多いです．

ターゲット側でショートなどの異常が発生しているのにもかかわらず，電源が無制限に電流を出力すると，ターゲットや電源の回路が焼損する可能性があります．多くは，電流値がリミット値(設定可能)に達すると，電圧が低下してターゲットを保護します．

● オシロスコープ(写真3)

電子回路の電圧の波形を表示する測定器です．ブラウン管を用いたアナログ型はほとんど姿を消し，液晶ディスプレイを搭載したディジタル式が主流です．観測できる周波数帯域によって，数万～数千万円までさまざまです．

● ファンクション・ジェネレータ(写真4)

正弦波や矩形波，三角波など，さまざまな波形の電圧を発生できる測定器です．希望の波形を自由に生成できるものを特に任意波形発生器(AWG：Arbitrary Waveform Generator)と呼びます．

1点だけ使い方に注意があります．図5(a)に示すのは，振幅を5 V_{P-P}に設定したときの出力波形です．この状態で，抵抗値の低い負荷をつないだところ，出力できる電流能力の上限を超えたため，図5(b)のように

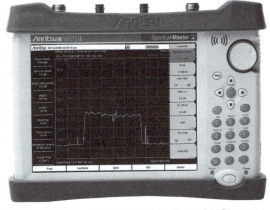

写真6 世界中のエンジニアが愛用する基本測定器⑤ スペクトラム・アナライザ(MS2711E, アンリツ)

電圧振幅が5 Vに達しませんでした．でも，信号発生器の設定表示は5 Vのままです(写真5)．ファンクション・ジェネレータは，設定電圧を出そうと頑張りますが，実際に出力できているかどうかは別です．

一般に，ファンクション・ジェネレータのような信号源は，50Ω系などの決まったインピーダンスに接続されることを想定しています．

● スペクトラム・アナライザ(写真6)

入力信号の大きさを周波数軸で表示する測定器です．通常，縦軸は電力です．

高周波の世界では，インピーダンス変換によって電圧振幅が変動するので，電力で信号レベルを表すのが一般的です．

● 複数の測定機能を備えるタイプも

1台で複数の測定機能をこなす測定器もあります．たとえば，USB接続型の測定器「Analog Discovery 2」は，パソコンと連携することでオシロスコープ/ファンクション・ジェネレータ/ロジック・アナライザ/プログラマブル電源などとして使えます．

〈直崎 智里〉

(初出：「トランジスタ技術」2018年2月号)

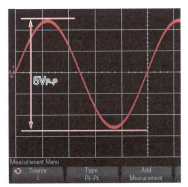

(a) 負荷抵抗値が適切な場合

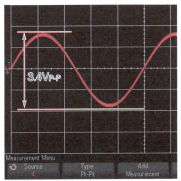

(b) 負荷抵抗値が低すぎる場合

◀図5 ファンクション・ジェネレータに規定より低い抵抗を接続して，出力を5 V_{P-P}に設定したときの波形

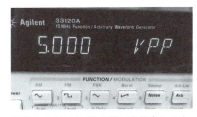

写真5 5.000 Vに出力電圧を設定しても，実際の出力電圧は低下することがある

第1部 基本の測定器 テスタの使い方

第1章 手始めにそろえたい2台から IoT 実験ワークベンチまでを紹介

テスタを手に入れよう

川田 章弘 Akihiro Kawata

　IoTの主役であるハードウェア，つまりアナログ電子回路を作るには，測定器が必要です．安くなったとはいっても数万円はしますから，自分の財布で気軽に買うわけにはいきません．
　でも，ちょっと待ってください．テスタなら親父の日曜大工用の工具箱に入っているかもしれません（図1）．テスタは，電子部品が良品かどうか，基板が設計どおりにできているかどうか，性能が出ているかどうかなど，電子回路を作るために欠かせない強力な日用ツールです．

初めてのテスタ選び

　私が所有しているテスタを写真1〜写真3に示します．ディジタル・テスタだけでなく，アナログ・テスタも持っています．回路の性能評価・調整に使うような5万円台の高精度なものから，導通チェックに使うような2千円台，5千円台の製品といろいろです．
　新規に購入する方には，次の2台のテスタをお勧めします．

(1) アナログ・テスタ（内部抵抗20kΩ/Vクラス）
　写真1(b)に示すYX-361TR（5千円程度）などです．あまりに安価なアナログ・テスタの中には，内部抵抗値が低すぎて（2kΩ/Vなど），正しい測定値が得られないものがあります．

(2) ディジタル・テスタ（2千円程度）
　写真2(c)に示すDE-200A（DER EE，秋月電子通商取り扱い）などです．
　本格的に回路を勉強したくなったら，写真3に示すような5万円台のディジタル・テスタを検討してみてください．機能が豊富なだけでなく，精度も高いです．私も5万円台のテスタを導入してから，ベンチトップのディジタル・マルチメータを使う頻度が減りました．

● 用途に合ったものを選ぶ
　テスタは，用途に応じて選択しましょう．

▶ 動作確認に適したテスタ
　導通チェックなど，気軽な測定には，2千円台の安価なディジタル・テスタを使います．写真2(c)の電流も測定できるDE-200A（DER EE）などを持っていると応用範囲が広がります．

▶ 性能の測定に適したテスタ
　測定結果を数値として読み取る必要があるので，ディジタル・テスタのほうが有利です．正確に電子回路

図1 自宅にある工具箱からテスタを引っ張り出して，今すぐ IoT 開発！

(a) SH-88TR（三和電気計器）　(b) YX-361TR（三和電気計器）

写真1 私が所有するアナログ・テスタ

 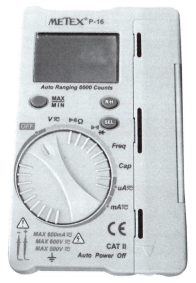 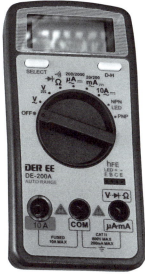

(a) SK-6530(カイセ)　　(b) P-16(METEX)　　(c) DE-200A(DER EE)

写真2　私が所有する汎用ディジタル・テスタ

の性能を測りたいときは，5万円台のディジタル・テスタを購入しましょう．例えば，写真3に示すDT4282（日置電機），またはU1252B（キーサイト・テクノロジー）などがおすすめです．

▶回路の調整に適したテスタ

　最大値や最小値に追い込む，相対値による調整は，針の振れで直感的に大小を認識できるアナログ・テスタが向いています．一方，1.00 Vに調整するというふうに，絶対値に合わせ込むときはディジタル・テスタが向いています．

● 〆て4～5万円！ IoT実験ワークベンチを作ろう

　IoTマシンを作る環境を整えるのに，最低限，次のような測定器が必要そうです．

- アナログ・テスタ：YX-361TR（5,000円）
- ディジタル・テスタ：DE-200A（2,000円）
- 信号発生器：FG085（miniDDSkit）（4,000円）
- 簡易オシロスコープ（LCDオシロスコープ・キット）：06204KPL（4,700円）
- LCR測定器：DE-5000（7,800円）

合計で23,500円です．

　奮発して，70 MHz帯域のオシロスコープ（OWON TDS7074など，8万円前後）を購入すると，実験室が一気にパワーアップします．

　予算に余裕があるなら，次の測定器も買いそろえるとよいでしょう．

- チップ・コンデンサの容量測定器：
MS8910（2,000円）

(a) U1252B（キーサイト・テクノロジー）　　(b) DT4282（日置電機）

写真3　私が所有する高機能ディジタル・テスタ

- ロジック・アナライザ：IKA Logic SCANAQUAD SQ25（25 Msps）（11,232円）

追加合計は13,232円です．全部そろえると36,732円です．

　実用的なIoTマシンを開発するためには，最低でも4～10万円を計測器に投資したいところです．私が学生のころは，オシロスコープ1台でも高価すぎてなかなか買うことができませんでした．今の技術者はうらやましいです．

（初出：「トランジスタ技術」2017年4月号）

初めてのテスタ選び　11

第2章 抵抗/電圧/電流の測定から電子部品の良品判定まで

日用電子計「テスタ」の超初歩：アナログ・テスタの使い道あれこれ

川田 章弘 Akihiro Kawata

本章では，YX-361TR（三和電気計器製，**写真1**）を例にアナログ・テスタでできることを紹介します．

IoT機器を作るためには，次のような作業を確実にこなす必要があります．

- はんだ付けの良否判定（導通テスト）
- 電子部品の良否判定
- 電圧や電流の測定
- 性能の測定や調整

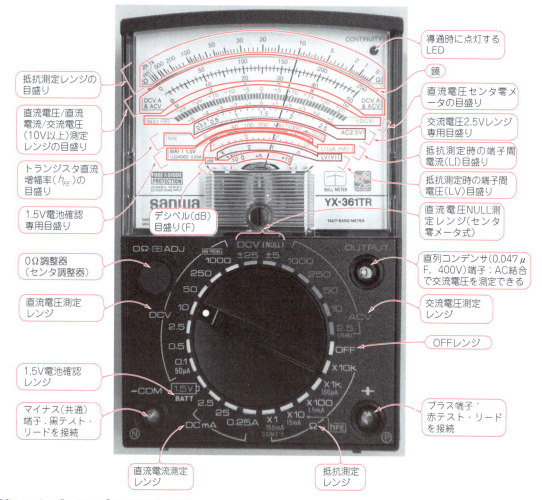

写真1 アナログ・テスタ「YX-361TR」の外観
図のように正常なダイオードを接続すると，アノードからカソードに向かって電流が流れて針が振れる

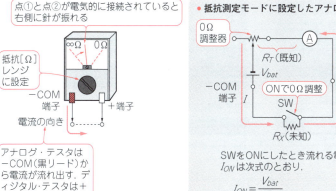

図1 アナログ・テスタを抵抗測定レンジに設定すると，黒リード側（−COM端子）に正の電圧が発生し電流が流れ出す

どの作業もアナログ・テスタ1本あればほぼこなすことができます．最初から高価な測定器を買いそろえる必要はありません．

［テスタの使い道①］
正しくはんだ付けされているか明らかにできる

テスタの抵抗測定レンジを使うと，はんだ付けした箇所がきちんと電気的に接続されているかどうかを調べることができます（図1）．

まず，できるだけ高い抵抗値を測るレンジ（×10kΩレンジ）に設定して（写真2），順次，低抵抗側（×1kΩ→×1Ω）に切り換えていきます．メータの針が振れたら導通あり，振れなかったら導通なしです．

YX-361TRは，設定するレンジによって次のように出力電圧が異なります．

- ×1Ω～×1kΩレンジ：約3V
- ×10kΩレンジ：約9V

出力電流値は設定レンジによって，次のように変わります．

- ×1kΩレンジ：0～150μA
- ×100Ωレンジ：0～1.5mA
- ×10Ωレンジ：0～15mA
- ×1Ωレンジ：0～150mA

［テスタの使い道②］
電子部品や半導体が正常か明らかにできる

● 基本

製作した回路が思ったように動かない…と途方に暮れる時間は無駄です．すぐにテスタを取り出して，電子部品に異常がないか調べましょう．

テスタの抵抗測定レンジを使うと，ダイオードやバイポーラ・トランジスタ（BJT：Bipolar Junction Transistor），接合型電界効果トランジスタ（JFET：Junction Gate Field-Effect Transistor）の良否を判定できます．電流が流れることが正常な場合もあれば，異常な場合もあります．

写真2 アナログ・テスタを抵抗測定レンジに設定すると，導通の有無や部品の抵抗値を調べることができる

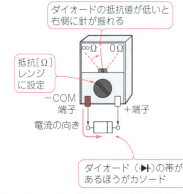

図2 アナログ・テスタでダイオードが良品かどうかを調べる方法
図のように正常なダイオードを接続すると，アノードからカソードに向かって電流が流れて針が振れる

（a）良品判定法①…良品は黒リードをアノードに，赤リードをカソードに接続すると電流が流れる

（b）良品判定法②…良品は黒リードをカソードに，赤リードをアノードに接続すると電流が流れない

写真3　アナログ・テスタを使ってダイオードが良品かどうかをチェックしているところ

● ダイオードの良品判定

　－COM端子はマイナス端子です．アナログ・テスタの場合は，抵抗測定レンジに限り，このマイナス端子からプラスの電気が流れ出します．つまり，黒色のテスト・リード（－COM端子）側はプラス極（正電圧が出ている），赤色のテスト・リード側はマイナス極（負電圧が出ている）です．

　図2に示すように，アノード側に黒色リード，カソード側に赤色リードをつないだとき電流が流れたら，そのダイオードは正常です．

　実験してみましょう．テスタの抵抗レンジを×10 kレンジに設定します．

　正常なダイオード（1N4148）に，**写真3(a)**に示すようにテスタのリードを接続すると電流が流れます．もし電流が流れなかったら，そのダイオードは断線しています．

　正常なダイオードに，**写真3(b)**のようにテスタのリードを接続すると電流は流れません．もし電流が流

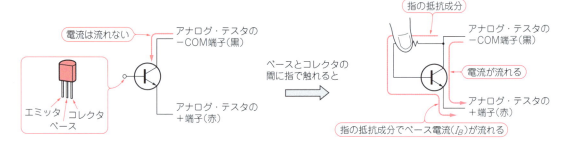

（a）良品判定法①ベースを開放したときコレクタからエミッタに向かって電流が流れないことを確認する

（b）良品判定法②ベースをコレクタに指を当てて接続したときコレクタからエミッタに向かって電流が流れることを確認する

図3　アナログ・テスタでバイポーラ・トランジスタ（NPN型）が良品かどうかを調べる方法

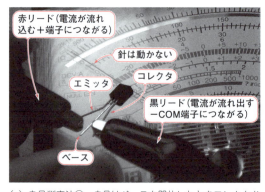

（a）良品判定法①…良品はベースを開放したときコレクタからエミッタに向かって電流が流れない

（b）良品判定法②…良品はベースとコレクタに指を当てて接続したときコレクタからエミッタに向かって電流が流れる

写真4　アナログ・テスタでバイポーラ・トランジスタ（NPN型）が良品かどうかをチェックしているところ

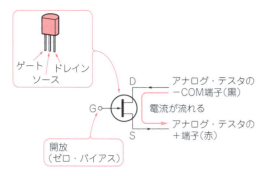
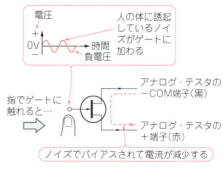

（a）良品判定法①ゲートを開放したときドレインからソースに向かって電流が流れることを確認する

（b）良品判定法②ゲートに指を触れるとドレイン電流が減少することを確認する

図4　アナログ・テスタでJFET（Nチャネル）が良品かどうか調べる方法①
ゲートに指で触れてドレイン電流が減少したら良品

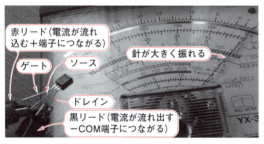

（a）良品判定法①…良品はゲートを開放したときドレインからソースに向かって電流が流れる

（b）良品判定法②…良品はゲートに指を触れるとドレイン電流が減少する

写真5　アナログ・テスタでJFETが良品かどうかをチェックしているところ①

れたら，そのダイオードは短絡しています．

● **バイポーラ・トランジスタの良品判定**

図3に示すように，バイポーラ・トランジスタ（通称，トランジスタ）の良否を調べることができます．

写真4に示すのは，バイポーラ・トランジスタが良品かどうかをチェックしているところです．

実験してみましょう．テスタの抵抗レンジを×10 kレンジに設定します．

図3(a)に示すように，正常なトランジスタ（S9014）のコレクタに黒リードをエミッタに赤リードをつなぎ，ベースは開放します．写真4(a)に示すように，このときコレクタ-エミッタ間には電流は流れず，針は動きません．

次に図3(b)に示すように，コレクタ-ベース間を指で触って接続すると，指先の抵抗成分（皮膚表面抵抗）を通じてベースに電流が流れ込んで，コレクタ-エミッタ間が導通します．実際，写真4(b)のように針が大きく振れます．電流増幅作用を失っているトランジスタは，コレクタ-ベース間を指で触っても針が振れません．

● **JFETの良品判定**

図4と図5の方法でJFETの良否を調べることもできます．

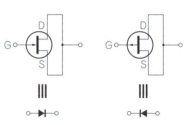

（a）NチャネルJFET　（b）PチャネルJFET

図5　アナログ・テスタでJFETが良品かどうかを調べる方法②
ドレインとソースを短絡してダイオード化して導通の有無を調べる

▶ **テスト法①**

図4(a)に示すように，NチャネルJFETはゲート・バイアスを0Vにすると，ドレイン-ソース間が導通します．図4(b)に示すように，指でゲートに触れると，体に誘起しているノイズ（商用電源からの誘導ノイズ）が指からゲートに伝わってバイアスされます．

実際のJFET（BF256B）で実験してみましょう．テスタの抵抗レンジを×10 kレンジに設定します．

写真5(a)に示すようにゲートをオープンにしておくと，ドレイン-ソース間に電流が流れます．写真5(b)に示すように，ゲートに指で触れると，ドレイン-ソース間の抵抗値が上がりドレイン電流が減少します．

（a）良品判定法③…良品はドレインとソースを短絡したときゲートからドレイン（ソース）に向かって電流が流れる

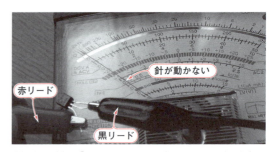
（b）良品判定法④…良品はドレインとソースを短絡したときドレイン（ソース）からゲートに向かって電流が流れない

写真6 アナログ・テスタでJFETが良品かどうかをチェックしているところ②

▶ テスト法②

図5（a）に示すように，JFETはドレインとソースを短絡すると，ゲートがアノード，ドレイン（ソース）がカソードのダイオードとしてふるまいます（Nチャネルの場合）．

実験してみましょう．テスタの抵抗レンジを×10kレンジに設定します．

写真6（a）に示すように，正常なNチャネルJFETのゲートからドレイン（ソース）に向けて（順方向という）に電圧を加えると電流が流れます．逆方向なら電流が流れません．写真6（b）のときに電流が流れたら，JFETのゲートが壊れていて漏れ電流が増大しています．

● コンデンサの良品判定

▶ 基本

コンデンサの良否判定もできます．

実際のコンデンサ（KZHシリーズ，220μF，35V，日本ケミコン）で実験してみましょう．テスタを×10kレンジに設定します．

写真7（a）に示すように，正常なコンデンサにテスタ・リードをつなぐと，直後に大きな充電電流が電流が流れます．その後少しずつ減少して［写真7（b）］，充電が完了すると0Aになります［写真7（c）］．

▶ 電荷を蓄えられなくなっているダメ・コンデンサ

電荷のない空っぽのコンデンサにテスタを当てても，針が動かず充電電流が流れないときは，静電容量（蓄えられる電荷量）が低下した不良品の可能性があります．この症状を容量抜けといいます．内部で断線している可能性もあります．

容量抜けしているかどうかを調べるときは，あらかじめ基準となる正常なコンデンサを使って針の振れ幅の最大値を測定して，不良と疑わしきコンデンサに取り換えて針の振れ幅の最大値を比べます．写真7の実験に使ったコンデンサの場合，正常品だと8.5kΩ以下まで針が大きく振れますが，容量抜け品の場合は，30kΩ程度までしか針が振れなかったりします．

▶ 電流がダダ漏れになっているダメ・コンデンサ

いつまでも大きな充電電流が流れ続ける場合は，内部短絡または絶縁不良を起こしている可能性があります．この症状を漏れ電流の増加といいます．

［テスタの使い道③］ 回路各部の電圧を測定できる

回路の電圧や電流を測ることもできます．

図6に示すように，電源の出力電圧を測るときは電源ラインと並列にテスタを接続します．

テスタの電圧レンジは，あらかじめ測定値の当たりがついている場合は，その電圧に近くかつ大きめに設定します．例えば，12Vとわかっている場合は，50Vレンジを使います（YX-361TRの場合）．写真8は，テスタを使って006P電池の電圧を測っているところ

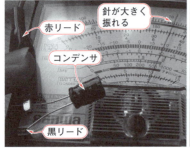
（a）リードを接続した直後

（b）徐々に電流が減少して…

（c）0Aに近づく

写真7 コンデンサが正常がどうか（容量が抜けていないかどうか）を調べているところ

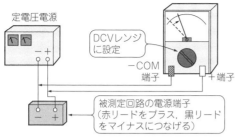

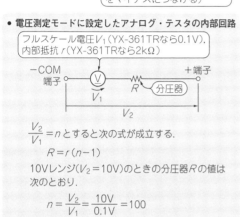

図6 2点間の電圧を測るときは並列にテスタを接続する

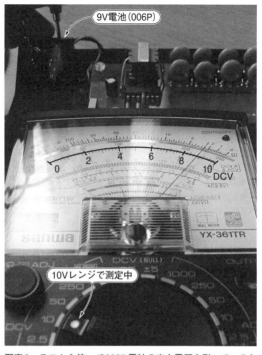

写真8 テスタを使って006P電池の出力電圧を測っているところ
針は9Vを指示している

です．電圧が9Vとあらかじめわかっているので，10Vレンジで測定しています．

値が不明な場合は，まず一番大きなレンジ(1000V)に設定して，徐々に低電圧レンジに切り換えます．レンジ・スイッチを切り換えるときは，必ず回路からテスタを切り離します．

［テスタの使い道④］ 回路に流れている電流を測定できる

● 基本

電流を測る場合は，図7に示すように回路に直列にテスタを接続します．

レンジは，測定値に近くかつ大きめに設定します．測定値が不明な場合は，一番大きなレンジ(0.25 A)から徐々に低電流レンジに切り換えます．レンジ・スイッチ操作時は，必ずテスタを回路から切り離します．

● より正確な電流測定が可能なテスタ「クランプ・メータ」

テスタで正確に電流を測定できないときは，写真9に示すクランプ・メータを使ってください．テスタを回路と電源間に直列挿入せずに，クランプ・メータの磁界センサで間接的に直流電流を測ることができます(図8)．

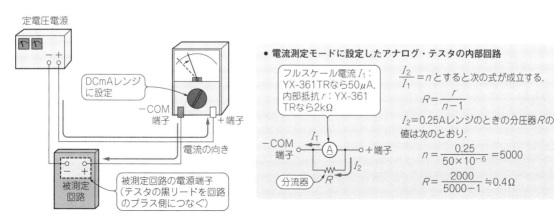

図7 電流を測るときは回路の途中にテスタを直列に挿入する

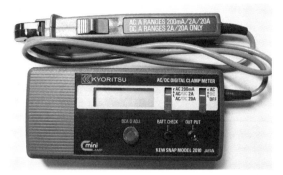

写真9 正確に電流を測定できる専用テスタAC/DCクランプ・メータMODEL 2010（共立電気計器）
電子回路のデバッグに最適な，0.1 mA（交流），1 mA（直流）の分解能をもつ

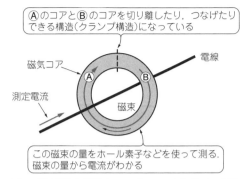

図8 電流測定専用器 クランプ・メータ（写真7）の測定原理

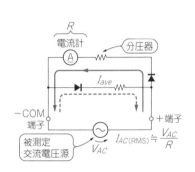

(a) 交流電圧測定モードに設定したアナログ・テスタの内部回路

(b) 内部の電流計に流れるのは半波整流された電流で，針が示すのはその平均値である

アナログ・テスタにつながれた交流電圧源の出力は内部回路で整流され，電流計に半波の整流電流が流れる．電圧計はその平均値（直流平均電流）を指示する．測定したいのは，交流電圧源の出力電圧の実効値である．そこで次式の関係式から，内部電流計のメータが指示する半波整流後の直流電流平均値 I_{ave} の2.22倍の値を目盛りに印刷している．交流電圧源の出力信号が正弦波でない場合は，メータの指示値は誤差を含む．
交流電圧の実効値 $I_{AC(RMS)}$ と直流電流平均値 I_{ave} の関係は次のとおり．

$$I_{ave} = \frac{\sqrt{2}}{\pi} I_{AC(RMS)} \fallingdotseq 0.45\, I_{AC(RMS)}$$

または，

$$I_{AC(RMS)} = \frac{1}{0.45} I_{ave} \fallingdotseq 2.22\, I_{ave}$$

図9 アナログ・テスタを交流電圧測定モードに設定したときの内部回路
この回路で得られるのは入力信号レベルの平均値だが，正弦波の実効値が平均値の2.22倍であることを利用して，メータには実効値が刻まれている．アナログ・テスタで正弦波以外の交流信号を測っても，針は正しい実効値を指示しない

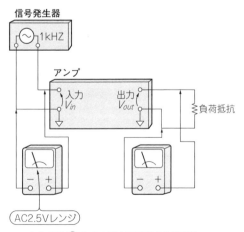

(a) 方法① 入力と出力にテスタを当てる

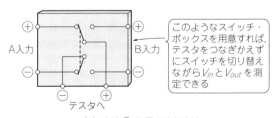

(b) 方法② 治具を使う方法

図10 テスタを使ってアンプのゲインを測る方法
アナログ・テスタは，50 kHz程度までの交流電圧を測ることができる

(a) 外観

(b) 内部

写真10 テスタ1台でアンプのゲインを測定するために作った信号切り換え用のスイッチ・ボックス

[テスタの使い道⑤] ゲインの周波数特性を測定できる

アナログ・テスタは，50 kHz程度までの交流電圧を測ることができ，オーディオ・アンプのゲイン-周波数特性の評価にも使えます．

図9に交流電圧測定時のテスタの内部回路を示します．ダイオードによる半波整流回路になっていて，整流した直流の平均電流値が得られます．図10に，アンプのゲインを測るときの接続を示します．

図10(a)では2台のテスタを使っていますが，スイッチ・ボックス(写真10)を作って2カ所の測定点を切り換えれば1台ですみます．ゲインG［倍］は次式で求まります．

$$G = \frac{V_{out}}{V_{in}}$$

[テスタの使い道⑥] 回路の特性をチューニングできる

● 例えば，アンプの直流オフセット電圧調整

YX-361TRの最小直流電圧レンジは0.1 V（内部抵抗2 kΩ）です．低周波アンプや直流アンプのオフセッ

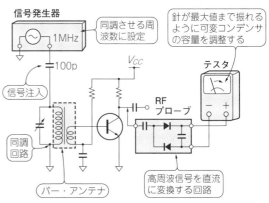

図11 テスタを使うと同調回路の周波数を調整できる

ト電圧を調整できます．半固定抵抗を回しながら，メータの針がもっとも0 Vに近づくように調整します．

● 例えば，高周波回路の調整

同調回路（単峰特性）の周波数特性の調整にも使えます．同調回路とは，複数の周波数成分を含む信号から，特定周波数帯の信号を抽出する回路です．

同調回路の入力信号は，周波数50 kHz以上の高周波信号が多いので，高周波検波回路を作っておくとよいでしょう．

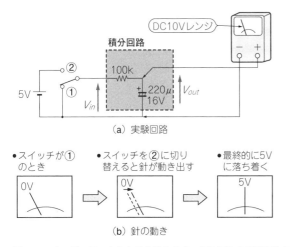

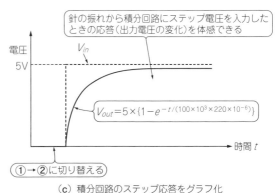

図12 アナログ・テスタなら時定数の大きい積分回路の時間変化を針の動きでつかむことができる

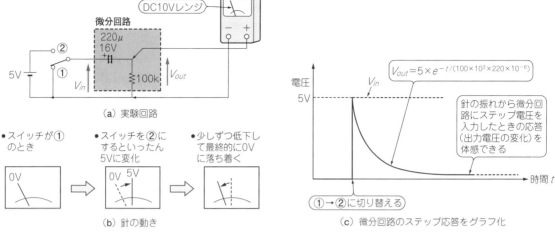

図13 アナログ・テスタなら時定数の大きい微分回路の時間変化を針の動きでつかむことができる

図11に示すように，信号発生器から所定の周波数の信号を発生させて回路に入力します．テスタを見ながら，振幅がもっとも大きくなるように同調回路を調整します．信号発生器に高調波が多く含まれていると，基本波周波数ではなく高調波周波数に同調させるミスが発生します．信号発生器の出力には，高調波除去用のロー・パス・フィルタを挿入するとよいでしょう．

［テスタの使い道⑦］
電子回路の小さな変化を見せてくれる

図12と図13に示すように，時定数の大きな積分回路や微分回路のふるまいを針の動きでつかむことができます．変化の激しい電流や電圧をディジタル・テスタでは，表示値が目まぐるしく変化して捉えることが困難です．アナログ・テスタなら，緩やかな変化を針が捉えて見せてくれます．

［テスタの使い道⑧］
信号ラインの死活がわかる

レベルが大きく連続的に変化するロジック信号（クロック信号やPWM信号など）が，出ているかどうかを確認することもできます．

ディジタル・テスタは応答が速いので，1 kHzのクロック信号を測ると，表示値がパタパタと目まぐるしく変化して読み取ることができません．アナログ・テスタは，針の機構が機械的な積分作用をもっているため高速な変化に追従できません．これが功を奏して，信号が静的にHレベルなのか，Lレベルなのか，クロック信号のように常に変化しているのかを電圧値から読み取ることができます．

まずテスタを直流電圧レンジに設定します．デューティ比が50 %で，振幅が0～3.3 Vの信号の場合，直流電圧平均値は1.65 Vです．信号線にアナログ・テスタを当てると，クロック信号が出ていれば3.3 V以下（約2 V）と測定されます．

写真11は，約20 kHzの発振回路の出力をDC10 Vレンジで測っているところです．直流電圧値は6.4 Vで，静的なHレベル9 Vよりも低く，かつ静的なロジックのLレベル0 Vよりも高い中間の電圧になっています．このように，HレベルとLレベルの中間の電圧になっているかどうかで，発振回路が動いているかどうかを判断できます．オシロスコープがなくても大丈夫です．

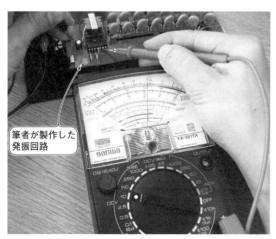

写真11 アナログ・テスタで約20 kHzの発振回路の出力をDC10 Vレンジで測っているところ
直流電圧値はHレベル（9 V）よりも低く，Lレベル（0 V）よりも高い6.4 V．発振回路が動いているかどうかを判断できる．オシロスコープがなてくも大丈夫

◆参考文献◆
(1) MULTITESTER KIT-8D「回路計の製作実習」組立・取扱説明書，三和電気計器㈱．

（初出：「トランジスタ技術」2017年4月号）

第3章 敏感に反応する針の指示値の意味からスペックの読み方まで

実践マニュアル！テスタの正しい使い方

川田 章弘 Akihiro Kawata

　本章では，アナログ・テスタ YX-361TR（三和電気計器製）を使って，テスタの実践的な操作法を説明します．ディジタル・テスタも，「レンジ切り換え」という操作が不要になるだけで，基本的な使い方はアナログ・テスタと同じです．

正しい使い方①　使う前の準備作業

① 買ってきて最初にすること

　テスタを買ってきて箱を開けたら，取扱説明書の「測

表1　テスタを買ってきて箱を開けたらまず取扱説明書の「測定範囲及び性能」を確認する（YX-361TR，三和電気計器）

測定種類	測定範囲	許容差	備考
直流電圧 (DCV)	0－0.1V－0.5V－2.5V－10V－50V －250V－1000V－(25kV) (25kVは別売HVプローブによる．)	最大目盛値の±2.5% (1000V以下)	内部抵抗 20kΩ/V
直流電圧 (DCV) NULL	0－±5V 0－±25V	最大目盛値の±5%	センタ零メータ式 内部抵抗 40kΩ/V
直流電流 DCmA	0－50μA－2.5mA－25mA－0.25A (50μAはDC0.1Vレンジと共通)	最大目盛値の±2.5%	端子電圧降下 250mV（分流器分）
交流電圧 (ACV)	0－2.5V－10V－50V－250V－1000V ［2.5V range : 40Hz～100kHz ±3% 10V range : 40Hz～100kHz ±3% 50V range : 40Hz～20kHz ±3% 250V range : 40Hz－3kHz ±3% 1000V range : 40Hz－1kHz ±3%］*（周波数特性）	最大目盛値の±3% 10V以下 ±4%	内部抵抗 9kΩ/V
低周波出力 (dB)	－10dB～＋10dB（AC2.5Vレンジ）～＋62dB 0dB＝0.775V（1mW）， 600Ωインピーダンス回路にて	ACVと同じ	ACVと同じ
抵抗 (Ω) 導通表示用 LED付き	×1 ： 0～0.2Ω～2kΩ　中心20Ω ×10 ： 0～2Ω～20kΩ　中心200Ω ×100 ： 0～20Ω～200kΩ　中心2kΩ ×1k ： 0～200Ω～2MΩ　中心20kΩ ×10k ： 0～2kΩ～20MΩ　中心200kΩ 導通表示LED：×1レンジにて (10Ω以下発光)	目盛長の±3%	内蔵電池 R6(1.5V)×2 6F22(9V)×1
電池テスト (BATT)	0－1.5V GOOD－？－BAD　色別目盛	最大目盛値の±5%	負荷電流 0.25A
端子間電流 (LI)	0－150μA ……… ×1k レンジ 0－1.5mA ……… ×100 レンジ 0－15mA ……… ×10 レンジ 0－150mA ……… ×1 レンジ	目盛長の±5%	被測定物の測定中，＋及び－COM間を流れる端子電流
端子間電圧 (LV)	Ω計各レンジ共通（×1～k） 3V～0V（LI目盛の逆）	目盛長の±5%	Ω測定中に＋、－COM間に加わる電圧
トランジスタの直流電流増幅率 h_{FE}	h_{FE}：0～1000 （Ω×10レンジにて）	目盛長の±3%	別売プローブ使用

＊周波数特性：50Hz基準

- メータの内部抵抗と設定レンジの関係：10Vレンジに設定すると，内部抵抗が 10V×20kΩ/V＝200kΩになる
- 10Vレンジまで40Hz～100kHzの正弦波信号を±3%の精度で測定できる
- ×1～×1kレンジでは1.5V×2で抵抗値を測定する．×10kレンジでは9V×1で抵抗値を測定する

電池の電圧を測るときは，0.25Aの電流を流す

抵抗測定時に流す電流値（－COM端子　＋端子　R_X）

抵抗測定時に出力される電圧値（－COM端子　＋端子　R_X）

定範囲及び性能」を確認し，内部抵抗値や抵抗測定レンジでの出力電圧・電流値を把握してください．表1に示すのはYX-361TRのスペックです．内容はテスタの機種ごとに異なります．

② テスト・リードを接続する

第2章 写真1に示すように，YX-361TRには3つのテスト・リード端子(測定端子)が付いています．＋と書かれた端子に赤色のテスト・リードを，-COMと書かれた端子に黒色のテスト・リードを接続します．

③ 初期不良の確認

自宅に転がっている乾電池を利用して，購入したテスタが正常かどうかチェックします．ここでは，YX-361TRが備える電池の消耗を確認する専用機能は利用しません．

まず，テスタを電圧レンジに設定します．

図1(a)に示すようにレンジ切り換えスイッチを2.5Vに設定します．赤リードを電池のプラス側，黒リードを電池のマイナス側に接続して，針の指示値を読みます．図1(b)に示すように，電池電圧は1.6Vでした．これでテスタは正常に動作しています．

正しい使い方②
水平に置いて真正面から針を読む

● 針の背面にある鏡も利用してまっすぐ読む

アナログ・テスタの針は，正面から真っすぐ読まないと正しい値を読み取ることができません．アナログ・テスタのメータについている鏡は，真っすぐ読めているかどうかを確認するためのものです．

写真1(a)に示すのは，アナログ・テスタのメータを斜めに読んだところです．針は0を指示していますが，右側に振れているように見えます．背面にある鏡に映る針と，実際の針の指示値がずれています．

真正面から見ると，写真1(b)のように針が0を指示するはずです．このとき，鏡の針は本来の針と重なり1本に見えます．

● 水平に置いて使う

テスタは，必ず水平に置いて使います．間違っても，横にして使ってはいけません．

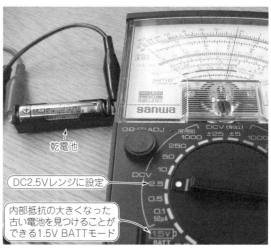

(b) 実際のメータ

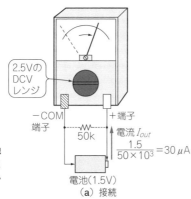

図1 買ってきたら電池の電圧を測って，テスタに初期不良がないかをまず確認する

(a) 接続

$\dfrac{1.5}{50\times10^3} = 30\,\mu A$

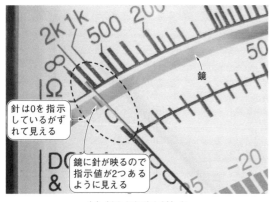

(a) 斜めから読んだとき

写真1 テスタは水平な台に置いて針を真上から読むのが基本

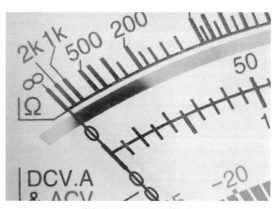

(b) 真正面から読んだとき

最近のアナログ・テスタのメータ部は工夫されているようで，テスタを立てておいても，それほど0位置からずれないようですが，最も高精度に使えるのは水平に置いたときです．テスタを横にしたり，縦にしたりといろいろな格好で使いたい場合は，アナログ・テスタではなくディジタル・テスタを選んでください．

正しい使い方③ 直流電圧の測り方

● 基本

写真2に示すのは，私の手作り実験用電源です．ACアダプタ(5V，2A)のプラグを切断して，ヒュー

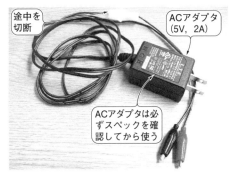

写真2 使っていないACアダプタを改造して作った5V，2A出力の実験用電源

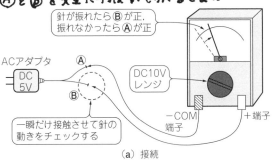

(a) 接続

(b) 実際のメータ

図2 写真2のACアダプタ実験用電源を作る過程で，2本の配線のどちらがプラスでどちらがマイナスなのかわからなくなったら，テスタで早速チェックしよう

測定器を使うときは回路のふるまい（電流や電圧）を意識する　　　　　Column 1

アナログ・テスタでもディジタル・テスタでも，絶対にやってはならないことがあります．

DCmAなど，高感度の電流レンジや抵抗レンジに設定した状態で，AC100Vの交流電圧を測定すると一発で壊れて，テスタ内部のヒューズが飛びます．ベテラン技術者から「電源電流がうまく測定できないから見てほしい」と相談され，実験室に行ってみたところ，図Aのように結線されていて驚いた経験があります．電流を測定するには回路のループに入れる形でテスタを接続する必要がありますが［図B(b)］，図Aでは電圧測定時［図B(a)］のように，テスタが電源と並列に入っています．これでは，電流測定モードのテスタに3Vの電圧がかかってしまいます．

派遣社員や技能職の方に人任せに作業を外注する例が増えているようです．技術者はもっと自分の手を動かして作る力を磨き続けるべきと考えます．

〈川田 章弘〉

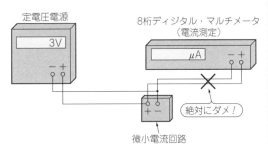

図A 電流を測定する機器が負荷と並列に入っている
電流を測りたいのに，電圧を測るときの接続になってしまっている．これは間違い

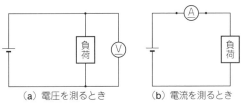

図B 電圧測定と電流測定では測定器を接続する箇所が異なる

ズとミノムシ・クリップを取り付けただけです.

ACアダプタのプラグを切断すると，どちらがプラスでどちらがマイナスかわからなくなります．そんなときは早速，テスタで極性を調べます.

改造するACアダプタ本体に記されている出力電圧を確認します．出力電圧は5Vなので，YX-361TRのレンジ切り換えスイッチをDC10Vに設定します.

図2(a)に示すように，一瞬だけ，黒リードを配線の一方(A側)に，赤リードを配線(B側)に接続します．針が振れない場合は，黒リードをB側に，赤リードをA側につなぎなおします．すると図2(b)に示すように，"5.2V"と表示されます．これで，AとBのどちらがプラスかがわかります.

● 針の初期位置が中央になる機能を利用する

YX-361TRは，針の初期位置が左端ではなく中央になる機能を備えています．これをセンタ・メータ機能と呼び，レンジをDCV(NULL)に設定すると利用できます.

この機能を利用すれば，赤リードがプラスなら針が右側に振れ，反対なら針が左側に振れるので，針を傷めないように一瞬だけテスタを接続するというようなことをしなくてもOKです.

ACアダプタの出力電圧が+5V以上出ていると，レンジが±5Vの設定では振り切れて針を傷めてしまいます．レンジは大から小への原則を守って，最初は±25Vに設定します.

正しい使い方④ 直流電流の測り方

● 基本

LEDに流す直流電流の大きさを変えると，明るくなったり暗くなったりします．この直流電流の大きさは，電源とLEDの間に挿入する抵抗(電流制限抵抗と呼ぶ)で調節できます.

電流制限抵抗の決め方を説明しましょう.

まず，使うLEDの基本特性である順方向電圧(V_F)と順方向電流(I_F)の関係 [図3(a)] を調べます.

図3(b)に示すのはテスタを2台使って測る方法で

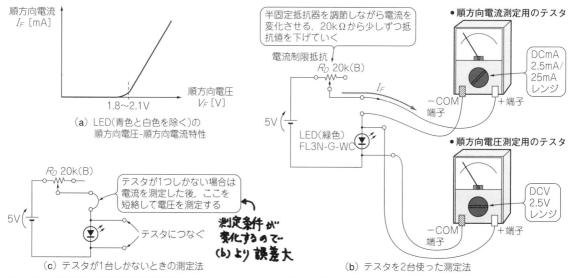

図3 LEDの明るさを調節する電流制限抵抗を決める① V_F-I_F特性を測ってグラフを作る

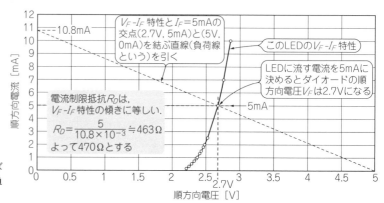

図4 LEDに流す電流を決めて(たとえば5mA)，I_F-V_F特性グラフとの交点を通る負荷線を引いて傾きを求める

す．20 kΩのボリュームを使ってLEDに流れる電流を変化させます．赤リードを電流が流れ込む側，黒リードを電流が流れ出す側に接続します．電源から抵抗を経由して，テスタに電流が流れて負荷(LED)に流れ込むように接続します．電流を測るときテスタはターゲットと直列に接続します．

テスタが1台しかないときは，図3(c)に示すように，直流電流を測ったら，測定ポイントをショートして直流電圧を測定します．

テスタはアナログとディジタルの2台もちが基本です．私は，順方向電流測定にYX-361TRを，順方向電圧測定にDE-200Aを使用しました．

● 製作＆実験！ダイオードの順方向特性を測ってみる

図4にダイオード(FL3N-G-WC，緑色，1200～1400 mcd，$V_F = 3.0～3.2$ V，$I_F = 20$ mA)のV_F-I_F特性の実測結果を示します．このLEDは一般的な緑色LEDよりも順方向電圧降下が大きいようです．

LEDに流す電流を5 mAと決めると，電源電圧は5 Vなので，図4のような負荷線を引くことができます．電流制限抵抗はこの負荷線の傾きに等しいので470 Ωです．このときLED両端の電圧は2.7 Vです．

正しい使い方⑤ 直流抵抗の測り方

● ちょくちょく0Ω調整する

図5に示すように，アナログ・テスタで直流抵抗を測る前に，レンジ切り換えスイッチを抵抗レンジにして，必ず0Ω調整をします．レンジを変更したら都度，0Ω調整します．

抵抗測定は，既知の抵抗値と未知の抵抗値の比を求める作業です．アナログ・メータの振れ方を0Ω調整器で調整することで，既知抵抗R_Tを定めています．R_Tを既知にするための作業が0Ω調整です(第2章の図1を参照)．

● 実際に測ってみる

最近の針式のアナログ・メータ部品(ラジケータ)は多くが中国製です．中には，機械的な作り込みが悪く，針の動きが鈍いものがあります．メータを叩かないと針が正しい値を指示しないものもありました(図6)．

放出品(ジャンク)のアナログ・メータ部品(写真3，シリコンハウス共立)の内部抵抗値をテスタで調べてみました．メータに"SIGNAL"，"POWER"という銘板がついているので無線機用です．20年以上前に大阪の日本橋で手に入れたものだと思います．

一般的なラジケータは，内部抵抗が600 Ω～1 kΩで，フルスケールでの電流値は200 μ～500 μAです．基本特性(内部抵抗とフルスケール電流値)がわかれば，

写真3 手持ちのアナログ・メータの基本特性を測っているところ
針の振れがフルスケール位置になるように，メータと直列に挿入したボリュームを調節する

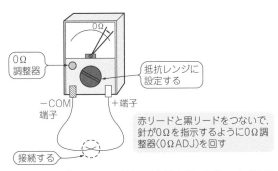

図5 アナログ・テスタで直流抵抗を測る前に必ず，レンジ切り換えスイッチを抵抗レンジにして0Ω調整を行う

図7 テスタを使って手持ちのアナログ・メータの直流抵抗を測ってみる

図6 中国製の針式のアナログ・メータ部品の中には針の動きが鈍いものがある

正しい使い方⑤ 直流抵抗の測り方

アマチュア無線機の自作に使えそうですが，本体には記載がありません．

図7にアナログ・メータの基本特性を調べる回路を示します．写真3に示すように，針の振れがフルスケール位置になるように，メータと直列に挿入したボリュームを調節します．電源は前述のACアダプタです．

図8に示すように，フルスケールになったときのメータ両端の電圧を測定します．次に，ボリュームを回路から切り離して抵抗値を測定します．これらの結果から計算で，内部抵抗は527Ω，フルスケール電流は427μAと判明しました．

正しい使い方⑥ 交流電圧の測り方

● 基本

最も身近な交流電圧源は商用電源です．商用電源とは，家庭のコンセントに供給されているAC100Vの電源のことです．

最近の小規模ビルや家庭に供給されている電源はたいてい，図9(a)に示すような単相3線式です．理由は，高出力のエアコンやIHクッキング・ヒータなど，消費電力の大きな機器の中に，200V電源を使うことを前提に作られているものが増えているからです．昔の家庭では，図9(b)の単相2線式で電力供給されていました．

● AC100Vをテスタで測定してみる

針が強く振り切れるとダメージがありますから，未知の電圧を測るときは，電圧レンジを最大から徐々に小さなレンジに切り換えていきます．今回は100Vと決まっているので，テスタのレンジ切り換えスイッチを250Vにします．

写真4に示すように，コンセントにテスタ・リードを挿し込みます．交流電圧なので，赤リードと黒リードをどちらに挿し込んでもかまいません．針はAC100Vを指示しています．

● 直流を含む信号の交流成分だけを測るには

図10に示すような単電源の回路には，交流信号に直流電圧が重畳しています．このような信号の交流電圧のレベルを測るときは，YX-361TRの右上にある［OUTPUT］端子を利用します．

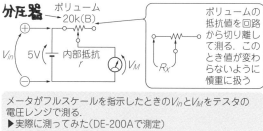

メータがフルスケールを指示したときのV_{in}とV_Mをテスタの電圧レンジで測る．
▶実際に測ってみた（DE-200Aで測定）
$V_{in}=4.85V$, $V_M=0.225V$, $R_X=10.84kΩ$
内部抵抗は次のとおり．

$$r = \frac{V_M}{V_{in}-V_M} \times R_X = \frac{0.225}{4.85-0.225} \times 10.84 \times 10^3 ≒ 527Ω$$

メータのフルスケール電流は，

$$I = \frac{V_M}{r} = \frac{0.225}{527} ≒ 427μA$$

ジャンクのラジケータは，$r=500Ω$，$I=400μA$クラスの製品と判明

図8 針がフルスケールを指示しているときのアナログ・メータ両端の電圧と，ボリュームを回路から切り離したときの抵抗値を測ると内部抵抗とフルスケール電流が求まる

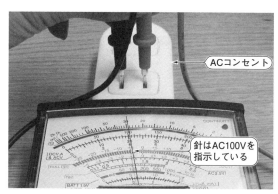

写真4 AC100Vのコンセントにテスタ・リードを挿し込んで交流電圧を測定してみた
電圧レンジを最大から徐々に小さなレンジに切り換えていく

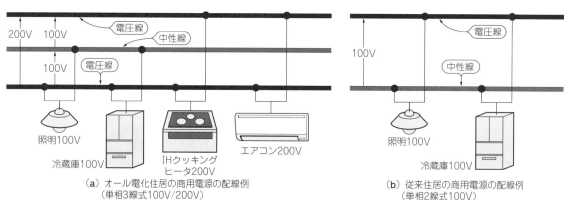

図9 家庭のコンセントに供給されているAC100Vの電源（商用電源）の配線図

［OUTPUT］端子の内部には，直流成分をカットするコンデンサ（0.047 μF，400 V）が内蔵されています．コンデンサを別途用意することなく，直流電圧が重畳している交流電圧の交流成分だけを測定できます．

OUTPUT端子に赤のテスト・リードを接続し，−COM端子に黒のテスト・リードを接続して測定したい箇所の電圧を測ります．

正しい使い方⑦ 交流電流の測り方

● 0.1 Ω以下の低抵抗に電流を流して両端電圧をテスタで測る

YX−361TRを始めとする，汎用テスタの多くは交流電流を測定できません．図11に示すように，電流を電圧に変換する低抵抗器を信号ラインに挿入して，その両端の交流電圧から交流電流を割り出します．

低抵抗器に1 Ω品を選ぶと電流I_Xは次式で求まり，読み取った電圧値V_Xがそのまま電流値になります．

$$I_X = \frac{V_X}{1\,\Omega}$$

0.1 Ωの抵抗を使うと，測定電圧値の10倍が交流電流値です．

この方法の問題点は，回路に直列に挿入した抵抗値の分，誤差が発生することです．被測定回路の交流抵抗が100 Ω以上なら，1 Ωの挿入の影響は1 %以下なのであまり問題にはならないでしょう．被測定回路の交流抵抗が10 Ωなら，挿入する抵抗は0.1 Ω以下が望ましいでしょう．ただし，0.1 Ωの両端に発生する電圧はとても小さいので，今度はテスタの読み取り誤差が増します．

● 単体で交流電流を測れるテスタ

数百Hz以下の低周波の交流電流しか測らない場合は，ディジタル・テスタDE−200Aがおすすめです．電化製品の消費電力を測るときは，ワット・モニタ（写真5，TAP−TST8N，サンワサプライ）など，交流電流測定機能をもつテスタを使わないと危険です．

◆参考・引用＊文献◆

(1)＊ YX−361TR 取扱説明書，三和電気計器㈱．
(2)＊ 「単相3線式」と「単相2線式」の違いって？，電気ガイド，知っておきたい電気設備，東京電力ホールディングス㈱．
http://www.tepco.co.jp/ep/private/guide/detail/tansou.html
(3)＊ マイクアンプ（NT−5）組立説明書，㈱イーケイジャパン．

（初出：「トランジスタ技術」2017年4月号）

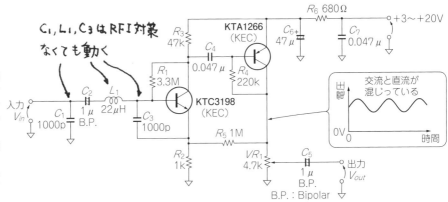

図10⁽³⁾ 交流信号に直流電圧が重畳している信号をテスタで測るときはYX−361TRの右上にある［OUTPUT］端子を利用する
OUTPUT端子の内部には，結合コンデンサ（0.047 μF，400 V）が内蔵されている．この回路は単電源動作のマイク・アンプ

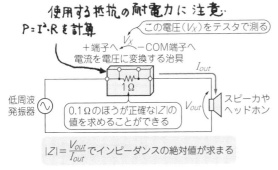

図11 交流電流を低抵抗に流して，両端電圧をテスタで測って計算して求める

写真5 電化製品の消費電力を安全に測れるワット・モニタ（TAP−TST8N，サンワサプライ）

消耗した幽霊電池をアナログ・テスタで見つける　Column 2

消耗した電池は内部抵抗が増大しているため，大きな電流を出力できません（図C）．

電池が消耗しているかどうかを測るためには，数百mAの電流を電池の内部抵抗に流す必要があります．直流電圧レンジで得られる測定値は，電池に数十μAの微小電流を流した状態での電圧値なので，電池の内部抵抗が大きいのか小さいのかがわかりません．

本文の図1(a)に示すように，テスタをつなぐことは電池の両端に50kΩの抵抗を接続したことに等しく，1.5Vの電池から流れ出す電流は，30μAととても小さな値です［YX-361TRの直流電圧レンジの内部抵抗は20kΩ/Vなので，2.5Vレンジに設定した場合の内部抵抗は50kΩ（＝20000×2.5）となる］．

● 方法1：電池テスト機能を使う

YX-361TRを始めとするテスタは，電池の消耗度を調べられる専用テスト機能を備えています．YX-361TRを1.5V［BATT］と書かれたレンジに切り換えると，電池に0.25Aを流したときの電池電圧を測定できます．

実際に測ってみました（写真A）．テスタの針が"Good"を指しているので，この電池はまだ使えます．

● 方法2：「ちょん」で調べる

アナログ・メータのゆったりした応答を利用することでも，乾電池の消耗ぐあいを調べることができます．この方法は父から教わり，譲ってもらったアナログ・テスタを使って小学生のころから実践していました．

▶手順1

直流電圧測定レンジで，電池の電圧を確認します．やり方は本文で紹介したとおりです．

▶手順2

直流電流測定レンジで，電池の内部抵抗が増大していないかをチェックします．まずはテスタのDCmAレンジを最大の0.25Aに設定します．

▶手順3

図Dに示すようにテスタの黒リードを電池のマイナス端子へ接続し，赤リードを一瞬（0.5秒以下）だけ電池のプラス端子に接触させます．接続したままにしてはいけません．ちょんと触る程度にしてください．使える電池（内部抵抗の増大していない電池）であれば，テスタの針が右側にスピーディに大きく振れます．使えない電池は針の動きが鈍く，本当に古い電池になると，接続したままでも大きな電流が流れません．

〈川田 章弘〉

写真A　電池に0.25Aを流しながら充電電圧を測る電池テスト機能を利用して，自宅にある電池を実際に調べてみたところ，針がまだ劣化していないこと示す"Good"を指し示した

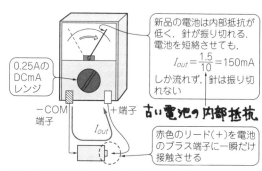

図D　直流電流測定レンジを利用した劣化電池の発見法

新品の電池は内部抵抗が低く，針が振り切れる．電池を短絡させても，$I_{out} = \frac{1.5}{10} = 150mA$ しか流れず，針は振り切れない

古い電池の内部抵抗

赤色のリード（＋）を電池のプラス端子に一瞬だけ接触させる

使ってなくても古い電池は内部抵抗が上昇していたりする

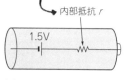

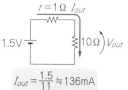

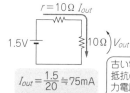

図C　電池は使っているうちに内部抵抗が上がり，取り出せる電流が小さくなる

(a) 電池には内部抵抗があり消耗とともに大きくなる

(b) 新品の電池の等価回路
$I_{out} = \frac{1.5}{11} \approx 136mA$
$V_{out} = 1.4V$

(c) 古い電池の等価回路
$I_{out} = \frac{1.5}{20} \approx 75mA$
$V_{out} = 0.75V$

古い電池は内部抵抗の影響で出力電圧が下がってしまうので使えなくなる

Appendix 1

ぞんざいに扱われる運命だけど…対策はある！
テスタを壊さないために気をつけること

テスタはとても便利な測定器ですが，ぞんざいに扱われることが多いです．大切に扱わないと，故障して余計な作業や費用が増えたり，測定精度が落ちてせっかく取ったデータが無駄になったりします．

● 落とさない

テスト・リードを何かに引っかけて，テスタを机から落としたことがある人は多いのではないでしょうか．落としやすい環境や，床が固いところで扱うことが多いのであれば，耐衝撃性を強化した機種（ゴム・カバーが付いた機種など）を使うのも手です．

屋外に持ち出して使うものは，防水・防塵機能が付いたものが望ましいです．

● 過電圧・過電流に気を付ける

テスタで電圧／電流を測定するときに，レンジ設定と測定対象の電圧／電流に大きな差があると，テスタを焼損させてしまうことがあります．焼損に至らなくても，テスタの内部部品にダメージを与え，測定精度を劣化させてしまう恐れがあります．

自動レンジ切り換え方式であれば自動的に最適レンジに切り替えてくれますが，手動レンジ切り換え方式の場合は，あらかじめ想定される電圧や電流の大きさに合わせてレンジを設定する必要があります．どのくらいの電圧／電流か明確でない箇所を測るときは，最初は大きなレンジにしておき，徐々にレンジを下げていくようにします．

ただし電圧測定の場合は，多少の過大入力は問題にならない場合が多いです．アナログ・テスタの場合は図1のようにメータと並列にダイオードによる保護回路を接続しており，メータに大きな電流が流れるのを防いでいます．そのため，交換修理ができないメータ部分が壊れることは少ないです．

ディジタル・テスタも同様の保護回路を内蔵しています．またディジタル・テスタの回路の入力抵抗は極めて大きいので，回路全体を容易に保護できます．ディジタル・テスタの方が誤操作で壊れにくいです．

● 機能設定ミスに注意する

電流測定機能や抵抗測定機能に設定したまま，電流容量が大きい電源電圧を測ってしまうと，保護回路が内蔵されているとはいえ，ヒューズが切れたり，テスタの内部素子にダメージを与えたりします．

特に，1台のテスタで電圧も電流も測るときは注意が必要です．テスト・リードを被測定回路につないだまま機能を切り換えるなどは論外です．

ディジタル・テスタの場合は，このようなミスを避けるために，テスト・リードをつなぐ端子を電流測定用とそれ以外用に分けている機種が多いです．また，電流測定端子にリード線を差し込んだまま電圧測定や

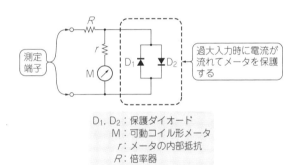

D_1, D_2：保護ダイオード
M：可動コイル形メータ
r：メータの内部抵抗
R：倍率器

図1　アナログ・テスタの保護回路

測定しながらレンジを切り換えてもいいの？　　　　　　　　　　Column 1

どのくらいの電圧が出ているか不明な箇所の電圧を測るときは，最初は大きなレンジにして徐々にレンジを下げていきますが，このときはテスト・リードを被測定回路に付けたままでよいのでしょうか？

答えは機能によって異なります．抵抗測定や直流／交流電圧の測定なら，測定しながらレンジを変えても問題ありません．しかし，電流測定中にレンジを変えるのは問題があります．

1つの理由は，レンジ切り換え中に回路がいったん切れることです．ちょうど被測定回路の電源スイッチをON/OFFするようなもので，被測定回路の突入電流がテスタの切り換えスイッチに流れて接点を傷めてしまいます．もう1つの理由は，レンジ切り換え中に一瞬低いレンジになってしまう機種があるからです．アナログ・テスタの場合だと切り換え中にメータが振り切れる可能性があります．

なお，手動レンジ切り換え式の場合は，レンジ切り換えと機能切り換えを同じスイッチで操作するので，レンジ切り換えのつもりで機能まで切り換えてしまわないように十分注意してください．　　〈藤田 昇〉

表1 テスタを片付けるときのスイッチなどの設定

テスタの種類	設定		備考
	機能切り換えスイッチ	テスト・リード	
アナログ・テスタ	OFFレンジにする	電圧・抵抗用端子に挿しておく．できれば抜いておく．電流専用端子には，絶対に挿しておかない	OFFレンジがないものも多い
	交流高電圧のレンジにする		例えば，AC600Vレンジにしておく
ディジタル・テスタ	OFFレンジにする		電池の消耗を避ける意味もある
	電源スイッチが別にあるときは，電源をOFFにしたうえで，スイッチを交流高電圧のレンジにする		

抵抗測定に切り替えるとブザーで警告してくれるものもあります．

▶対策：なるべく無難な設定にしておく

うっかりミスでテスタを壊してしまうことを避ける簡単で有効な方法は，テスタを片付けるときのスイッチなどの設定を**表1**のようにしておくことです．次に使うときにそのまま測定しても，できるだけ故障に至らないような設定にしておきます．

● 長期間使用しないときは電池を取り出す

長期間（1年以上など）にわたってテスタを使用しないときは，内蔵電池を抜き取っておいてください．

電池にはわずかですが漏れ電流があり，使わなくても長期間放置すると消耗します．消耗した電池をそのまま置いておくと液漏れを起こします．漏れた液は電解質を含んだ溶液であり，金属に触れると金属を腐食させます．特に，複数種類の金属の接触点に溶液が触れると腐食が早まります．

テスタの中には多くの金属部品があり，それが腐食してしまうとテスタの機能が失われてしまいます．

電池は消耗していなくても，液漏れを起こすことがあります．特に，外形寸法の割に電気容量が大きくて価格が安い電池は液漏れしやすいです．小型のボタン電池は，円筒状電池（単1～単5形）に比べると液漏れしにくいようです．

● 電池が消耗したら速やかに入れ替える

消耗した電池は速やかに新しい電池と入れ替えてください．抵抗測定時に0Ω調整ができない場合は，電池容量不足が原因のことが多いです．

複数のテスタを持っている場合，主に一方だけを使っているともう一方が放置されてしまい，気が付かないうちに電池が消耗していることがあります．また，アナログ・テスタは抵抗測定時だけに電池を使用するので，電圧や電流測定だけに使用していると電池の消耗に気づかないことがあります．

〈藤田 昇〉

静電気でメータの指針がずれる？!   Column 2

現代のアナログ・テスタのケースはプラスチック製で，メータ・カバーは透明アクリル製です．そのため摩擦によって静電気が発生し，メータの指針の動きに影響を与えるときがあります（**写真A**）．0点はメータを支えるコイルばねがもっとも緩んだ状態なので，静電気によるわずかな吸引力あるいは反発力によって指針がずれてしまうのです．0点がずれても，しばらく（数秒～数十秒）そのままにしておくと元に戻ります．

アナログ・テスタの製造時には，メータ・カバーの表面に静電気防止処理を施しています．しかし，布などで表面を強くこすったり，テスタを長期間使用したりすると，静電気防止機能は低下します．

● 市販のスプレーも効果あり

0点のずれが気になるときは，メータ表面に市販のスプレー式の静電気防止剤（帯電防止剤ともいう）を吹き付けることで解決できる場合があります．メータ表面に少量をスプレーした後，柔らかい紙や布で軽くふき取ります．静電気防止剤は電気製品用などとして市販されています．衣服のまとわりつき防止用のものでも効果があります．

ただし，静電気防止剤に溶剤が入っている場合もあるので，メータの隅の方で影響がないことを試してからにしてください．また，可燃性ガスが入っているものもあるので，火気のある場所や電源が入った機器のそばでは使わないようにしてください．

静電防止剤の副次的な利点として，ほこりが付きにくくなります．

〈藤田 昇〉

写真A 静電気で0点がずれたアナログ・テスタ（カバー表面を指でこすった）

Appendix 2

低抵抗や大電流の測定時には要注意！
テスト・リードの抵抗について知っておこう

　テスタと被測定回路をつなぐテスト・リードには，抵抗値があります．

　アナログ・テスタで抵抗を測るときは，赤黒2本のテスト・リードの先端を短絡し，0Ω調整つまみでメータの指針を0Ωの位置に合わせてから測定します．そのため，テスト・リードの抵抗値はキャンセルされます．ディジタル・テスタは0Ω調整つまみがないので，テスト・リードの抵抗と一緒に測ることになります．1Ω以下の低抵抗器を測る場合は，テスト・リードの抵抗値が無視できなくなります（とはいえ，測定値はテスタの誤差規格内ではある）．

　リファレンス機能を備えた高機能なディジタル・テスタなら，赤リードと黒リードの先端を短絡してリファレンス・ボタンを押せば，テスト・リードの抵抗をキャンセルして0Ωにすることができます．

● テスト・リードの抵抗値はどのくらい？

　実際のテスト・リードの抵抗値はどのくらいあるのでしょうか？　手持ちのテスト・リードをmΩ計（4端子方式）で測ってみました（表1）．赤リードと黒リードをそれぞれ測りましたが，値はほぼ同じでした．つまり，実際にテスタで被測定回路を測る場合は，表1に示す数値の2倍の抵抗値（100m～200mΩ程度）が加わるわけです．1Ω以下の低抵抗を測るときは，指示値からリード線の抵抗値を差し引く必要があります．

　なお，一般的なディジタル・テスタの抵抗レンジの最小分解能は0.1Ωなので，1Ω以下の抵抗を精度良く測ることはできません．

● 大電流測定時にはテスト・リードの抵抗が問題になる

　ディジタル・テスタには，交流（AC）/直流（DC）でフル・スケールが10Aあるいは20Aという，大電流測定機能が付いているものがあります．交流の場合は，大型電子機器の消費電流を測ることができます．フル・スケール20Aだと家庭用電子レンジの消費電流を測れそうです．

　直流でこのような大電流を消費する機器は少ないと思います．少し昔のTTL回路は5Vで10Aを超えるものもありましたが，省電力化が進んだ現代ではこんなに流れません．考えられるのは車載の電子機器（オーディオ機器やアマチュア無線機）くらいでしょうか．

▶電圧降下

　このような大電流を測るときはテスト・リードでの電圧降下が問題になります．テスト・リードの抵抗が往復で150mΩのときに10Aの電流が流れると，電圧降下は1.5Vになります．AC100V機器であれば1.5％程度の電圧降下ですから問題ありません．しかし使用電圧が低い場合は，同じ降下電圧でも回路動作に大きく影響します．

　例えば，TTL回路の電源電圧範囲は5V±10％ですので，規格を大幅に外れてしまいます．また，車載用（12V動作）オーディオ機器の電源電圧範囲は10.5～16V程度，同じくアマチュア無線機の電源電圧範囲は10.8～15.8V程度ですから，測定時のバッテリ電圧にもよりますが規格外になる可能性が高いです．

▶発熱

　さらに大きな問題があります．電圧降下があるということはテスト・リードで電力を消費するということであり，熱を発生することになります．電流が10Aで電圧降下が1.5Vの時は消費電力が15Wになり，リード線が熱くなります．もし，同じリード線で20Aを流せば，電圧降下は3Vで消費電力は60Wになり，被覆が溶けたり発火したりする可能性があります．

▶対策

　電圧降下を少なくするためには，できるだけ太い電線のテスト・リードを使い，さらにできるだけ短いテスト・リードを使うことです．適当な市販品はないようですので自作してみました（写真1，写真2．性能は表1を参照）．自作する場合は，テスタ本体の入力端子がバナナチップに対応していた方が便利です．

　なお，大電流測定で問題になるのはリード線の抵抗

表1　テスト・リードの抵抗値（1本あたりの値）

	本体の型名など	全長*	メーカ	実測抵抗値
アナログ・テスタの付属品	T-50BZ	940 mm	三和電気計器	約59 mΩ
	U-50D	990 mm	三和電気計器	約60 mΩ
ディジタル・テスタの付属品	Fluke 85	930 mm	Fluke	約95 mΩ
	DT9205	920 mm	不明（中国製）	約85 mΩ
市販のテスト・リード		770 mm	不明	約46 mΩ
太い電線（φ0.18 mm×50本撚り）で自作したテスト・リード（写真1）		1200 mm	—	約12 mΩ
太い電線（φ0.18 mm×50本撚り）で自作したテスト・リード（写真2）		80 mm	—	約2.7 mΩ

＊：テスト・ピンの先端からテスタ本体に接続する側の先端までの概略寸法

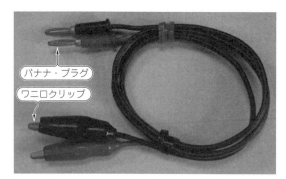

写真1 太い電線のテスト・リードの例

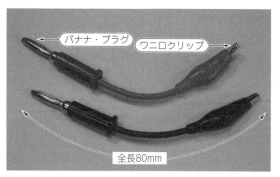

写真2 太くて短い電線のテスト・リードの例

だけではありません．テスタ内部には電流測定用のシャント抵抗が内蔵されており，大電流が流れるとその抵抗も熱を発生します．そのため，多くの機種では連続測定時間が15〜30秒程度に制限されています．大電流を測定する前に，取扱説明書で確認してください．

● 短いテスト・リードは雑音対策にも有効

短い自作テスト・リードはコンデンサの容量測定にも便利です．また，長い自作テスト・リードは実験用電源の出力コードなどにも使えます．

ディジタル・テスタで高抵抗や静電容量あるいは微小電圧を測るときに，測定値がふらつくことがあります．このようなときはリード線から雑音が入り込んでいることがあるので，写真2のような短いテスト・リードに代えてみてください．外部からの雑音が原因だった場合は，測定値が安定します．特に，抵抗やコンデンサを単体で測るときは効果があります．

● 使いやすいテスト・リードの長さは？

手持ちのテスタのテスト・リードの全長（図1）は，短いもので650 mm，長いもので1400 mm，多くは750〜900 mmくらいです．机の上で使う限りは短くても支障がなく，一番短いもの（650 mm）でも全く不

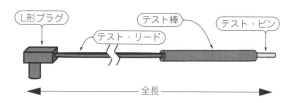

図1 プラグからテスト・ピンまでの長さを測った

便さを感じません．一方，長いものは，からまったり，机から床まで垂れて踏みつけてしまったりと，扱いにくさを感じます．作業環境にもよりますが，筆者は，テスタ本体を机に置いてもテスト・ピンが床に触れない長さ（600〜700 mmくらい）が使いやすいです．

昔のテスタは自分でテスト・リードを短くすることができましたが，現代のテスト・リードはモールドされているので簡単に短くできません．プラグを付け替えれば短くできますが，L型プラグは入手しにくいですし，絶縁スリーブ付きはまず入手できません．テスタのアクセサリとして長尺（5〜20 m）のテスト・リードは用意されていますが，600〜700 mm程度の短いものはないようです．

〈藤田 昇〉

0Ω調整にまつわる都市伝説　　Column 1

テスタと言えばアナログ式しかなかったころの話です．とある電気機器製造会社の新入社員に先輩がテスタの使い方を教えました．その1つが「テスタで抵抗を測るときは，まずテスト・リードの先端を短絡し，0Ω調整つまみを回して指針を0Ω目盛りに合わせる」ということでした．

しばらくしてその新入社員に，テスタで抵抗を測る機会が訪れました．早速0Ω調整つまみを回して指針を0Ω目盛りに合わせようとしましたが，もう少しで0Ωになるというところまで指針が振れるものの，どうしても0Ωにはなりませんでした．

新入社員は考えました．「指の力が足りないので回しきれないのだ．工具を使えば回せるはずだ」．近くにあったラジオ・ペンチでつまみを回したところ，つまみにつながっていた小さな可変抵抗器が簡単に壊れてしまいました．

テスタを壊した要因の1つは，先輩が「指針が0Ωに届かないときは電池が劣化している」と教えなかったことです．しかし，後輩がテスタの測定原理を知らなかったことや，異常を感じたときに周囲の人に聞くのを怠ったことも大きな要因といえるでしょう．

〈藤田 昇〉

第4章 100kHzまでのアナログ信号を高精度にキャッチできる
アナログ・テスタ拡張アダプタの製作① 入力抵抗を10MΩに上げる

川田 章弘 Akihiro Kawata

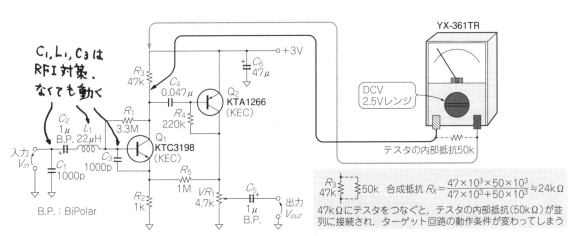

図1 アナログ・テスタの内部にある抵抗は測定ターゲットの回路条件を変えてしまう…

$$R_x = \frac{47 \times 10^3 \times 50 \times 10^3}{47 \times 10^3 + 50 \times 10^3} ≒ 24\,k\Omega$$

47kΩにテスタをつなぐと，テスタの内部抵抗(50kΩ)が並列に接続され，ターゲット回路の動作条件が変わってしまう

● アナログ・テスタは入力抵抗が低く，電圧の測定精度がいまいち

アナログ・メータ式のテスタは直感的に値の変化が把握できて良いのですが，弱点もあります．それは，よく使う電圧測定レンジのときの内部抵抗が20kΩ/V程度と低いことです．

よく利用する電圧レンジは数Vです．YX-361TRでよく使う直流電圧レンジは2.5Vや10Vです．このときの入力抵抗は，50kΩまたは200kΩと決して高いとはいえません．図1のように，47kΩ両端の電圧を調べようとテスタを当てると，ターゲット回路の動作条件が変わってしまいます．

そこで，テスタの入力抵抗を10MΩに上げるアシスト・アダプタ「10MΩ高入力抵抗プリアンプ(写真1)」を製作しました．ディジタル・テスタ並みの入力抵抗になります．

高入力抵抗でアナログ・センサから電位差を取り出す技術は重要です．例えば，重さや機械的なひずみを測定できる「ロードセル」はホイートストンブリッジ

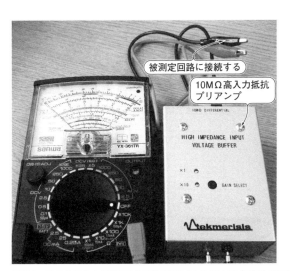

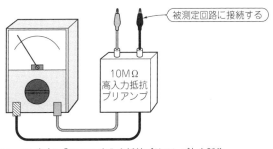

写真1 テスタの入力抵抗(最大で約200kΩ)を10MΩに高めるアシスト・アダプタ「10MΩ高入力抵抗プリアンプ」を製作

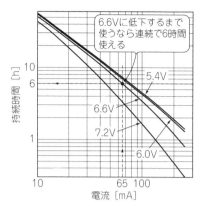

図2 本器に使ったアルカリ9V角形乾電池 6LR61Y(XJ)の定電流連続放電特性
消費電流が65mAと大きめなので，連続稼働時間は約6時間

(a) 006P形ニッケル水素蓄電池MR250F(秋月電子通商)

(b) バックアップ用リチウム電池CP9V-1200mAh-9V(秋月電子通商, 1200mAh)

写真2 6LR61Y(XJ)以外のおすすめ電池

写真3 製作した「10MΩ高入力抵抗プリアンプ」の基板

の抵抗比変化を検出して差動電圧を出力します．この差動電圧を取り出すには，高入力抵抗の差動アンプが必須です．

● 仕様

仕様を次に示します．

- 入力インピーダンス：10MΩ
- 同相入力電圧範囲：±10V
- ゲイン：1倍/10倍切り換え
- ゲイン-周波数特性：DC～100kHz
- 電源：006P型9V電池1個
- 消費電流：65mA

電池の9V入力をDC-DCコンバータLM2733XMFを使っていったん17.6Vに昇圧し，LDOレギュレータを内蔵したチャージポンプIC LTC3260EMSEで±14Vを作っています．電源が2段シリーズになっているので，消費電流が65mAと大きいです．

図2に示すのは，使用したアルカリ9V角形乾電池 6LR61Y(XJ)（パナソニック製）の定電流連続放電特性です．消費電流が65mAのとき，本器の連続稼働時間は約6時間ですから，こまめに電源を切ります．6LR61Y(XJ)以外に写真2に示す電池がおすすめです．

ゲインは，1倍と10倍をタクト・スイッチで切り替えられます．YX-361TRと組み合わせてゲイン10倍にすると，直流電圧の最小測定値は10mVなので，OPアンプのオフセット電圧の調整などにも使えます．

測定帯域は周波数100kHzまでです．ゲイン10倍でAC2.5Vレンジとすれば，250mVフルスケールで交流電圧を測定できます．アンプの周波数特性も測定できます．

● 回路とキーパーツ

図3(p.36)に回路図を，表1(p.38)に部品表を示します．プリント基板は自作しましたが，表面実装部品をリード部品に置き換えてユニバーサル基板で作ってもよいと思います．写真3に基板の表面を示します．

U_1とU_3でゲイン1倍のインスツルメンテーション・アンプを構成しています．その後，反転アンプのゲイン1倍とゲイン10倍の切り換えを半導体スイッチU_4で実現しています．

VR_2は，ゲイン1倍のときの出力オフセット電圧調整用半固定抵抗です．VR_1はゲイン1倍のときの出力オフセット電圧調整用の半固定抵抗です．

ゲインを切り換えるスイッチは，U_6のDラッチを使ったTフリップフロップ回路で実現しています．SW_2のタクト・スイッチが押されると，U_7のシュミットトリガ・インバータに立ち下がりエッジが入力され，U_7は立ち上がりエッジを出力します．これがU_6のエッジ・クロック端子に入力されて，5番ピンが"H"と"L"をエッジ入力ごとに交互に繰り返します(トグル動作という)．

電源投入直後，U_6はリセットされているので，5番ピンはLレベルになっており，D_5のLEDが点灯，ゲイン1倍で動作しています．ここでSW_2が押されると，

5番ピンはHレベルに変わり，ゲインは10倍に遷移します．再びSW$_2$が押されるとゲインは1倍になります．以上のように，SW$_2$を押すたびにゲインが1倍と10倍に切り換わります．

▶昇圧型DC-DCコンバータ LM2733（U$_2$，テキサス・インスツルメンツ）

SEPICコンバータ（Single Ended Primary Inductor Converter）を構成しています．

▶チャージポンプ反転インバータ LTC3260（U$_5$，リニアテクノロジー）

LDOレギュレータを内蔵したチャージポンプ反転インバータです．これにより安定した約±14Vのアナログ電源を得ています．

▶＋3.3V電源レギュレータ PZT222A（Q$_1$，NXPセミコンダクターズ）

ロジックIC（U$_6$，U$_7$）へ電源を供給します．

▶JFET入力OPアンプ NJM8502（U$_1$，U$_3$，新日本無線）

JFET入力で比較的安価なOPアンプを使いました．秋月電子通商で入手可能です．

● 調整方法

半固定抵抗でオフセット電圧を調整します．

入力端子（IN$_+$とIN$_-$）をショートして，SW$_2$を押してゲイン1倍に設定します．半固定抵抗（VR$_2$）を精密ドライバなどで回し，出力オフセット電圧が0Vになるように調節します．アナログ・テスタを最小レンジの0.1Vに設定して追い込みます．調整作業はディジタル・テスタのほうが向いているので，私はU1252B（キ

図4 オフセット電圧調整用の半固定抵抗器の回し方

ーサイト・テクノロジー）を利用しました．SW$_2$を押してゲイン10倍にし，同じように入力端子をショートして，半固定抵抗VR$_1$を回してオフセット電圧を0Vにします．これで調整は終わりです．

半固定抵抗にはバックラッシュ（回転方向に設けられた隙間）があるので，**図4**のように徐々に収れんさせるように調整していくのがポイントです．調整が終わったら，半固定抵抗が動かないように水性顔料インク（ポスカなど）で固定しておくとよいでしょう．

● 周波数特性

図5に本器のゲイン-周波数特性を示します．帯域の仕様の100kHzを満足しています．ゲイン1倍のときの－3dB遮断周波数は約158kHzで，ゲイン10倍のときは約140kHzです．

◆引用文献◆

(1) アルカリ9V角形 6LR61Y（XJ）（国内用）データシート，パナソニック．
http://industrial.panasonic.com/cdbs/www-data/pdf2/AAC4000/AAC4000CJ26.pdf

（初出：「トランジスタ技術」2017年4月号）

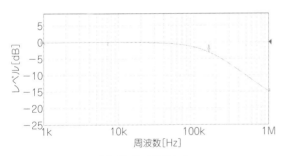

(a) ゲイン1倍のとき

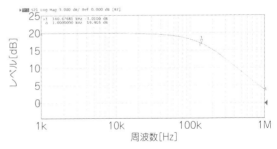

(b) ゲイン10倍のとき

図5 製作した「10MΩ高入力抵抗プリアンプ」のゲインの周波数特性
ゲイン10倍のときの－3dB遮断周波数は約140kHz

Column 1　同じ電力を送るなら高電圧・低電流のほうがお得

電圧より電流を小さくしたほうが効率良く電力を伝えることができます．電力会社が高圧で送電するのも，新幹線以外のローカル線が直流1500Vといった高電圧で電力供給されているのも，電気抵抗による影響を少なくしたいからです．

$$P = VI$$

の法則からわかるように，同じ電力を供給するうえで，電圧を高くすれば電流を減らすことができます．オームの法則から，

$$V = IR$$

ですので，電流が大きいほど同じ抵抗値でも電圧降下が大きくなります．

〈川田 章弘〉

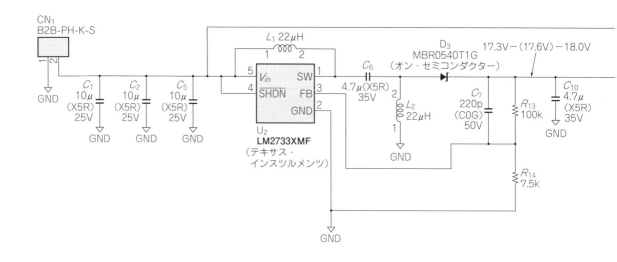

(a) 電源部

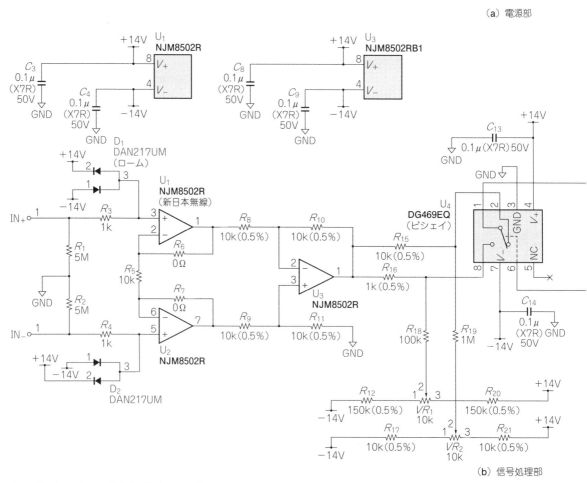

(b) 信号処理部

図3 製作した「10MΩ高入力抵抗プリアンプ」の回路図

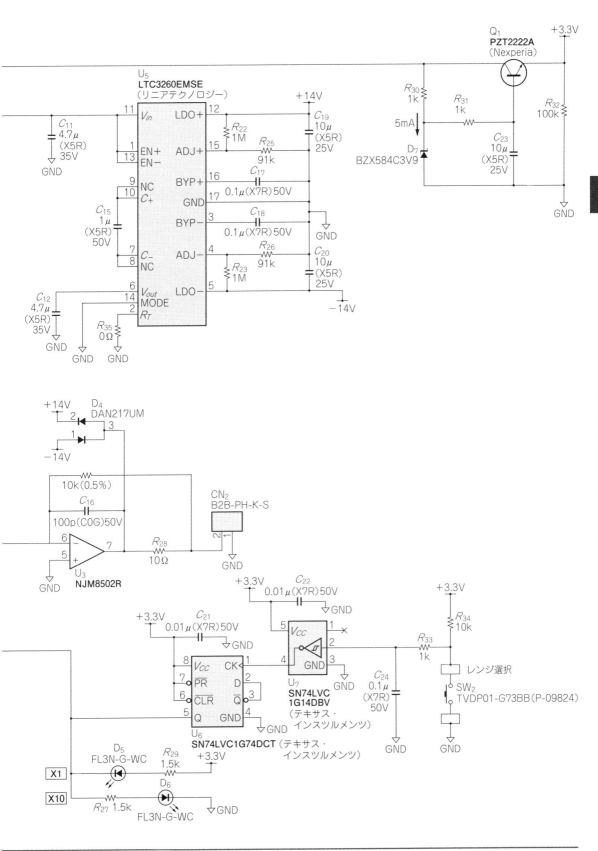

表1 製作した「10MΩ高入力抵抗プリアンプ」の部品表

部品名	部品番号	型名,値,パッケージなど	メーカ名	数量
IC	U_1, U_3	NJM8502R, TVSP8	新日本無線	2
	U_2	LM2733XMF/NOPB, SOT-23	TI	1
	U_4	DG469EQ-T1-E3, MSOP-8	VISHAY	1
	U_5	LTC3260EMSE#PBF, MSOP-16	リニアテクノロジー	1
	U_6	SN74LVC1G74DCTR, SSOP-8	TI	1
	U_7	SN74LVC1G14DBVR, SOT-23-5	TI	1
バイポーラ・トランジスタ	Q_1	PZT2222A, 115, SOT-223	NXP	1
ダイオード	D_1, D_2, D_4	DAN217UMTL, UMD3F	ローム	3
	D_3	MBR0540T1G, SOD-123	オンセミ	1
	D_7	BZX584C3V9, SOD-523	Panjit	1
LED	D_5, D_6	FL3N-G-WC, DIP	aitendo	2
コイル	L_1, L_2	22μ, #A921CY220M, 6263	TOKO	2
チップ抵抗	R_1, R_2	5M, HVC0603T5004FET, 1608	Ohmite	2
	R_{35}, R_6, R_7	0, RK73Z1JTTD, 1608	KOA	3
	R_{19}, R_{22}, R_{23}	1M, RK73B1JTTD105J, 1608		3
	R_{16}, R_3, R_4, R_{30}, R_{31}, R_{33}	1k, RR0816P-102-D, 1608	進工業	6
	R_{34}, R_5, R_8, R_9, R_{10}, R_{11}, R_{15}, R_{17}, R_{21}, R_{24}	10k, RR0816P-103-D, 1608		10
	R_{12}, R_{20}	150k(0.5%), RR0816P-154-D, 1608		2
	R_{32}, R_{13}, R_{18}	100k, RR0816P-104-D, 1608		3
	R_{14}	7.5k, RR0816P-752-D, 1608		1
	R_{25}, R_{26}	91k, RR0816P-913-D, 1608		2
	R_{27}, R_{29}	1.5k, RR0816P-152-D, 1608		2
	R_{28}	10, RR0816Q-100-D, 1608		1
チップ積層セラミック・コンデンサ	C_1, C_2, C_5, C_{19}, C_{20}, C_{23}	10μ(X5R) 25V, GRM188R61E106MA73D, 1608	村田製作所	6
	C_6, C_{10}, C_{11}, C_{12}	4.7μ(X5R) 35V, GRM188R6YA475KE15D, 1608		4
	C_{17}, C_{18}, C_3, C_4, C_8, C_9, C_{13}, C_{14}, C_{24}	0.1μ(X7R) 50V, GRM188R71H104KA93D, 1608		9
	C_7	220p(C0G) 50V, GRM1885C1H221JA01J, 1608		1
	C_{15}	1μ(X5R) 50V, GRM188R61H105KAALD, 1608		1
	C_{16}	100p(C0G) 50V, GRM1885C1H101JA01J, 1608		1
	C_{21}, C_{22}	0.01μ(X7R) 50V, GRM188R71H103KA01D, 1608		2
半固定抵抗	VR_1, VR_2	10k, 3362P-1-103LF, DIP	Bourns	2
スライド・スイッチ	SW_1	3P	今川電子	1
タクト・スイッチ	SW_2	TVDP01-G73BB(P-09824), DIP	Zhejiang Jianfu Electronics	1
コネクタ	CN_1, CN_2	B2B-PH-K-S, DIP	日本圧着端子製造	2
コネクタ・ハウジング	CN_1, CN_2	PHR-2		2
コネクタ・コンタクト	CN_1, CN_2	SPH-002T-P0.5S		4
テスト・ピンジャック(赤)	−	MK-617-0	マル信無線電機	1
テスト・ピンジャック(黒)	−	MK-617-1		1
バナナ・ジャック(赤)	−	MK-626-0		1
バナナ・ジャック(黒)	−	MK-626-1		1
LEDスペーサ	−	8mm, LEDSP4-8L	aitendo	2
スペーサ	−	12mm, ASB-312E	廣杉計器	4
M3トラスねじ	−	3×5(L)mm, M3トラス	八幡ねじ	4
M3ネジ	−	3×6(L)mm, M3		4
M3スプリング・ワッシャ	−	M3		4
電池ボックス	−	LD-006PB	タカチ電機	1
アルミ・ケース	−	P-4	LEAD	1
配線材(赤,黒)	−	−	−	少々
プリント基板	−	TW-HIZM-A01(自作)	Tekmerisis	1

内部抵抗のいたずら…テスタが誤差要因になる　Column 2

● 電圧測定時の誤差の例

テスタで電圧を測るときは，テスタの内部抵抗が被測定回路に与える影響を考えます．YX-361TRの内部抵抗は，直流電圧レンジによって変化し，20kΩ/Vです．これは「1Vレンジのとき20kΩ，10Vレンジのとき200kΩになる」という意味です．

図Aに示すように，測定したい回路と並列にテスタを接続し，テスタの測定レンジを10Vに設定すると，200kΩが回路と並列に接続されるので，測定値に誤差が生じます．

● 電流測定時の誤差の例

電流測定の場合も同様です．テスタをつなぐと被測定回路の電圧が降下します．

図B(a)に示すように，LED点灯回路にテスタをつなぐと，LEDに流れる電流値が変化します．YX-361TRはテスタ両端に250mVの電圧降下が生じるので，LEDの順方向電圧降下(V_F)を1.8Vとして机上計算すると，LEDに流れる電流は本来1.5mAなのに，1.25mAと針が指示します[図B(b)]．測定誤差は－17％もあります．

この誤差を小さくする測定法を図Cに示します．テスタの電流レンジは使わず，テスタの内部抵抗よりも十分に小さな電流制限抵抗を用意して，その両端の電圧を測り，電流値を計算で求めます．この方法だと抵抗値の誤差（±5％）を含んでしまいますが，測定誤差（－17％）より小さい誤差（－7％）で済みます．

〈川田　章弘〉

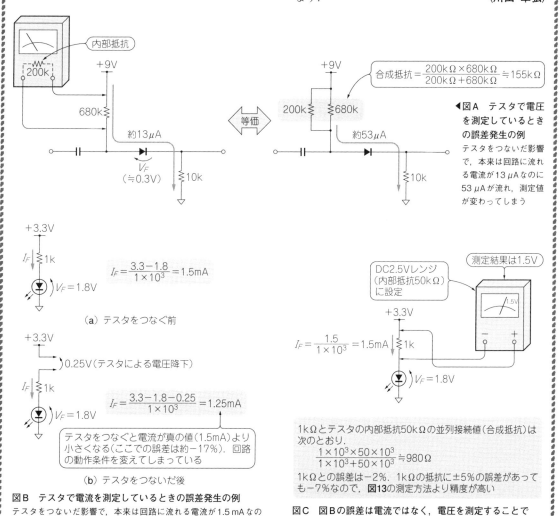

▲図A　テスタで電圧を測定しているときの誤差発生の例
テスタをつないだ影響で，本来は回路に流れる電流が13μAなのに53μAが流れ，測定値が変わってしまう

図B　テスタで電流を測定しているときの誤差発生の例
テスタをつないだ影響で，本来は回路に流れる電流が1.5mAなのに，測定時は1.25mAが流れてしまう

図C　図Bの誤差は電流ではなく，電圧を測定することで－17％から－7％に小さくできる

第5章 雑音から音声まで，どんな波形でも正確に
アナログ・テスタ拡張アダプタの製作② 実効値を正確に測る

川田 章弘　Akihiro Kawata

写真1 雑音でも音声でも！全波形対応の実効値振幅を測れる「実効値プリアンプ」を製作

アナログ・テスタを交流電圧モードにすると，信号の実効値振幅（パワー）を測定することができますが，これは信号が正弦波であることが前提です．実際のIoTマシンが搭載する電子回路やセンサの出力信号のほとんどは正弦波ではありません．

そこで，測定対象の波形が正弦波でも方形波でも，その実効値を正確に測れるアダプタ「実効値プリアンプ（**写真1**）」を製作しました．**図1**に示すように，OPアンプ回路や電源回路の雑音や音声信号の実効値振幅（パワー）を測れます．本器の出力インピーダンスは高い（約33 kΩ）ので，1 MΩ以上の入力抵抗をもつテスタやプリアンプと組み合わせて使います（**写真2**）．

● アナログ・テスタと本器を組み合わせると…
▶測定分解能が数十μVまで高まる

アナログ・テスタYX-361TRの最小AC電圧レンジは2.5 Vと大きいので，数十μVの雑音や数m～数十mVの微小な電圧は正確に測ることができません．本器を組み合わせることで，最小AC電圧レンジを50μVにできます．

▶正弦波でなくても実効値を測れるようになる

多くのテスタには，AC電圧は真の実効値表示ではなく，測定する対象信号が正弦波であることを前提に，平均値を実効値に換算した値が目盛りに刻まれています．本器により，実測した値を表示できます．

● 仕様

仕様を次に示します．

- レンジ：50 μV，5 mV，50 mV，5 V
- 周波数特性：10 Hz～50 kHz
- 電源：006P型9 V電池1個
- 消費電流：23 mA

本器の最大出力は直流で0.5 Vです．5 Vレンジに設定すると，DC0.5 Vが出力されているとき，測定対象の交流電圧の実効値はAC5V_{RMS}です．同じく50 mVレンジのときはAC50 mV，5 mVレンジのときはAC5 mV，50 μVレンジのときはAC50 μVに相当します．たとえば，本器を50 μVレンジに設定して10 μVの雑音電圧を測定すると，テスタの針は0.1 Vを指示します．

第4章の高入力抵抗プリアンプと異なり，中点電圧回路で仮想正負電源を作ることで，消費電流を約23 mAに低く抑えています．普通の006P形アルカリ乾電池を使っても，連続で24時間程度稼働できます．

● 回路とキーパーツ

図2（p.42）に回路図を，**表1**（p.44）に部品表を示します．**写真3**に製作した基板の表面を示します．

ボルテージ・フォロワ回路，反転アンプ，非反転アンプによって，ゲイン0.1倍，10倍，100倍，10000倍と切り換えています．ゲインはメカニカル・リレーで切り換えます．このリレーは，切り換えるときだけ電流（パルス状）を流すラッチング型なので消費電流が小さいです．

図3に示すのは，リレーを制御するトランジスタ（Q_2，Q_3，Q_4，Q_5）のコレクタ電圧です．コイルに電流を流している時間は26 msで，仕様を満足しています．パルス幅はマイコンのウェイト関数で決めています．

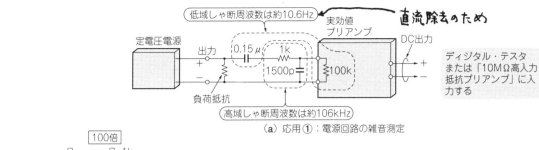

(a) 応用①：電源回路の雑音測定

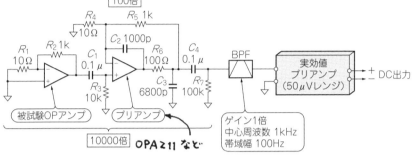

(b) 応用②：OPアンプの雑音測定

図1 製作した「実効値プリアンプ」の応用

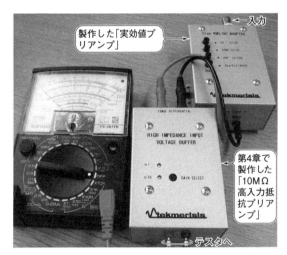

写真2 第4章で製作した「10MΩ高入力抵抗プリアンプ」と組み合わせて使う

写真3 製作した「実効値プリアンプ」の基板

図3 コイルに電流を流す時間が26 msであることを確認
パルス幅はマイコンのウェイト関数で決めている

▶ AC-RMS変換IC LTC1968

交流電圧を真の実効値として直流電圧に変換する専用IC(LTC1968)を使いました(図4)．出力にはOPアンプのオフセット電圧の影響を受けない低域通過フィルタ回路を設けています．

▶ 低雑音OPアンプ OPA211

ゲイン100倍のアンプには，低雑音OPアンプOPA211を使っています．代替品はありません．可能であればもう少し GB 積の大きなOPアンプに変更すると，$50\mu V$ レンジでの周波数帯域が伸びます．

100倍アンプを使わないときはマイコンでOPアンプを無効にして，消費電流を減らしています．

▶ NJM8202

そこそこの性能で安価で，秋葉原で簡単に入手できるので使いました．

▶ DCサーボ用OPアンプ OPA197

ゲイン100倍とゲイン10倍のアンプは，DCサーボ回路でオフセット電圧を低く抑え込んでいます．比較的新しい高精度OPアンプ OPA197を使いました．1個入り小型パッケージの高精度OPアンプとしては，価格も高くないので採用しました．

回路とキーパーツ　41

(a) アナログ信号処理回路

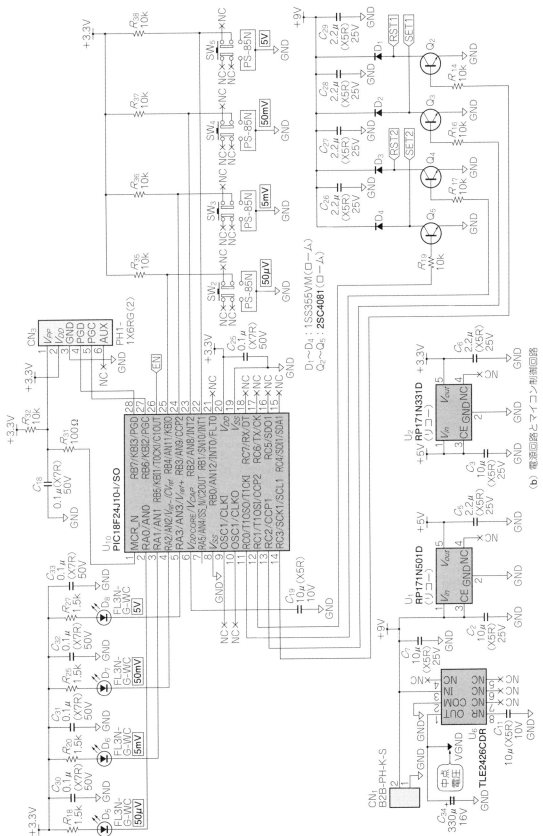

図2 製作した「実効値プリアンプ」の回路図

表1 製作した「実効値プリアンプ」の部品表

部品名	部品番号	値, 型名, パッケージなど	メーカ名	数量
IC	U_1	RP171N501D-TR-FE, SOT-23-5	リコー	1
	U_2	RP171N331D-TR-FE, SOT-23-5		1
	U_3, U_7	OPA197IDGKR, MSOP-8	TI	2
	U_8, U_4	NJM8202RB1, TVSP8	新日本無線	2
	U_5	OPA211AIDGKT, MSOP-8	TI	1
	U_6	TLE2426CDR, SO-8		1
	U_9	LTC1968CMS8#PBF, MSOP-8	LTC	1
	U_{10}	PIC18F24J10-I/SO, SOP-28	マイクロチップ	1
	U_{11}	TLV271CW5-7, SOT23-5	Diodes	1
バイポーラ・トランジスタ	Q_1, Q_2, Q_3, Q_4, Q_5	2SC4081T106R, SC-70	ローム	5
ダイオード	D_1, D_2, D_3, D_4	1SS355VMTE-17, SOD-323		4
LED	D_8, D_5, D_6, D_7	FL3N-G-WC, DIP	aitendo	4
チップ抵抗	R_1	10 M, RK73B1JTTDD106J, 1608	KOA	1
	R_2, R_3, R_{34}	100 k, RR0816P-104-D, 1608	進工業	3
	R_4, R_6	1.8 k (0.5 %), RR0816P-182-D, 1608		2
	R_5	18 (0.5 %), RR0816Q-180-D, 1608		1
	R_8	18k (0.5 %), RR0816P-183-D, 1608		1
	R_9, R_7, R_{28}	470k (1 %), MCT06030C4703FP500, 1608	Vishay	3
	$R_{10}, R_{11}, R_{13}, R_{14}, R_{15}, R_{16}, R_{17}, R_{19}, R_{29}, R_{30}, R_{32}, R_{35}, R_{36}, R_{37}, R_{38}, R_{31}$	10 k, RR0816P-103-D, 1608		16
	R_{12}	100 Ω (0.5 %), RR0816P-101-D, 1608	進工業	1
	$R_{25}, R_{18}, R_{27}, R_{20}$	1.5 k, RR0816P-152-D, 1608		4
	R_{21}, R_{24}	2 k (0.5 %), RR0816P-202-D, 1608		2
	R_{22}	20 k (0.5 %), RR0816P-203-D, 1608		1
	R_{23}	200 Ω (0.5 %), RR0816P-201-D, 1608		1
	R_{26}	200 k (0.5 %), RR0816P-204-D, 1608		1
	R_{33}	33 k (0.5 %), RR0816P-333-D, 1608		1
チップ積層セラミック・コンデンサ	$C_1, C_8, C_{10}, C_{13}, C_{15}, C_{16}, C_{17}, C_{18}, C_{25}, C_{20}, C_{23}, C_{30}, C_{31}, C_{32}, C_{33}$	0.1 μ (X7R) 50 V, GRM188R71H104KA93D, 1608	村田製作所	15
	C_2, C_3, C_7	10 μ (X5R) 25 V, GRM188R61E106MA73D, 1608		3
	$C_5, C_6, C_{22}, C_{24}, C_{26}, C_{27}, C_{28}, C_{29}$	2.2 μ (X5R) 25 V, GRM188R61E225KA12D, 1608		8
	$C_{11}, C_{19}, C_{21}, C_{35}, C_{36}$	10 μ (X5R) 10 V, GRM188R61A106ME69D, 1608		7
チップ・アルミ電解コンデンサ	C_{34}	330 μ 16 V, UUR1C331MNL1GS, 8X10	ニチコン	1
チップ・フィルム・コンデンサ	C_4	2.2 μ 63 V(PET), CB162D0225JBC, SMD	AVX	1
	C_9, C_{12}, C_{14}	0.1 μ 50 V(PEN), CB027D0104JBA, SMD	AVX	3
ラッチング・リレー	RL_1, RL_2	TXS2SA-L2-9V, SMD	パナソニック	2
スライド・スイッチ	SW_1	3P	今川電子	1
押スイッチ	SW_2, SW_3, SW_4, SW_5	PS-85N(BLACK CAP), DIP	Zhejiang Jianfu Electronics	4
コネクタ	CN_1, CN_2	B2B-PH-K-S, DIP		2
コネクタ・ハウジング	CN_1, CN_2	PHR-2	日本圧着端子製造	2
コネクタ・コンタクト	CN_1, CN_2	SPH-002T-P0.5S		4
L型ヘッダ・ピン	CN_3	PH-1X6RG(2), DIP	Useconn Electronics Ltd.	1
BNCコネクタ	J_1	BNC Jack, B-057-HP, DIP	COSMTEC RESOURCES	1
テスト・ピンジャック(赤)	—	MK-617-0	マル信無線電機	1
テスト・ピンジャック(黒)	—	MK-617-1		1
電池ボックス	—	LD-006PB	タカチ電機	1
LEDスペーサ	—	LEDスペーサ 10 mm, LEDSP5-10L	aitendo	4
金属スペーサ	—	金属スペーサ16 mm(M3), ASB-316E	廣杉計器	2
金属スペーサ	—	金属スペーサ15 mm(M3), ASB-315E		2
M3トラスねじ	—	3×5(L)mm, M3トラス	八幡ねじ	4
M3ねじ	—	3×6(L)mm, M3		3
M3スプリング・ワッシャ	—	M3		3
アルミ・ケース	—	P-4, P-4	LEAD	1
塩ビ板	—	透明グリーン, t=0.4 mm, 15×50 mm	—	1
配線材(赤, 黒)	—	—		少々
プリント基板	—	TW-RMSDC-A01(自作)	Tekmerisis	1

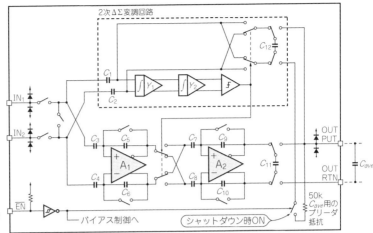

図4 本器のキー・デバイスAC-RMS変換IC LTC1968の内部ブロック図

リスト2 PICマイコンのファームウェア② getSW関数

```
/****************************************************
 Scanning  Switch  condition  including  De-
chattering process
 Return value: Command# (0 to 4)
 0: idleSW function
 1: set 50uV  FS function
 2: set 500uV FS function
 3: set 50mV  FS function
 4: set 5V    FS function
****************************************************/
unsigned char getSW(void)
{
    if(!SW50UV) {
        // Judge to turn off (Push) the SW50UV
        // De-chattering process
        while(1) {
            // OFF??
            if(!SW50UV) { continue; } wait_2ms(3);
            // OFF?
            if(!SW50UV) { continue; } wait_2ms(3);
            // Check to turn ON state
            if(SW50UV) { break; }
        }
        return (1);
    }
    else if(!SW500UV) {
        // Judge to turn off (Push) the SW500UV
        // De-chattering process
        while(1) {
            // OFF??
            if(!SW500UV) { continue; } wait_2ms(3);
            // OFF?
            if(!SW500UV) { continue; } wait_2ms(3);
            // Check to turn ON state
            if(SW500UV) { break; }
        }
        return (2);
    }
    else if(!SW50MV) {
        // Judge to turn off (Push) the SW50MV
        // De-chattering process
        while(1) {
            // OFF??
            if(!SW50MV) { continue; } wait_2ms(3);
            // OFF?
            if(!SW50MV) { continue; } wait_2ms(3);
            // Check to turn ON state
            if(SW50MV) { break; }
        }
        return (3);
    }
    else if(!SW5V) {
        // Judge to turn off (Push) the SW5V
        // De-chattering process
        while(1) {
            // OFF??
            if(!SW5V) { continue; } wait_2ms(3);
            // OFF?
            if(!SW5V) { continue; } wait_2ms(3);
            // Check to turn ON state
            if(SW5V) { break; }
        }
        return (4);
    }
    else return (0);
}
```

▶電源

電源回路は，LDOレギュレータIC(リコー)とTIの中点電圧発生IC TLE2426を使いました．LDOレギュレータICは，同じパッケージで同等性能であればセイコーインスツル製やローム製でも使えます．

▶抵抗

精度の指示がある箇所は，最低でも±1％の薄膜チップ抵抗を使います．メタルグレーズ厚膜チップ抵抗は，誤差が±1％であっても低周波雑音($1/f$雑音)が大きいため使えません．精度指示のない抵抗については，安価な±5％精度の厚膜チップ抵抗でOKです．

▶大容量電解コンデンサ(C_{34})

試作機にて，$50\ \mu\mathrm{V}$レンジに設定したとき，中点電圧の雑音の影響で特定周波数で性能が劣化したので追加しました．

● PICマイコンのファームウェア

マイコンPIC18F24J10(表面実装タイプ)でリレーをON/OFF制御してゲインを切り換えます．

リスト1(p.46)にmain関数を示します．ハードウェア制御はタスク・スイッチで行います．getSW関数で，タクト・スイッチのチャタリング除去と各スイッチの判別を行い，各制御関数をコールします．

リスト1　PICマイコンのファームウェア① main関数

```
/*******************************************************************************
 Project:
    TW-RMSDC
 Descriptions:
    This firmware is for controlling TW-RMSDC
    IDE: MPLAB IDE v8.92
    Compiler: PIC C18
    Copyright(C) 2016 Akihiro Kawata, Triple W Japan KK.
    Last Update by A.KAWATA, 12/09/2016
*******************************************************************************/
#include <p18f24j10.h>
#include "CTRLio.h"
#include "WAITfunc.h"

/*******************************************************************************
 Define function's pointer: func_sw[] is defined in CTRLio.c
*******************************************************************************/
extern RANGE func_sw[];

/*******************************************************************************
 Configuration Bits
*******************************************************************************/
#pragma config WDTEN = OFF          // WATCH DOG TIMER --
#pragma config STVREN = OFF         // Reset on stack overflow/underflow disabled
#pragma config XINST = ON           // Instruction set extension and Indexed Addressing mode enable
#pragma config DEBUG = OFF          // Background debugger disabled; RB6 and RB7 configured as GPIO pins
#pragma config CP0 = OFF            // Program memory is not code-protected
//pragma config FOSC = HS           // HS oscillator
#pragma config FOSC2 = OFF          // INTRC enabled as system clock when OSCCON<1:0> = 00
#pragma config FCMEN = ON           // Fail-Safe Clock Monitor enabled
#pragma config WDTPS = 1            // 1,2,4...32768 WATCH DOG POST SCALER
#pragma config CCP2MX = DEFAULT     // CCP2 is multiplexed with RC1

void main(void)
{

    OSCCON = 0x00;  // INTRC 31kHz, SCS=00(InternalClock)
    ADCON1 = 0x0F;  // RA0-5 : Digital I/O Enabled
                    // RB0-4 : Digital I/O Enabled

    // Port Definition for PIC.
    // 1: Input
    // 0: Output
    TRISA = 0xF0;   // RA0-3 : Output, RA4-7: Input
    TRISB = 0x1E;   // RB0   : Output is dummy
                    // RB1-4 : Input
                    // RB5   : Output
    TRISC = 0x00;   // RC0-3 : Output for Relay Driver
                    // RC4-7 : Output is dummy
    LATA = 0xFF;    // LED port is set to High (All OFF)
    LATB = 0x00;    // LNA is set to Disable
    LATC = 0x00;    // Relay Port is set to Low (ALL OFF)

    // Set Initialize to 5V range
    set5V();

    // Start to scan the switch and do controller operation.
    while(1) {
        func_sw[getSW()]();
        }
}
```

リスト3　PICマイコンのファームウェア③ TypedefでRANGE型を定義

```
/*******************************************************************************
 Define function's pointer: func_sw[] is defined in CTRLio.c
*******************************************************************************/
typedef void (*RANGE)(void);
```

リスト4　PICマイコンのファームウェア④ RANGE型の関数ポインタを格納している配列を選んで，各関数の実体を呼ぶ

```
/*******************************************************************************
 List of Function's Pointer
*******************************************************************************/
RANGE func_sw[5] = { idleSW, set50UV, set500UV, set50MV, set5V };
```

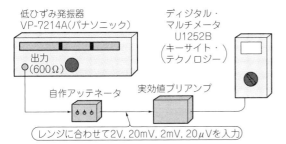

図5 本器の性能測定時の接続

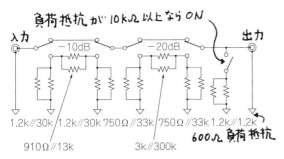

図6 図5に使ったオーディオ帯域用の600Ω自作アッテネータ

リスト2はgetSW関数です．getSW関数の返り値は数値です．

リスト3に示すように，TypedefでRANGE型を定義します．さらにリスト4で，RANGE型の関数ポインタを格納している配列を選んで，各関数の実体を呼ぶ構成にしています．タスク・スイッチ型は，雛形を作ると応用が効くハードウェア制御の定石です．

● 性能

図5に示す接続で本器の性能を測りました．オーディオ帯域の低ひずみ発振器(VP-7214A)と，手作りのオーディオ帯域用の600Ω減衰器(図6)を使って，10 Hz～100 kHzまでの周波数応答特性を評価しました．

図7に周波数-出力直流電圧を，図8に入力電圧-出力直流電圧の実測結果を示します．

50μVレンジでは［図7(d)］，100 kHzでの誤差が－26 %(－2.6 dB)です．－1 dB(－10 %)程度の誤差範囲で使えるのは約50 kHzまでです．OPA211とNJM8202のGB積による周波数帯域制限により高域のゲインが低下しています．

もっと周波数帯域を伸ばしたい場合は，OPA211を周波数帯域の広い低雑音OPアンプに変更します．1番ピンをグラウンドに落とすようにプリント基板を改造したうえで，AD8021(アナログ・デバイセズ)に変更すると，NJM8202の周波数帯域が支配的になります．AD8021に変更したときは，NJM8202もより広帯域なものに変更します．

◆参考文献◆

(1) 川田 章弘：BPFとノッチ・フィルタの設計，トランジスタ

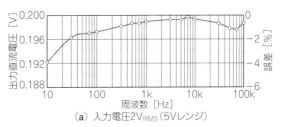

(a) 入力電圧2V$_{RMS}$ (5Vレンジ)

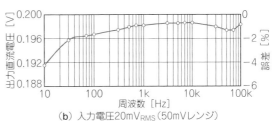

(b) 入力電圧20mV$_{RMS}$ (50mVレンジ)

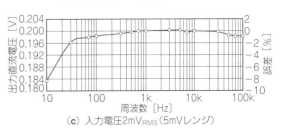

(c) 入力電圧2mV$_{RMS}$ (5mVレンジ)

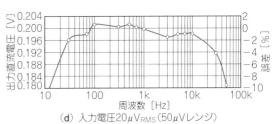

(d) 入力電圧20μV$_{RMS}$ (50μVレンジ)

図7 入力電圧のレベルを変えながら測った本器の出力電圧の周波数特性（実測）

－1 dB(－10 %)程度の誤差範囲で使えるのは約50 kHzまで

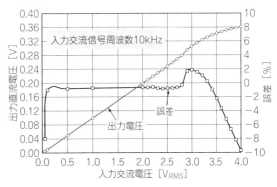

図8 周波数を10 kHzに固定したときの，入力交流電圧-出力交流電圧の関係（実測）

技術SPECIAL No.118, 高精度リニアICの活用法, pp.103～116, CQ出版社, 2012.

（初出：「トランジスタ技術」2017年4月号）

第6章 何度も押すスイッチの劣化を調べたり，モータ用電流センサを選んだり
アナログ・テスタ拡張アダプタの製作③ mΩオーダの低抵抗値を測定する

川田 章弘 Akihiro Kawata

写真1 アナログ・テスタと組み合わせて，低抵抗（50 mΩまで）を精度良く測れる「100mA低抵抗ドライブ・アンプ」を製作

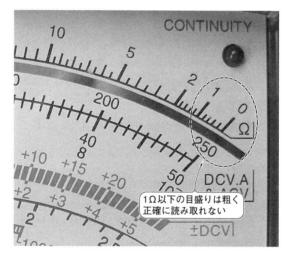

写真2 アナログ・テスタは1Ω以下の目盛りが粗く，正確な抵抗値を測ることはできない

スマホのように野外の過酷な環境で手荒く扱われることが多いIoT機器には，高い堅牢性や信頼性が求められます．特に，1日に何度もON/OFF操作するスイッチやリレーなどの接点は劣化が激しい部品です．これらの接点の劣化具合は，その抵抗値（数十～数百mΩ）を測るとわかります．

ドローンやロボット，EVなど，モータを搭載した無人モバイルもIoTの象徴的な応用です．モータの回転トルクを制御するためには，1Ω以下の低抵抗を使って電流を検出する手段が必要です．

アナログ・テスタでは1Ω以下の低抵抗を精度良く測ることができません．本章では，50 mΩまで正確に測ることができるようになるアナログ・テスタと組み合わせるアダプタ（写真1）を紹介します．

〈編集部〉

● 配線抵抗や接触抵抗など1Ω以下の抵抗値をテスタで調べる

写真2に示すように，アナログ・テスタYX-361TRのメータの1Ω以下は目盛りが粗く，読み取り精度が良くありません．これでは，mΩオーダのスイッチの接点抵抗や電流センシング用の低抵抗，電線の抵抗値などを正確に読み取ることはできません．

そこで，アナログ・テスタで1Ω以下の低抵抗値を精度良く測れるようになるアダプタ「100 mA低抵抗ドライブ・アンプ（写真1）」を製作しました．

● 仕様と回路

仕様を以下に示します．

- 測定精度：テスタの電流，電圧測定精度に依存
- 定電流出力：100 mA ± 10 %以下
- 電圧-抵抗値変換係数：100 mV/Ω
- 電源：単3乾電池2本
- 消費電流：105 mA

図1に回路図を，表1に部品表を示します．写真4に基板の表面を示します．被測定抵抗に約100 mAの一定の電流を流し込むための定電流回路をバンドギャップ・リファレンスIC（LMV431IM5，±1.5 %精度）で構成しました．

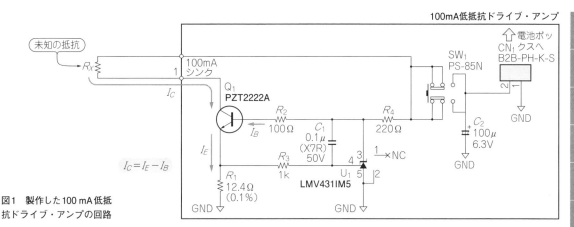

図1 製作した100 mA低抵抗ドライブ・アンプの回路

表1 製作した100 mA低抵抗ドライブ・アンプの部品表

部品名	部品番号	型名,仕様,パッケージなど	メーカ名	数量
IC	U_1	LMV431IM5/NOPB, SOT-23-5	TI	1
バイポーラ・トランジスタ	Q_1	PZT2222A, 115, SOT-223	NXP	1
チップ抵抗	R_1	12.4 Ω(0.1 %), PFC-W0805LF-03-12R4-B, 2012	IRC/TT Electronics	1
	R_2	100 Ω, RR0816P-101-D, 1608	進工業	1
	R_3	1 k, RR0816P-102-D, 1608		1
	R_4	220 Ω, RR0816P-221-D, 1608		1
チップ積層セラミック・コンデンサ	C_1	0.1 μ(X7R)50 V, GRM188R71H104KA93D, 1608	村田製作所	1
アルミ電解コンデンサ	C_2	100 μ 6.3 V, 0JUTCX101M, DIP	東信工業	1
コネクタ	CN_1	B2B-PH-K-S, DIP	日本圧着端子製造	1
コネクタ・ハウジング	CN_1	PHR-2		1
コネクタ・コンタクト	CN_1	SPH-002T-P0.5S		2
押スイッチ	SW_1	PS-85N(BLACK CAP), DIP	Zhejiang Jianfu Electronics	1
バナナ・ジャック(赤)	–	MK-626-0	マル信無線電機	3
バナナ・ジャック(黒)	–	MK-626-1		3
プラスチック・ナット	–	3 mm	–	4
プラスチックねじ	–	3×10 mm	–	2
配線材(赤,黒)	–	AWG24~30	–	少々
電池スナップ	–	縦型, SBS-IR-1/150 mm	COMFORTABLE ELECTRONIC	1
電池ボックス	–	単3×2, BH-321-1B		1
ケース	–	SK-5	西務良(ニシムラ)	1
プリント基板	–	TW-LOWRM-A01(自作)	Tekmerisis	1

写真4 製作した「100 mA低抵抗ドライブ・アンプ」の基板

● 測定のしくみ

本器は低抵抗に100 mA一定の電流(I_E)を流して,その両端の電圧を測り,オームの法則($R = V/I$)を使って抵抗値を求めます.

I_Eは,LMV431IM5の基準電圧(V_{ref})から次式で決まります.

$$I_E = \frac{V_{ref}}{R_1}$$

$V_{ref} = 1.24$ V,$R_1 = 12.4$ Ωとすると,次のように定電流値は100 mAになります.

$$I_E = \frac{1.24}{12.4} = 0.1 \text{ A}$$

被測定抵抗(R_X)には0.1 Aが流れているので,テス

表2 線材は米国のワイヤ・ゲージ規格(American Wire Gauge)で規格化されている

本器とアナログ・テスタを使ってAWG22の抵抗値を測ってみた(写真3)

AWG	直径 [mm]	断面積 [mm²]	抵抗値 [Ω/km]
18	1.02	0.82	20.95
19	0.9116	0.65	26.41
20	0.8118	0.52	33.31
21	0.7229	0.41	42.00
22	0.6438	0.33	52.96
23	0.5733	0.26	66.78
24	0.5106	0.2	84.21

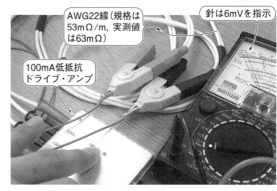

写真3 本器とアナログ・テスタを組み合わせて，53 mΩの線材(AWG22)1 mの抵抗値測定に成功

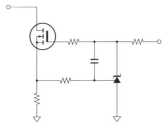
(a) 対策1…NチャネルMOSFETに変更

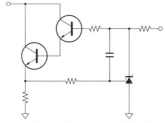
(b) 対策2…ダーリントン接続に変更

図2 本器が出力する定電流(100 mA)の精度(約5%)を高める方法

タの0.1 Vレンジで両端の電圧を測ったとき針が0.1 Vを指示したら，R_Xは1 Ωです．抵抗値が50 mΩの場合は，0.1 Aを流したとき5 mVしか電圧が発生しませんが，0.1 Vレンジで何とか測れるでしょう．もう少し正確に測定したいときは，高精度なディジタル・テスタを利用します．

● 製作&実験！AWG22の線材の抵抗値を測ってみた

表2に示すのは，米国のワイヤ・ゲージ規格AWG(American Wire Gauge)の線材の仕様(線番，外径，抵抗値)の抜粋です．よく使うのは，1 mで約53 mΩの抵抗値があるAWG22です．このくらい低いと，YX-361TR単体では正確な値を測ることができません．

本器とYX-361TRを組み合わせて，1 mのAWG22の抵抗値を測ってみました(写真3)．表2からは約53 mΩ前後の抵抗値をもっているはずです．

● 本器の測定誤差は5%前後…使える

本器が出力する定電流の精度は±10 %と高くありません．あらかじめ本器の定電流値(I_{out})を別の高精度テスタで測定しておいて，この値を次式に入れて抵抗値を計算します．

$$R_X = \frac{V_M}{I_{out}} \quad \cdots\cdots\cdots\cdots\cdots\cdots\cdots (1)$$

ただし，I_{out}：本器の出力電流 [A]，V_M：測定電圧値 [V]

このようにすれば，測定結果はテスタの精度だけに依存するようになります．

▶本器の定電流値を高精度テスタで実測

高精度ディジタル・テスタU1252Bを使って，本器の定電流値の精度を確認すると95 mAでしたから，誤差は−5 %です．簡易的な測定であれば，この程度の誤差は許容できます．

抵抗値(R_X)は，I_{out} = 95 mAと測定電圧値V_M = 6 mVを式(1)に入れて次のように求めます．

$$R_X = \frac{6 \times 10^{-3}}{0.095} \fallingdotseq 63 \text{ mΩ}$$

抵抗値のオーダとして合っているので，正しく測定できていそうです．

● 定電流値の誤差を小さくする

図1に示すように，被測定抵抗(R_X)に流れる電流は，コレクタ電流(I_C)なので，次の関係から定電流出力値I_{out}は0.1 Aよりも小さい値になります．

$$I_C = I_E - I_B$$

つまりベース電流(I_B)が定電流出力値の誤差の原因です．

図2に，誤差要因であるベース電流を減らす方法を示します．しきい値電圧(V_{th})が約1.0 VのNチャネルMOSFETを使ったり，バイポーラ・トランジスタを2個つないだりします(ダーリントン接続という)．

(初出:「トランジスタ技術」2017年4月号)

第7章 Wi-FiやBluetoothを基板で受信！通信エラーや放射ノイズの原因究明に
アナログ・テスタ拡張アダプタの製作④
2.4GHzの電波レベルを調べる

川田 章弘 Akihiro Kawata

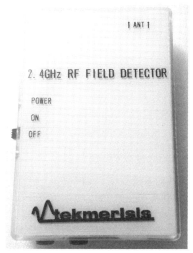

(a) 外観

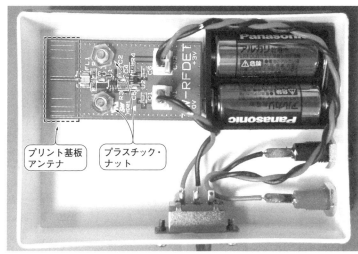

(b) 内観

写真1 Wi-FiやBluetoothの2.4GHz電波の強度を調べられる「ポケット2.4GHzレベル・チェッカ」を製作
プリント基板にアンテナを作り込んだので同軸ケーブルや外部アンテナは不要

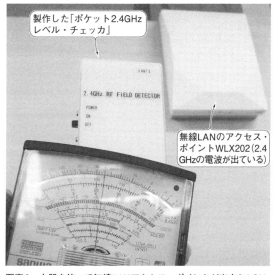

写真2 本器を使って無線LANアクセス・ポイントが出す2.4GHzの電波の強度を調べているところ

　IoTマシンは，2.4GHzの電波を利用するWi-FiやBluetoothを利用して，インターネットやスマホとワイヤレスでつながっています．この2.4GHzの電波の強度を調べるときは，外部アンテナや高価な測定器を利用します．本章では，アナログ・テスタと組み合わせて使う基板アンテナを搭載したコンパクトなレシーバ(**写真1**)を紹介します．

〈編集部〉

● Wi-FiやBluetoothの2.4GHz電波をテスタで見える化

　2.4GHzの電波は，無線LANやBluetooth，電子レンジなど，皆さんの身の回りのたくさんの装置が利用しています．でも，無線LANアクセス・ポイントがちゃんと電波を出しているかどうかを調べるのは簡単ではありません．スペクトラム・アナライザという専用の計測器があれば調べられますが，1台，数十万～数百万円もします．

　そこで，空間に2.4GHzの電波が出ているかをチェ

ックできる電波レベル・チェッカ「ポケット2.4 GHz レベル・チェッカ(**写真1**)」を製作しました．本器は，基板上にプリント・パターンでアンテナを作り込んでいるので，同軸ケーブルや外部アンテナは不要です．完成したらテスタに接続してすぐに使えます．

写真2に示すのは，無線LANアクセス・ポイント(WLX202，ヤマハ)から出ている電波の強度を調べているところです．無線LANに本器を近づけてテスタの針が大きく触れたら，電波がしっかり出ていることがわかります．

本器は校正されていないので測定器というよりチェッカです．出力電圧が0.4 Vのとき，電波強度は約-45 dBm，1Vオーダなら-30 dBmぐらい，といういうふうにざっくり把握できます．

● 仕様

仕様を以下に示します．

- 周波数帯域：2.4 GHz帯(2.4G〜2.5 GHz)
- プリント基板アンテナのゲイン：約-2 dBi
- ダイナミック・レンジ：60 dB
- RF電力測定範囲：-50〜-10 dBm
- RF電力レベル−直流電圧変換係数：40 mV/dB
  (0.4 V@-45 dBm，0.8 V@-35 dBm，1.2 V@-25 dBm，1.6 V@-15 dBm，1.8 V@-5 dBm)
- 電源：単5乾電池2本
- 消費電流：8 mA

図1に示すように，プリント基板アンテナのゲインは，ゲイン仕様が既知のアンテナを電波暗室で実測し，この値を基準にして得ました．

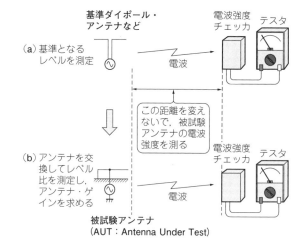

図1 プリント基板に作り込んだパターン・アンテナのゲインを測定する方法

● 回路とキーパーツ

図2に回路図を，**表1**に部品表を示します．

▶RFパワー・ディテクタLT5534(U_1，リニアテクノロジー)

本器の性能を決めているICです．高周波信号を直流電圧に変換する機能のほとんどを内蔵しています(**図3**)．出力される直流電圧は急峻に立ち上がるので，RCローパス・フィルタでスルー・レートを約17 V/μsに抑えています．

▶チップBPF LFB2H2G45SG7C093(FL1，村田製作所)

アンテナからの入力部にチップ・バンド・パス・フィルタを挿入し，2.4 G〜2.5 GHz以外の電波を減衰させています．帯域通過フィルタ(BPF)の損失が約2 dB，アンテナ・ゲインが約-2 dBiなので，電波は5 dBほど損失して，LT5534に入力されます．

▶超低消費電力OPアンプ TLV521DCK(U_2，テキサス・インスツルメンツ)

RCローパス・フィルタ(R_3とC_5)によって出力インピーダンスが上がります．レール・ツー・レールOPアンプを使ったボルテージ・フォロワで出力インピーダンスを下げてから出力します．TLV521DCKは汎用OPアンプの1000倍ほど応答が遅く(スルー・レート

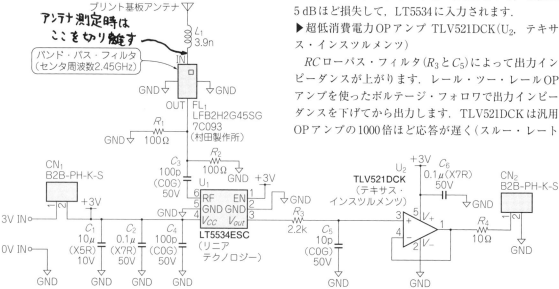

図2 製作した「ポケット2.4 GHzレベル・チェッカ」の回路図

表1 製作した「ポケット2.4GHzレベル・チェッカ」の部品表

部品名	部品番号	値, 型名, パッケージなど	メーカ名	数量
IC	U_1	LT5534ESC6#PBF, SC-70-6	リニアテクノロジー	1
	U_2	TLV521DCKR, SC-70-5	TI	1
チップ・フィルタ	FL_1	LFB2H2G45SG7C093, 2520	村田製作所	1
チップ抵抗	R_1, R_2	100, RR0816P-101-D, 1608	進工業	2
	R_3	2.2k, RR0816P-222-D, 1608		1
	R_4	10, RR0816Q-100-D, 1608		1
チップ・インダクタ	L_1	3.9nH, LQP15MN3N9W02, 1005		1
チップ積層セラミック・コンデンサ	C_1	10μ(X5R)10V, GRM188R61A106ME69D, 1608	村田製作所	1
	C_2, C_6	0.1μ(X7R)50V, GRM188R71H104KA93D, 1608		2
	C_3, C_4	100p(C0G)50V, GRM1885C1H101JA01D, 1608		2
	C_5	10p(C0G)50V, GRM1885C1H100JA01D, 1608		1
テスト・ピンジャック(赤)	−	MK-617-0	マル信無線電機	1
テスト・ピンジャック(黒)	−	MK-617-1		1
スライド・スイッチ	SW_1	3Pスライド	今川電子	1
コネクタ	CN_1, CN_2	B2B-PH-K-S	日本圧着端子	2
コネクタ・ハウジング	CN_1, CN_2	PHR-2		2
コネクタ・コンタクト	CN_1, CN_2	SPH-002T-P0.5S		4
配線材(赤, 黒)	−	AWG30〜AWG24	−	少々
電池ボックス	−	単5×2, D502	石川製作所	1
プラスチックねじ	−	3×10mm	−	2
プラスチック・ナット	−	3mm	−	4
プラスチック・ケース	−	117-small(ABS), 117-small	西務良(ニシムラ)	1
プリント基板	−	TW-RFDET-A0(自作)	Tekmerisis	1

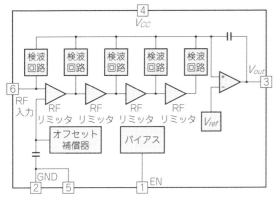

図3 本器の主役RFパワー・ディテクタLT5534の内部ブロック図

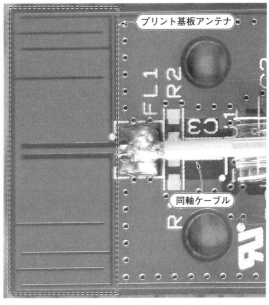

写真3 プリント基板アンテナに同軸ケーブルを付けて, 入力インピーダンス特性をネットワーク・アナライザで測定
L_1〜BPF間のプリント・パターンを切断してL_1側に同軸ケーブルを接続

2.9 V/ms), 直流信号の増幅にしか使えませんが, 安価で低消費電力なので最適です.

● プリント基板アンテナをオリジナル設計

写真3に1次試作基板のプリント・パターンを示します. 実験の結果, 最終基板にはL_1(3.9 nH)を追加しました.

ネットワーク・アナライザでプリント基板アンテナの入力インピーダンス特性$|S_{11}|$を測定します. L_1〜BPF間のプリント・パターンを切断し, L_1側に同軸ケーブルを接続します(写真3). 同軸ケーブルのグラウンドはプリント基板のグラウンドと接続します.

▶広帯域

入力インピーダンス特性$|S_{11}|$を図4に示します. −10 dB以下の帯域は2.402 G〜2.592 GHzで, 小型アンテナとしては広帯域です.

図6 単5電池ボックスとプリント基板は,はんだ付けで直結する

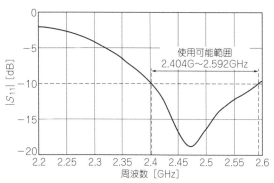

図4 本器のプリント基板アンテナの入力インピーダンスの周波数特性

▶無指向性

図5に示します.同軸ケーブルの影響を受けて,180°の方向にヌルが生じていますが,自由空間に置かれた場合,Z-X軸平面の垂直偏波成分は無指向性になります.このデータは,東京都立産業技術研究センタのアンテナ測定システムで測定しました.

*

このプリント基板アンテナは,本器専用に一から設計しました.

広帯域なインピーダンス特性と高い放射効率が特徴で,原型は,稿末の参考文献(1)のY社勤務時の特許です.特許を回避するために主請求項で限定項目となっているグラウンド・プレーンへのショート・スタブを,グラウンドから直流的に浮いているカウンタ・ポイズに変更しています.

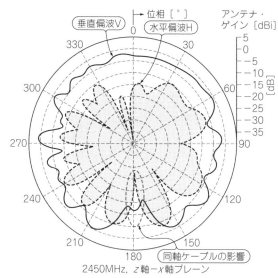

図5 本器のプリント基板アンテナの放射指向性

● 製作

チップ・コンデンサは,慎重にはんだ付けします.図6に示すように,電池ホルダの足を曲げて基板に直接はんだ付けします.本器は無調整なので,完成したらテスタをつなぐだけで使えます.

◆参考文献◆

(1) 川田章弘;アンテナ,特許第5998974号.
(2) LT5534データシート,リニアテクノロジー.

(初出:「トランジスタ技術」2017年4月号)

アナログ・テスタ拡張アダプタの組み立てキット頒布のお知らせ Column 1

CQ出版社では,本書の第4章〜第7章で紹介した測定アダプタ「10MΩ高入力抵抗プリアンプ」,「実効値プリアンプ」,「100mA低抵抗ドライブ・アンプ」,「ポケット2.4GHzレベル・チェッカ」の組み立てキットを,数量限定で有償頒布しています.

以下のURLから購入できます.なおお品切れの場合はなにとぞご容赦ください.

◆10MΩ高入力抵抗プリアンプ

https://shop.cqpub.co.jp/hanbai/books/I/I000221.htm

◆実効値プリアンプ

https://shop.cqpub.co.jp/hanbai/books/I/I000222.htm

◆100mA低抵抗ドライブ・アンプ

https://shop.cqpub.co.jp/hanbai/books/I/I000224.htm

◆ポケット2.4GHzレベル・チェッカ

https://shop.cqpub.co.jp/hanbai/books/I/I000225.htm

〈編集部〉

第2部 本格派！オシロスコープの使い方

第8章 まずは基本を押さえよう

オシロスコープとは何か

小川 一 Hajime Ogawa

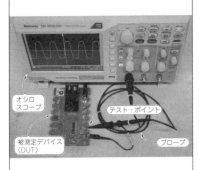

本章では，オシロスコープに初めて触れる人を対象に，オシロスコープを触る前に覚えておきたい基本を説明します．

オシロスコープとは

● 電気信号の時間的変化を波形として表示する装置

「オシロスコープ(oscilloscope)」という名称は「oscillation」と「scope」からの造語で，電気信号の1つである発振現象の観測が由来となっています．オシロスコープは，電気信号の時間的な変化を波形としてわかりやすく見せてくれます．測定対象の電気信号は，入力信号あるいは被測定信号と呼ばれます．

● ディスプレイと操作パネルで構成される

写真1に，オシロスコープのフロント・パネルの例を示します．右側の操作パネルには，入力信号を印加する入力コネクタや電圧プローブ校正用の方形波信号出力端子，いろいろな形状の押しボタン・スイッチ，さまざまな大きさのノブなどがあります．入力信号に応じてスイッチやノブを適切に操作することで，左側のディスプレイに波形が表示されます．

ディスプレイには，波形のほか，波形の各点のデータを読み取るための目盛りや操作パネルの設定値など

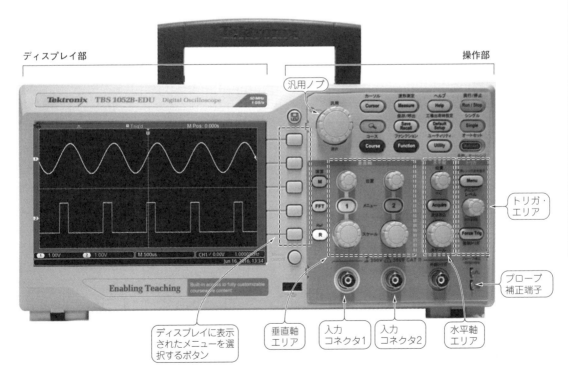

写真1 オシロスコープのフロント・パネル例（表示波形は合成したもの）
オシロスコープのフロント・パネルはディスプレイ部と操作部などで構成される．操作部の入力コネクタに入力された電気信号に対して，操作部に配置されたボタン操作やノブ操作を行う．ディスプレイには，波形のほかに操作スイッチやノブなどの設定値が表示される

が表示されます.

オシロスコープの機種によっては,ディスプレイと操作パネルが上下に配置されるものや,ディスプレイの下にも操作パネルの一部が配置されるものなどがあります.

● 波形からわかること

波形はさまざまな情報を含んでいます.例として,**写真1**のディスプレイに表示されている信号を見てみましょう.ディスプレイの垂直軸は電圧を,水平軸は時間を示しています.

波形から,入力信号が正弦波信号と矩形波信号であることがわかります.さらに,上下の波形は共に安定しており周期が同じです.このことから,2つの信号は周波数が同じで同期関係にあることがわかります.このように,オシロスコープに表示された波形から,入力信号の状態が直感的に理解できます.

● 物理現象も電気信号に変換すれば観測できる

電気信号以外の物理現象であっても,センサや変換器などで電気信号に変換してオシロスコープに入力すれば,観測や測定ができるようになります.このため,オシロスコープは多くのアプリケーション分野において,基礎研究から開発の機能検証,製造検査部門,品質保証,メインテナンスなどのさまざまな部門で,基本測定器の1つとして使われています.

● 観測の基準はグラウンド

オシロスコープの性能を発揮させてオシロスコープを安全に使うために,オシロスコープの筐体は接地する必要があります.このためオシロスコープの測定は接地(グラウンド)が基準になります.オシロスコープが接続できる測定対象は,接地されている機器やバッテリ動作の機器などに限られます(詳しくは後述).

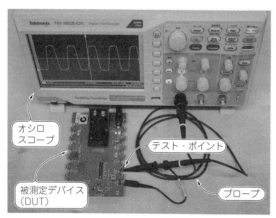

写真2 プロービングの例
測定対象の電子回路基板(DUT)への接続は,オシロスコープに装着したプローブの先端で行う.プローブを用いることで,オシロスコープを接続したことによる負荷効果を軽減できる

● 機器間の接続は同軸ケーブルを使い,インピーダンスを合わせる

電気信号を正確に観測するためには,電気信号源とオシロスコープの接続部分で信号を劣化させない配慮が必要です.例えば,信号源とオシロスコープの入力電極を,両端にワニ口クリップが付いた2本のクリップ・リードで接続すると,クリップ・リードがアンテナとなり外来ノイズを拾ってしまいます.また,クリップ・リードのインダクタンスとクリップ・リード間の容量による共振も起こります.これでは,正確な信号伝送は期待できません.

機器からの出力信号をオシロスコープで正確に波形として表示するためには,機器に合ったコネクタの付いた,測定用の同軸ケーブルを使います.

また,機器からの出力コネクタと同軸ケーブル,オシロスコープの入力コネクタのインピーダンスを合わせる必要があります(インピーダンス・マッチング).機器の出力インピーダンス(一般に,測定器の信号出力端子は50Ωで設計されている)と等しい特性インピーダンスの同軸ケーブルを用いて,オシロスコープの入力コネクタ端で,同じインピーダンスを持つ終端器を用いて終端します.

● 電子回路のテスト・ポイントに接続するにはプローブを使う

設計した電子回路の実際の動作は,部品を組み込んで通電してみないとわかりません.設計した通りに動作しなかった場合や目標の性能に達しないときなどは,原因を特定する必要があります.こんなとき,オシロスコープを使って電子回路内部のステージごとの電気信号を順々に波形観測すれば,波形の変遷から実際の動作を類推できるようになります.

ただし,電子回路に不用意にオシロスコープを接続すると,オシロスコープが電子回路の一部となって電子回路の動作に影響を及ぼします(これを負荷効果と呼ぶ).負荷効果を軽減するために開発されたケーブルが「プローブ」です.

写真2に,プローブによる接続(プロービング)の例を示します.オシロスコープに装着したプローブの先端を電子回路基板に接続しています.

測定対象を一般的にDUT(Device Under Test;被測定デバイス)と呼びます.DUT上の,プローブの先端を接続するポイントをテスト・ポイントと呼び,回路図には「TP」あるいは「T.P」と表記します.

オシロスコープの3大基本操作

● 信号表示のために必ず行う3つの操作

オシロスコープの入力コネクタに被測定信号を入力したら,「垂直軸の操作」,「水平軸の操作」,「トリガ

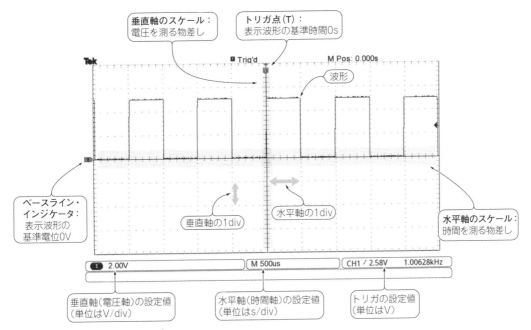

図1 ディスプレイ表示の読み取り方
垂直軸は電圧軸, 水平軸は時間軸とも呼ばれる. 垂直軸/水平軸とも, スケール・ノブを回して1divあたりの設定値を変更できる

の操作」を行います. この一連の操作は, 測定対象がどのような電気信号であっても最初に行う必須な操作であることから, オシロスコープの3大基本操作と呼ばれます.

被測定信号が, 正弦波信号や方形波信号, 三角波信号のような単純な繰り返し信号だとあらかじめわかっていれば, この3つの基本操作を行うだけで, それらの波形を表示できます.

● 垂直軸と水平軸はそれぞれ等間隔に区切られている

オシロスコープのディスプレイ全面に等間隔に配置された垂直軸は, 8個または10個の目盛りで構成されます. 1目盛りはさらに5個の補助目盛りに分割されます. 垂直軸の下端から上端までの全体の長さをフルスケール(full-scale)と呼びます.

垂直軸の中心が, 基準の0 div(ディブ, またはディビジョンと呼ぶ)です. 上に行くに従って+1 div, +2 div…, 下に行くに従って-1 div, -2 div…となります. ディスプレイ全面に等間隔に配置された水平軸は, 一般的に10個の目盛りで構成されます. 1目盛りはさらに5個の補助目盛りに分割されます. 現在のディジタル・オシロスコープでは水平軸の中心が基準の0 divで, 右に行くに従って+1 div, +2 div…, 左に行くに従って-1 div, -2 div…となります.

● 波形の各点の値を目盛りから読み取る

波形の各点の値は, 垂直軸/水平軸の目盛りを使って読み取ります(図1).

電圧の値は, 垂直軸(電圧軸)のスケールから読み取った値に, 垂直軸の設定値(V/div, ボルト・パー・ディブ)を掛けることで求められます.

時間は, 水平軸(時間軸)のスケールから読み取った値に, 水平軸の設定値(s/div, セック・パー・ディブ)を掛けることで求められます.

● 基本操作その1：垂直軸の操作

波形がディスプレイの垂直軸のフルスケールに収ま

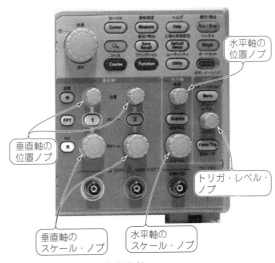

写真3 オシロスコープの操作部
これらのノブを操作して, 垂直軸/水平軸/トリガ・レベルの位置やスケールを設定する

るように，波形の高さと，波形全体の上下位置を設定します．

波形の高さを設定するのが，操作パネルの垂直軸エリアに配置されているスケール・ノブです（写真3）．スケール・ノブを時計回りに回すと，1ステップごとに波形の高さが2→5→10…倍の順で大きくなります．反時計回りに回すと，0.5→0.2→0.1…倍の順で波形の高さが小さくなります．

波形の高さを保ったまま波形全体を上下に移動させるのが，操作パネル上の垂直軸エリアに配置されている位置ノブです（写真3）．時計回りに回すと波形は上方に，反時計回りに回すと波形は下方に移動します．このとき，波形のグラウンド基準電位である「0V」の位置も一緒に上下します．

垂直軸のスケールに重ね合わせて波形の各部の電圧の値を高確度で読み取りたい場合は，波形全体をディスプレイに収めつつ，垂直軸のフルスケールいっぱいになるように，垂直軸を操作します．

実際の測定では，最初の垂直軸の操作は波形が安定しない状態で行います．電気信号の最も大きな電圧変化がディスプレイの半分を超える大きさを目安に垂直軸のスケールを調整し，波形が安定してから垂直軸の位置ノブでディスプレイのフルスケールの範囲内に収めるのがポイントです．

● **基本操作その2：水平軸の操作**

波形の表示幅（ディスプレイに表示する繰り返しの頻度）と左右位置を設定します．

波形の表示周期を設定するのが，水平軸エリアに配置されているスケール・ノブです．時計回りに回すと，波形の表示周期が2→4→10…倍，機種によっては2→5→10…倍の順で左右方向に拡大されます．反時計回りに回すと，0.5→0.25→0.1…倍，機種によっては0.5→0.2→0.1…倍の順で左右方向に縮小します．

波形全体を左右にスライドさせるのが，水平軸エリアに配置されている位置ノブです．時計回りに回すと波形が右にスライドし，反時計回りに回すと波形は左にスライドします．このとき，波形の表示基準点である0sの位置も一緒に動きます．

実際の測定では，水平軸の操作は波形が安定しない状態で行います．水平軸スケール・ノブを時計回りあるいは半時計回りに回して，5～8サイクルの波形が表示されるように設定します．波形が安定したら，水平軸のスケールと波形を重ね合わせて各部の時間情報を読み取ります．垂直軸の操作と同じく，高確度な測定結果が得られるような水平方向の大きさに設定するのがポイントです．

● **基本操作その3：トリガの操作（波形表示の基準点を設定する）**

波形表示の基準点となる電圧レベル（トリガ・レベル）を設定します．

トリガ・レベルを設定するのが，トリガ・エリアに配置されているトリガ・レベル・ノブです（写真3）．時計回りに回すとレベルは正方向に，半時計回りに回すと負の方向に変化します．波形とトリガ・レベルの交点がトリガ点になります．

トリガの設定が正しく行われたかどうかは，オシロスコープに表示された波形が安定しているかどうかで判断します．このため，トリガの操作は垂直軸の設定，水平軸の設定が済んでから行います．

被測定信号がサイン波信号や方形波信号，三角波信号のように単調な繰り返し信号の場合は，トリガ・レベルは波形の平均レベルを目安に設定します．

測定上の注意点

● **通電中の電子機器内部は直接触らない**

動作中の電気回路や電子機器内部の測定には注意が必要です．

測定対象のテスト・ポイント（金属部分）には，素手や皮膚で直接触らないでください．感電する可能性があります．

また，電子機器の内部をショートさせると火災を引

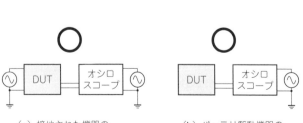
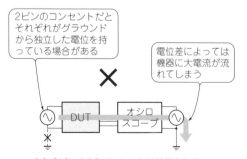

（a）接地された機器の電気信号は測定できる　（b）バッテリ駆動機器の電気信号も測定できる　（c）2ピンのACコンセントに接続された機器の電気信号は測定してはいけない

図2　オシロスコープの測定対象は，バッテリ駆動機器回路や，グラウンドを基準とした電気信号に限られる

き起こす可能性があります．取り扱いには細心の注意が必要です．

● **オシロスコープは必ず接地し，測定対象はバッテリ駆動の電子機器や電源の2次回路とする**

オシロスコープが測定対象とする電気信号は，すべてグラウンド（接地）が基準です．そのため，オシロスコープの筐体は必ず接地してください．

また，オシロスコープの測定対象は，バッテリ駆動機器回路や，グラウンドを基準とした電気信号に限られます（**図2**）．

ACコンセントの2つの電極は，それぞれがグラウンドから独立した電位をもっている場合があります（詳しくはColumn 1を参照）．そのため，ACコンセントに接続された電子機器と，グラウンドに接続されたオシロスコープを接続すると，電子機器やオシロスコープに大電流が流れて機器を壊す危険があります．

● **フローティング測定には特別なツールが必要**

独立した電位をもつ2つのテスト・ポイント間の測定を「フローティング測定」と呼びます．フローティング測定は，接地されない2点間を対象とする差動測定の1つです．テスト・ポイントの電位は，それぞれ接地から数百V以上に達する場合があります．

フローティング測定を行うには，特別仕様のオシロスコープや，高電圧差動プローブなどを使います．

● **オシロスコープの許容する最大電圧を超えないようにする**

オシロスコープで測定する信号は，オシロスコープが対応できる最大電圧以下でなければなりません．最大電圧はオシロスコープの機種によりさまざまです．また，オシロスコープの内部設定によっても大きく異なります．

鉄則！オシロは3ピンACプラグでアースにつなぐ　　　　　　Column 1

● **壁コンセントの裏側**

会社の壁にあるコンセントの多くは3ピンです．真ん中のピンは地球（アース）につながっています．実際の配線を**図A**に示します．この図で，過電流時に電気を遮断するブレーカは省略しています．

電柱のトランスからは，単相3線式と呼ばれる方式で，100Vだけでなく200Vも簡単に取り出せるようになっています．中性線（N：ニュートラル）は，電柱の根元で大地につながれています．これとは別に大地に接続されているアース（GND）線もあります．

100Vのコンセントは，$N-L_1$ または $N-L_2$ 間から取り，アース用のピンはGNDに接続されています．200Vのコンセントは L_1-L_2 間から取ります．100Vコンセントの2つの穴の片方は長くなっています．長いほうは，電柱のところで大地にアースされている中性線です（コールドと呼ぶ）．反対側はホットです．ただし，配線ミスで逆になっている場合もあります．

● **アースをとらないと筐体が電位をもつ**

測定器の金属部分に皮膚が触れたときに，チリチリという刺激を感じたことはありませんか？これは機器の筐体に商用電源の一部が漏れているのです．

この現象は，ディジタル・テスタで確認できます．機器のすべての接続ケーブルを外して電源プラグを

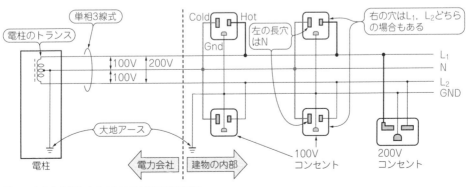

図A　家庭や会社にあるAC100V/200Vの接続
AC100Vの片側はアースされているはずだが，200Vの電位差がある配線もあってややこしい

鉄則！オシロは3ピンACプラグでアースにつなぐ（続き） Column 1

2ピンの状態でコンセントに挿し込みます．ディジタル・テスタをAC電圧測定モードにして，テスタ棒の一方を指で触れ（人体電位は0Vと見なす），もう片方を機器の筐体に接触させます．

プラグの挿し込み方を変えると，どちらかで大きな電圧が観測できます．2台の機器（例えば信号発生器とオシロスコープ）をそれぞれこのように接続した場合，プラグの挿し込み方向によっては，両方の機器の筐体間には大きな電位差が発生します．

● ターゲットとオシロスコープの電位差が一瞬でも加わったら最後

2ピン変換アダプタでグラウンドを浮かすと，筐体間の電位差は，測定器を壊す原因になります．

測定器の電源インレットにはノイズ・フィルタが挿入されています．3ピンで正常にアースに接続されていれば，筐体は大地と同電位になります（図B）．

しかし2ピン変換アダプタでアースとの接続を切ると，筐体の電位がノイズ・フィルタのコンデンサで分割されます（図C）．

アースがとられていない2つの機器（オシロスコープとターゲット）があり，運悪く互いのコンセントの挿す向きが逆になっていたとすると，両者の筐体間には逆位相の電位が現れます．その電位差はとても大きくなります（図D）．この状態で，プローブの先端でターゲットに触れると，高電圧がプローブに加わり，過電圧に弱いアクティブ・プローブならすぐに壊れます．信号発生器に異常電圧が加わって破損した例もあります．瞬時に壊れることはないかもしれませんが，徐々に焼損が進み，突然動作しなくなります．

〈天野 典〉

（初出：「トランジスタ技術」2015年4月号 別冊付録）

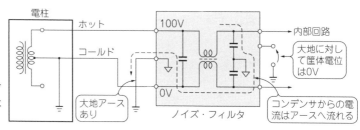

図B 測定器は3ピンのプラグを使ってアースを取り筐体電位を0Vにするのが鉄則

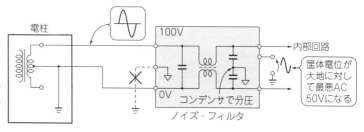

図C 2ピンの変換アダプタを使って筐体のアースを浮かせると，ノイズ・フィルタのコンデンサにより筐体がアースから電位を持つ

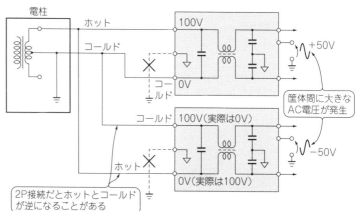

図D 筐体の持つ電位が逆極性になったオシロスコープとターゲットをつなぐとプローブがダメージを受ける

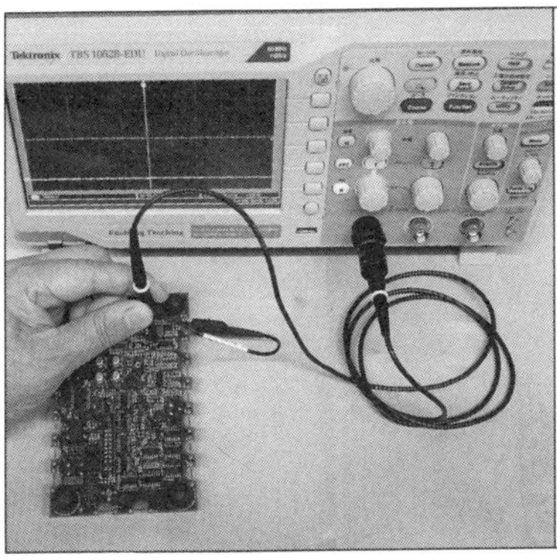

第9章 電源ケーブルの接続からプローブ調整，測定まで
オシロスコープを実際に使ってみよう

小川 一 Hajime Ogawa

本章では，TBS1052B-EDU型ディジタル・オシロスコープ（テクトロニクス）を例にして，オシロスコープの使い方を具体的に説明します．

オシロスコープを起動する

● 設置環境を確認しよう

測定器全般にいえることですが，オシロスコープを設置する環境は，ほこりが少なく比較的湿度が低い部屋に置かれた，振動が少ないしっかりした台上が適しています．事務室や居間などに置かれたいわゆる普通の机で十分です．

高温多湿やほこりなどが多い環境は良くありません．特に，金属切削機器が稼働する工作室など，導電性の金属粉が舞うような環境は避けなければなりません．オシロスコープが故障する可能性があります．

● 電源プラグは接地端子のある3ピンの壁コンセントに差し込む

特に重要なのが，電源ケーブルを介してオシロスコープ本体（筐体）を接地することです．オシロスコープの仕様は，納入時に付属している電源ケーブルを装着した状態で定められています．これを守らないとオシロスコープの性能を100%発揮できないばかりか，場合によっては感電などの深刻な事態を引き起こしかねません．

電源ケーブルを取り付ける際には，オシロスコープのディスプレイや操作パネルに無理な力が加わらないように注意して取り付けます．電源ケーブルのメス・コネクタを，オシロスコープの電源ケーブル挿入口にしっかりと奥まで差し込みます．そして3ピン・プラグを直接，接地端子のある3ピン・コンセントに差し込みます（**写真1**）．

● ケーブル類の取り扱いにも注意する

電源ケーブルや信号ケーブルを抜き差しするときは，プラグ部やコネクタ部を持って行います．ケーブルそのものを引っ張ると接続部に物理的なストレスを与えてしまい，故障の原因となります．わずかな物理寸法の変化が性能を決定するシビアな信号ケーブルもあります．電源ケーブルや信号ケーブル，プローブなどの取り扱いには，細心の注意が必要です．

● 電源を入れる

電源スイッチをONにします．TBS1052B-EDU型ディジタル・オシロスコープの場合，電源スイッチは

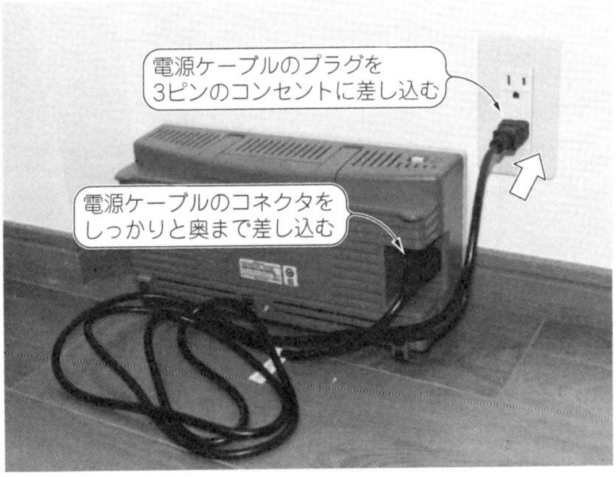

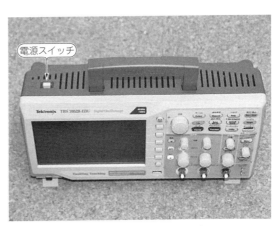

写真1 オシロスコープに電源ケーブルを取り付け，3ピン・コンセントに差し込む

写真2 オシロスコープの電源スイッチの場所（TBS1052B-EDU型ディジタル・オシロスコープの場合）

上面パネルの左側にあります（写真2）．スイッチをONにすると，ボタンが点灯/消灯した後，ディスプレイに起動画面が表示され，最後に測定画面が表示されます．

● ウォームアップ時間として20分間は待つ

測定画面が表示されたら，少なくとも20分間は待ってから，測定を開始します．これは，オシロスコープが性能を発揮して仕様を満足するために必要な準備時間です．この待ち時間を使って，準備や測定に必要な接続などを行います．

● デフォルト・セットアップを行う

オシロスコープを操作する際には，まず最初に，設定を工場出荷時の設定に戻す「デフォルト・セットアップ」を実行します．これを行うことで，これから測定する信号に対して，少ない設定手順で最適な波形表示を得られます．

デフォルト・セットアップの操作は，被測定信号の状態がそれまでとは変わったときや，異なるテスト・ポイントを測定するときに行います．

デフォルト・セットアップの機能は多くのディジタル・オシロスコープに標準的に搭載されています．

▶ 手動で設定を戻す場合の手順

デフォルト・セットアップの機能がない場合は，下記の操作を行い，標準設定に戻します．

- 垂直軸のモードをチャネル1表示になるように設定する
- 垂直軸のV/divスケール・ノブとポジション・ノブを中間の位置に設定する
- 垂直軸のV/div可変調整機能をOFFにする
- 垂直軸のチャネル1入力カップリングをDCにする
- 水平軸のS/divスケール・ノブと位置ノブを中間の位置に設定する
- 水平軸の拡大設定をOFFにする
- トリガ・モードをオート・モードにする
- トリガ・ソースをチャネル1にする
- トリガ・ホールドオフを最小またはオフにする
- ディジタル・オシロスコープではアクイジション（取り込み）モードを有効にする
- ディジタル・オシロスコープではアクイジション（取り込み）モードをサンプルにする

▶ TBS1052-EDU型オシロスコープの操作例

操作パネルにある「Default Setup」ボタンを押します（写真3）．

オシロスコープが工場出荷時に設定され，ディスプレイ左下に「デフォルト設定が呼び出されました」というメッセージが表示されます（図1）．

この設定に伴い，ディスプレイに「デフォルト設定を元に戻す」というメニューが表示されます．もしオシロスコープの設定を直前の状態に戻したいときには，メニュー右横のボタンを押します．

TBS1052-EDU型オシロスコープの主なデフォルト・セットアップ項目

- チャネル1表示
- チャネル1垂直軸スケール：1.00 V/div

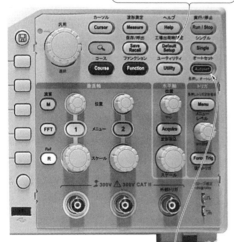

写真3　オシロスコープの操作部
操作パネルの上のほうに「Default Setup」ボタンや「Autoset」ボタンがある．下のほうに，垂直軸や水平軸の位置ノブやスケール・ノブがある

図1　デフォルト・セットアップを行った
入力コネクタには何も接続せず，信号を入力していない状態

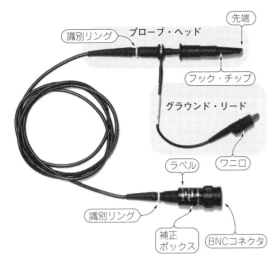

写真4　電圧プローブの例
一般的に，感度が1/10の電圧プローブを使用することが多い

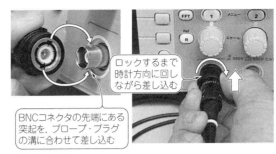

写真5　電圧プローブをオシロスコープの入力コネクタに接続する

（TPP0051型10：1電圧プローブが前提）
- チャネル1垂直軸位置：0.00 div
- チャネル1入力カップリング：DC
- 水平軸スケール：500 μs
- トリガ・モード：オート
- トリガ・カップリング：DC
- トリガ・ソース：チャネル1
- トリガ・ホールドオフ：最小
- アクイジション：有効
- アクイジション・モード：サンプル・モード

● 信号がないときの表示を確認しておく

オシロスコープの操作は，波形の変化を確認しながら行います．まずは，オシロスコープに被測定信号が入力されていないとき，波形がどのように表示されるのかを確認しておきましょう（図1）．

はじめは直線が表示されます．AC成分を含まない被測定信号の波形はこのような直線表示となります．無信号の被測定信号はDC成分も含まないため，直線波形の左端がグラウンド電位0Vを示すベースライン・インジケータに一致します．

垂直軸の位置ノブを操作することにより，ベースライン・インジケータと波形を上下方向に移動できます．

電圧プローブを接続する

オシロスコープで測定を行う際に使用する専用のケーブルが「プローブ」です．プローブにはテスト・ポイントの電気信号の種類やその振幅などにより，たくさんの種類があります．電圧測定用の基本的なプローブが受動型電圧プローブで，多くの測定現場で使われます．ここでは，TBS1052B-EDU型オシロスコープに適合するTPP0051型電圧プローブを例に説明します（写真4）．

測定を行う前に，必ず電圧プローブの補正（電圧プローブとオシロスコープを組み合わせた周波数特性をフラットにする作業．具体的には，プローブについている可変コンデンサの調整）を行います．電圧プローブの補正が正しく行われていないと測定誤差の大きな原因となります．

● 電圧プローブをオシロスコープの入力コネクタに接続する

オシロスコープのチャネル1入力コネクタ（BNC端子）に，電圧プローブのBNCコネクタを接続します．入力コネクタ先端の2つの突起を電圧プローブのBNCコネクタ先端の2つの溝にはめ込み，挿入しながら時計方向に90度ほどロック・ポジションに当たるまで回します（写真5）．

● 電圧プローブの先端をプローブ補正端子に接続する

電圧プローブを調整するため，プローブの先端をプローブ補正端子に接続します．

プロービング（電圧プローブの先端をテスト・ポイントに接続すること）の際には，最初にグラウンド・リードを確実に接続してから，先端を接続します．外すときは逆の手順で，先端を外してから最後にグラウンド・リードを外します（写真6）．

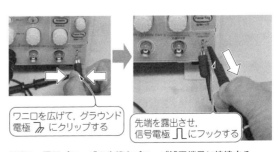

写真6　電圧プローブの先端をプローブ補正端子に接続する
まずグラウンド・リードを接続し，その後，先端を接続する

▶ グラウンド・リードを接続する

電圧プローブのグラウンド・リードのワニ口をプローブ補正端子のグラウンド電極にクリップします.

▶ プローブ・ヘッドを接続する

次に，プローブ・ヘッドの先端を，プローブ補正端子の信号電極に接続します．フック・チップを根元方向にスライドして先端を露出させ，信号電極にフックします．接続できたら手を離してロックします．

● 電気的に接続されたことを確認する

電圧プローブが正しく接続されてプローブ・ヘッドの先端にプローブ・コンプ信号（方形波）が加わると，ディスプレイに波形が表示されます（図2）．これで電気的に接続されたことを確認できます．

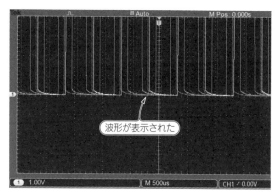

図2　ディスプレイに入力信号が表示された
ひとまず，電気的に接続されたことを確認できる

測定前の調整を行う

続いて，波形を見ながらオシロスコープを操作して，プローブ・コンプ信号に適した設定を行います．

● 垂直軸のスケールを設定する

ディスプレイ上にメニューが表示されている場合は，メニューのON/OFFボタンを押してメニュー表示を消し，ディスプレイ全体を確認できるようにします．

垂直軸スケール・ノブを回して，波形の高さを，垂直軸のフルスケールをはみ出さない範囲で最大の高さに設定します．

垂直軸スケール・ノブを時計方向に回すと波形の高さは大きくなり，反時計方向に回すと小さくなります．例えば，垂直軸スケールを5V/divに設定すると，波形の高さは図3(a)のように低くなります．垂直軸スケール・ノブを時計方向に回して垂直軸を2V/divに設定すると，波形の高さは図3(a)の2.5倍になります［図3(b)］．垂直軸スケールの設定の目安は，波形の高さがディスプレイからはみ出さない範囲で最大になるよう調整します（ここで入力しているプローブ・コ

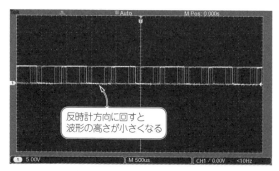

(a) 垂直軸スケールを5V/divに設定

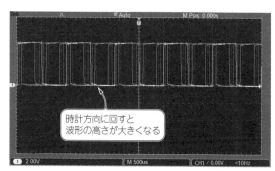

(b) 垂直軸スケールを2V/divに設定

図3　垂直軸スケール・ノブで波形の高さを拡大/縮小できる

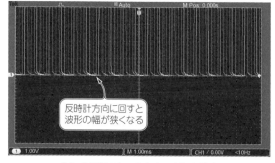

(a) 水平軸スケールを1ms/divに設定

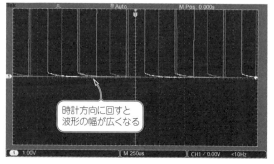

(b) 水平軸スケールを250μs/divに設定

図4　水平軸スケール・ノブで波形の幅を拡大/縮小できる

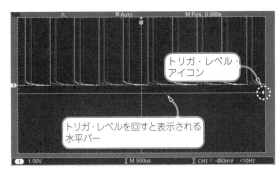

図5 トリガ・レベルを設定する

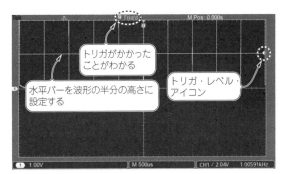

図6 トリガ・レベルを波形の約半分の高さに設定すると表示が安定する

ンプ信号は5Vの方形波なので，1V/div程度がちょうど良い．つまり図2と同じ）．

このように，オシロスコープの垂直軸のスケールの操作は，波形の高さを見ながら行います．

● 水平軸のスケールを設定する

同様に，水平軸スケール・ノブを回して，画面に表示する時間範囲を設定します．水平軸スケール・ノブを時計方向に回すと波形の幅が広がり，反時計方向に回すと狭くなります（図4）．

水平軸スケールは，画面に表示される波形の周期が5～8サイクルとなるように調整します．図2では波形は安定していませんが，周期の数はだいたい良さそうです．そこで，水平軸のスケールはデフォルト・セットアップの500μs/divのままとします．

● トリガ・レベルを設定する

トリガ・レベル・ノブを回して，トリガ・レベルを設定します．

ノブを回し始めると，トリガ・レベル・アイコンの先端にトリガ・レベルを示す水平の線が表示されます（図5）．時計方向に回すと線は上方向に，反時計方向に回すと下方向に移動します．

トリガ・レベルの線が波形と交わると波形が安定し始め，ディスプレイ上部中央に「Trig'd」マークが表示されます（図6）．プローブ・コンプ信号のように単調な繰り返し信号の場合は，波形の高さの半分を目安にトリガ・レベルの線を設定します．トリガ・レベル・ノブから手を離すと水平の線が消えて，トリガ・レベル・アイコンが残ります．

● 垂直軸の位置を設定する

垂直軸の位置ノブを回して，波形全体がディスプレイに収まるように設定します．波形がディスプレイの中心になるように，ベースライン・インジケータの位置を−2.5divに設定します（図7）．

● 電圧プローブを補正する

電圧プローブに内蔵されている可変コンデンサ（トリマ・キャパシタ）を回して，電圧プローブを補正します．

可変コンデンサの位置は，電圧プローブの機種により異なります（図8）．TPP0051型電圧プローブの場合は，補正ボックス部分に可変コンデンサがあります．

可変コンデンサの調整は電圧プローブ付属の調整ドライバで行います．調整ドライバは非磁性体のドライバでも代用できます．ドライバのサイズは，電圧プローブの調整穴内部の可変コンデンサのサイズに合わせて選びます．

調整手順は以下の通りです．

● 調整ドライバで可変コンデンサの調整ができるように，調整穴が真上になるように補正ボックス全

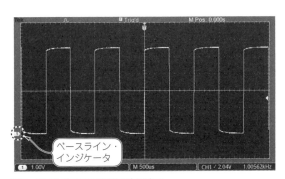

図7 垂直方向の表示位置を変更する

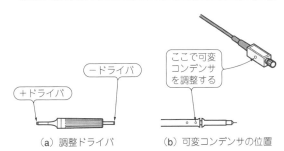

図8 電圧プローブを調整するドライバと調整位置
調整用ドライバで電圧プローブの可変コンデンサを調整する．可変コンデンサの位置は電圧プローブの機種によって異なる．形状も＋と−があるので，形状に合った調整ドライバを使う

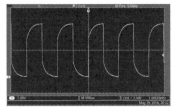 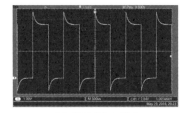 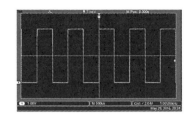

（a）補正不足の状態　　　　　　　　　（b）補正過多の状態　　　　　　　　　（c）補正がちょうど良い状態

図9 プローブ調整による波形の変化
プローブ・コンプ信号の波形が正しい方形波になるように，可変コンデンサの容量を調整する

写真7 電圧プローブの可変コンデンサを調整する

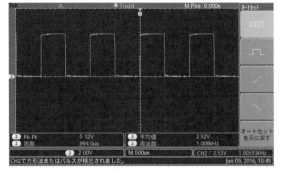

図10 オートセットを実行した

体を回す（**写真7**）
- 調整ドライバのプラスの先端を調整穴に差し込み，可変コンデンサにかみ合わせる
- 調整ドライバを回す

調整ドライバを回すと，波形の形が連続的に変化します（**図9**）．

最終的に，波形の上部分が水平になるように，可変コンデンサを調整します［**図9**(c)］．

電圧プローブの補正は，被測定信号をオシロスコープに入力する上で非常に重要です．補正が行われていない電圧プローブは，さまざまな測定誤差を引き起こすので，電圧プローブをオシロスコープに接続したら，まずはこのように補正を行います．

● オートセットを使用した電圧プローブ補正

プローブ・コンプ信号は方形波です．このように，被測定信号が単調な繰り返し信号とわかっているときは，オートセット機能を使えば操作手順が大幅に短縮できて便利です．

プローブ・ヘッドをプローブ補正端子に接続して

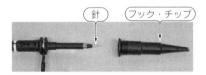

写真8 電圧プローブのフック・チップを外すと針が出てくる

「Default Setup」ボタンを押した後，「Autoset」ボタンを押すと，以下を自動で設定してくれます．

- 画面表示が，信号を入力しているチャネルの表示に切り替わる
- 垂直軸，水平軸，トリガの値が，入力信号（プローブ・コンプ信号）に適したものに自動で設定される
- 画面に，オートセットのメニューと，検出した信号についてのメッセージが表示される（**図10**）

オートセットを実行した後，必要に応じて波形の高さや位置を設定し，電圧プローブを補正します．

これで，測定の準備がすべて整いました．

測定を行う

いよいよ，DUTのテスト・ポイントにプロービングして，測定を行います．

テスト・ポイントがフックできない形状のとき（プリント基板のビア・ホールなど）は，フック・チップを抜いて，先端の針を接触させます（**写真8**）．

プロービングの手順は以下の通りです．

- グラウンド・リードのワニ口を，測定対象機器のグラウンド端子にクリップする
- 電圧プローブの針の先端を，テスト・ポイントに接触させる（**写真9**）

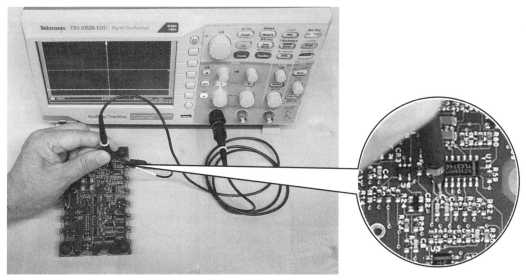

写真9 測定のようす

Column 1

トラブルシュート　0V輝線の位置が電圧感度UPとともに中央のグラウンド・マーカからずれていく

オシロスコープは，電圧カーソルにしろ自動計測にしろ，グラウンド・マーカの位置をゼロ・レベルとして扱うので，無信号時の波形位置はグラウンド・マーカに一致していなければなりません．

しかし，プローブ先端とグラウンドをショートしてオシロスコープに0Vを入力しているのに，電圧感度を上げていくと，輝線とグラウンド・マーカの0Vの位置がずれることがあります(**図A**)．

たいていは故障ではなく，周囲の温度変化が原因です．

● 対策

オシロスコープ本体に内蔵されている基準信号を使って「自己校正」を行えば解消できます．

オシロスコープもターゲットと同じく電子回路でできています．入力端子からA-D変換器までのアナログ回路は，周囲の温度や経時変化で動作が変化します．周囲温度が5℃変化したり，確度を必要とする測定をするときは自己校正を実施してください．また，電源を投入して測定を始めるまで，20～30分間ウオーミングアップが必要です．

自己校正を行ってもずれが解消しない場合は，故障の可能性が大きくなります．

〈天野 典〉

(初出：「トランジスタ技術」2015年4月号 別冊付録)

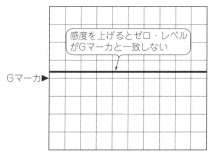

図A 感度を上げていくとゼロ電位がずれることがある
電源投入後20～30分間待ってから，オシロスコープの自己校正をすると解消される

第10章 入力カップリングやトリガの各種設定機能を駆使して安定した波形を手に入れる！

オシロスコープが備える基本機能

小川 一 Hajime Ogawa

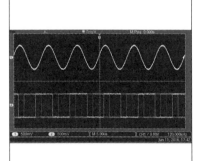

測定する信号が，直流オフセットが小さい正弦波（サイン波）信号や方形波信号，三角波信号などの単純な電気信号であれば，オシロスコープの3大基本操作（垂直軸/水平軸/トリガの操作）を行うことで適切な波形表示が得られます．

ところが実際の測定シーンでは，オシロスコープの3大基本操作だけでは期待した波形表示が得られず，波形表示が安定しない場合があります．このため，多くのオシロスコープには共通の基本機能が数多く搭載されています．

波形の特徴をとらえながらオシロスコープのこれらの基本機能を効果的に組み合わせれば，どんなに複雑な被測定信号であっても，安定した波形表示を得ることができます．

DC成分を除去できる「入力カップリング機能」

入力カップリング機能とは，被測定信号の中から変化する信号のみをオシロスコープで観測する機能です．この機能を使うと，DC成分を除去した波形を表示できます．

真空管の電極やトランジスタの足，ICの出力ピン，インターフェース端子，直流電源ラインに重畳するリプルなど，実際のテスト・ポイントにおける被測定信号は，DC電圧が重畳された電圧レベルが変化するAC信号であることが少なくありません．DC成分を除去することで，被測定信号に含まれるこのAC信号を拡大して詳細に観測することができます．

● 入力カップリングの選択肢

入力カップリングで選択できるポジションを以下に示します．また，オシロスコープ内部の入力カップリング部の等価回路を図1に示します．

● DCポジション（デフォルト）

被測定信号に含まれる全ての周波数成分が，そのまま波形として表示されます．

● ACポジション

ACポジションを選択すると，入力コネクタの信号ラインにキャパシタを挿入して直流成分をカットし，交流成分のみを伝送するように測定系が変更されます．これにより，被測定信号からDC成分を除去した波形が表示されます．

DC電圧成分とAC電圧成分の大きさの比によっては，オシロスコープの垂直軸を操作しても期待した波形振幅表示が得られない場合があります．このような場合に，入力カップリングのACポジションを選択します．

● GNDポジション

0Vの信号が表示されます．入力カップリングの

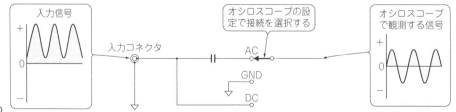

図1 入力カップリングの接続図
入力カップリングの選択によって，オシロスコープの入力信号のAC成分のみを観測できる

DC…直流，交流すべての成分を観測する（デフォルト）
AC…交流成分のみを観測する．直流成分がじゃまをし，適切な表示が得られないときに使用する
GND…一時的にグラウンド・レベルを確認するときに使用する

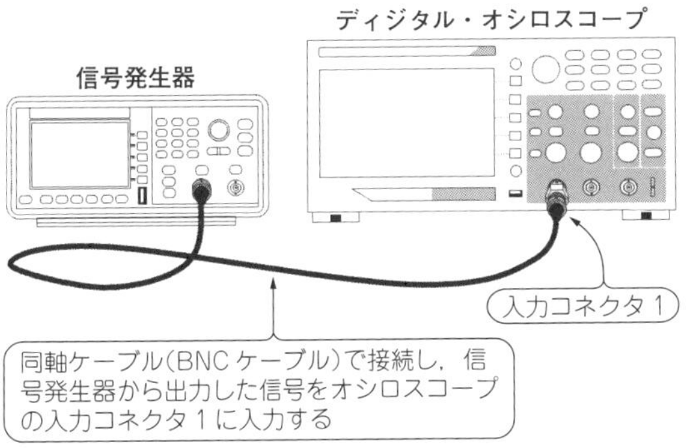

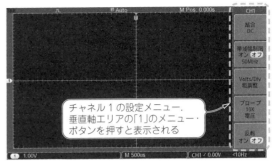

図2 信号発生器とオシロスコープの接続
信号発生器で発生させた正弦波信号を，BNCケーブルでオシロスコープの入力コネクタ1に接続して測定する場合を考える

図3 垂直軸チャネル1の設定メニューを表示したところ
このメニューから，入力信号の減衰比や入力カップリング（結合）を設定できる

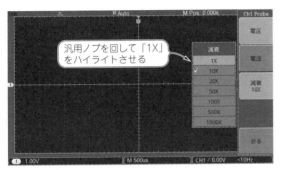

図4 入力信号の減衰比を選択する

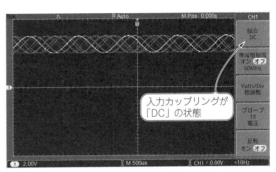

図5 垂直軸のスケールを設定して波形をディスプレイ内に収めた

GNDポジションは，ディスプレイの垂直軸のどこがグラウンド基準ポイント（0V）なのかを確認するために使います．被測定信号を接続したまま，必要に応じて操作します．

なおディジタル・オシロスコープの中には，GNDポジションの代わりに，ディスプレイに「波形ベースライン・インジケータ」と呼ばれるグラウンド基準ポイント（0Vレベル）を常時表示するものもあります．

● 操作例

具体例として，信号発生器（AFG1022型）から1kHzの正弦波信号（$2V_{P-P}$，DCオフセットが5V）を発生させ，ディジタル・オシロスコープ（TBS1052B-EDU型）の入力コネクタ1にBNCケーブルで接続して測定する場合を示します（図2）．

最初の段階では，信号を入力しているにもかかわらず，画面には表示されていません．ここから，次のようにオシロスコープを操作します．

(1)デフォルト・セットアップを行う

「Default Setup」ボタンを押し，「デフォルト設定が呼び出されました」が表示されるまで待ちます．

この操作を行っても画面には波形が表示されません．このように被測定信号のDC（オフセット）成分が大きい場合は，波形が表示されないことがあります．

(2)入力信号の減衰を「1倍」に設定する

10:1の電圧プローブを使わないので，減衰を1倍に設定します．

垂直軸エリアにあるチャネル1のメニュー・ボタンを押して，画面にチャネル1の設定メニューを表示させます（図3）．メニュー内の「プローブ 10X 電圧」の右横にある選択ボタンを押します．

画面横の選択ボタンを操作して「減衰」プルダウン・メニューを表示させます（図4）．汎用ノブを回して「1X」をハイライト表示させ，汎用ノブを押し込みます．これで画面メニューの表示が「プローブ 1X 電圧」となり，垂直軸スケールが100mV/divに設定されました．

(3)垂直軸のスケールを設定する

垂直軸エリアにあるチャネル1のスケール・ノブを，波形がディスプレイに収まるまで反時計方向に回します．ここでは2.00V/divに設定しました（図5）．

この時点ではまだ波形が安定していませんが，以下のことはわかります．

- 波形全体がグラウンド基準ポイントから2.5 divぶん上にある．垂直軸スケールは2.00V/divなので，DCオフセットは5.0V（=2.5 div×2.00V/div）

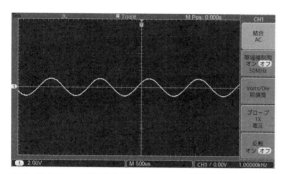

図6 入力カップリングをACポジションにしたら波形が垂直軸の中央に移動し，安定した

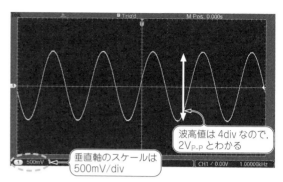

図7 測定信号を詳細に観測できた
画面メニューの表示をOFFにすることで，波形が見やすくなる

- AC信号は正弦波形で，振幅は1 div程度．つまり2 V近辺である

である

このような場合は，入力カップリングのACポジションが有効です．

(4) 入力カップリングを「AC」にする

画面に表示されているチャネル1の設定メニューから，「結合 DC」を見つけて(現在の入力カップリングはDCポジション)，画面横の選択ボタンを押します．「結合」プルダウン・メニューから汎用ノブを回して「AC」をハイライト表示させ，汎用ノブを押し込んで設定します．

画面メニューの表示が「結合 AC」に変わり，波形からDC成分がなくなりました．波形も安定しました(図6)．

(5) 垂直軸のスケールを設定する

波形全体を詳細に観測するために，垂直軸スケールを時計方向に回して，波形がディスプレイの垂直軸フルスケールに収まる最大の高さになるように設定します．今回の場合，設定後の垂直軸スケールは500 mV/divでした．

最後に，画面ボタン下のメニューのON/OFFボタンを押して，画面メニューを消します(図7)．

波形の波高値は4 divなので，

$$4 \text{ div} \times 500 \text{ mV/div} = 2000 \text{ mV}_{P-P} = 2 \text{ V}_{P-P}$$

とわかります．

トリガ点(波形表示の基準点)を決める機能

トリガ点とは，被測定信号の波形を表示する際の基準点であり，トリガ・レベルとトリガ・スロープによって決定されます．オシロスコープはトリガ点を基準として，被測定信号の波形をディスプレイに重ね書きして表示します．

● トリガ・レベルとトリガ・スロープ

トリガ・レベルとトリガ・スロープの説明を以下に示します．また図8に，トリガ点と被測定信号の関係を示します．

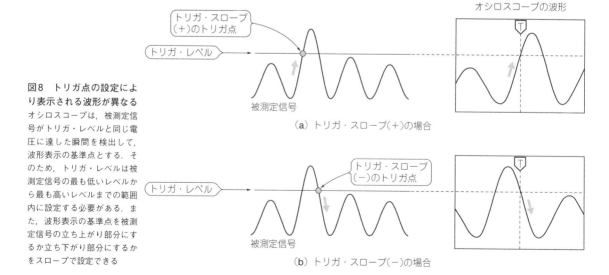

図8 トリガ点の設定により表示される波形が異なる
オシロスコープは，被測定信号がトリガ・レベルと同じ電圧に達した瞬間を検出して，波形表示の基準点とする．そのため，トリガ・レベルは被測定信号の最も低いレベルから最も高いレベルまでの範囲内に設定する必要がある．また，波形表示の基準点を被測定信号の立ち上がり部分にするか立ち下がり部分にするかをスロープで設定できる

(a) トリガ・スロープ(+)の場合

(b) トリガ・スロープ(-)の場合

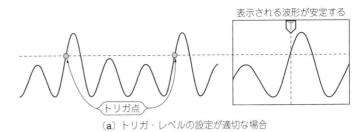

(a) トリガ・レベルの設定が適切な場合

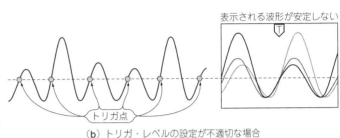

(b) トリガ・レベルの設定が不適切な場合

図9 トリガ・レベルの設定
トリガ・レベルをどこに設定するかによって，表示される波形が安定したり不安定になったりする

● トリガ・レベル
　被測定信号の変化を検出するレベル（電圧値）を「トリガ・レベル」と呼びます．トリガ・レベルは被測定信号のレベル変化の最小値～最大値の範囲内に設定します．

● トリガ・スロープ
　被測定信号をオシロスコープに波形表示する際に，信号がマイナスからプラスに変化する側をトリガ点とするのが「トリガ・スロープ（＋）」です．反対に，被測定信号がプラスからマイナスに変化する側をトリガ点とするのが「トリガ・スロープ（－）」です．

　ディジタル・オシロスコープは，デフォルトでディスプレイの中心に表示されたＴマークが波形の基準のトリガ点（0s）となります．
　被測定信号が正弦波信号や方形波信号，三角波などのような単純な信号の場合は，トリガ・レベルを振幅の50％の高さに設定することで，安定した表示波形を得られます．実際の測定においては，オシロスコープに波形を表示して初めて，被測定信号の状態がわかります．

● トリガ・レベルの設定は波形を確認しながら行う
　図9はトリガ・レベルを変更したときの表示波形の違いを表しています．
　トリガ・レベルを図9（a）のように設定すると，トリガ点を基準にした波形のパターンが同じであるため，オシロスコープのディスプレイに重ね書きされる波形が変化せず，安定した表示が得られます．
　一方，トリガ・レベルを図9（b）のように設定すると，トリガ点を基準にした波形のパターンが異なるため，ディスプレイに重ね書きされる波形が安定しません．

　このように，トリガ点を設定する際は，オシロスコープに表示される波形を確認しながら，安定した波形が得られるまでトリガ・レベルを変更する必要があります．

● 操作例
　具体例として，信号発生器から図9に示したような信号（周期1 kHz，最大値3.3 V，最小値0 Vの減衰振動信号）を発生させ，ディジタル・オシロスコープ（TBS1052B－EDU型）の入力コネクタ1に接続して観測する場合を示します．
　以下のようにオシロスコープを操作します．
（1）デフォルト・セットアップを行う
（2）入力信号の減衰を「1倍」に設定する
（3）垂直軸のスケールや位置を調整する
　波形がディスプレイに収まるように垂直軸を設定します．ここでは垂直軸チャネル1の位置ノブを回して，グラウンド基準点を－3 divにしました．また，垂直軸チャネル1のスケール・ノブを回し，500 mV/divに設定したところで波形が垂直軸フルスケールに収まりました（図10）．
（4）トリガ・レベルを設定する
　トリガ・レベルのノブを時計方向に回して約1.3Vにすると，ディスプレイ内に「Trig'd」が表示され，トリガ点が設定されたことがわかります（図11）．しかし，波形は安定していません．
　さらにノブを時計方向に回してトリガ・レベルを約1.5 Vにすると，表示波形が安定します（図12）．「Trig'd」も表示されています．
　このように，被測定信号が複雑な場合はディスプレイを見ながら操作することで，安定した波形表示が得られるトリガ・レベルを設定できます．

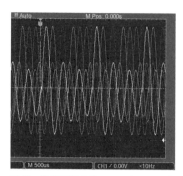
図10 波形が垂直軸フルスケールに収まった

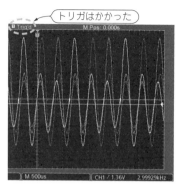
図11 トリガ・レベルを設定した(波形は安定しない)
トリガ・レベルが不適切だと考えられる

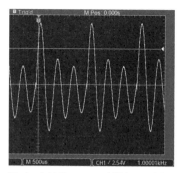
図12 トリガ・レベルを設定した(波形も安定した)
トリガ・レベルが適切であると考えられる

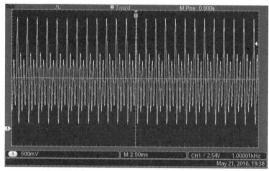
(a) 時間軸のスケールを2.5ms/divとした場合

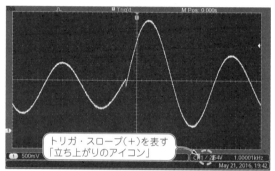
(b) 時間軸のスケールを100μs/divとした場合

図13 水平軸のスケールを変更して確認する

(5) 水平軸のスケールを拡大/縮小してトリガ・レベルが適切かどうかを確認する

被測定信号に対して適切なトリガ・レベルが設定され，安定した波形表示となっているかどうかを，水平軸(時間軸)のスケールを増減させて判定します．

水平軸のスケール・ノブを反時計回りに回し，時間軸を2.5 ms/divと遅くします．トレース(波形を表示する線分)が一筆書き表示となっています［図13(a)］．

次に，水平軸のスケール・ノブ時計回りに回し，時間軸を100 μs/divと速くします［図13(b)］．時間軸を速くすると，波形はトリガ点を中心に水平方向に拡大されます．

このように，時間軸をどのように設定しても波形が安定してかつトレースが一筆書き表示になっていれば，トリガ・レベルが最適に設定できたといえます．

(6) トリガ・スロープを変更する

ここまでのトリガ・スロープの設定は，波形のトリガ点における変化がマイナスからプラスであることから(+)とわかります(図12，図13)．画面右下のトリガ・レベル表示部分にある「立ち上がりのアイコン(／)」も，現在の設定がトリガ・スロープ(+)であることを示しています．

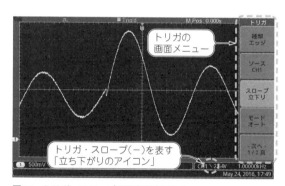
図14 トリガ・スロープの設定を変更した

ここで，トリガ・スロープをマイナスに設定してみます．トリガ・エリアのメニュー・ボタンを押し，「スロープ 立上り」の画面横のボタンを押して，表示される「スロープ」プルダウン・メニューから汎用ノブで「立下り」を選択し，汎用ノブを押し込みます．これでトリガ・スロープが立ち下がりに設定されました(図14)．

トリガ・スロープの状態は，画面右下の表示アイコンでいつでも確認できます．

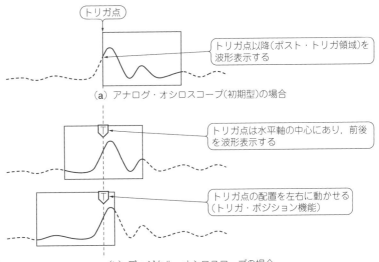

図15　トリガ点の位置
(a) アナログ・オシロスコープ(初期型)の場合
(b) ディジタル・オシロスコープの場合

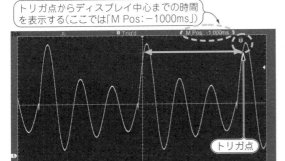

(a) トリガ点を画面右方向に移動した例
(プリ・トリガ領域を表示)

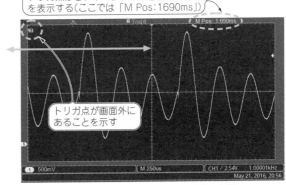

(b) トリガ点を画面左方向に移動した例
(ポスト・トリガ領域を表示)

図16　トリガ・ポジションの設定例
トリガ点を水平軸の任意の位置に設定できる．さらに，ディスプレイの外側にも設定できる

トリガ点をさかのぼって波形を表示できる「トリガ・ポジション機能」

トリガ・ポジション機能とは，トリガ点を水平軸上で移動できる機能です．

ディジタル・オシロスコープのトリガ点(0s)は，デフォルトでディスプレイの水平軸の中心に表示されます．0sの左側はトリガ点よりも時間をさかのぼったプリ・トリガ領域，0sの右側はトリガ点以降の時間を示すポスト・トリガ領域です．

● トリガ点の前でも後ろでも，見たい部分を広範囲に表示できる

初期型のアナログ・オシロスコープはトリガ点が水平軸の左端に固定され，被測定信号のトリガ点以降の波形を表示していました［図15(a)］．しかしこれでは，被測定信号の立ち上がり部分を観測できませんでした

(被測定信号を時間的に遅延させる高度な機能を備えた機種もあったが，遅延量には限界があった)．

電子機器のトラブルの中には，トリガ点より前の時間領域に発生した電気信号が原因となっている場合があります．その原因究明には時間をさかのぼって分析できる機能が必須です．

ディジタル・オシロスコープはトリガ点を水平軸の中心に表示するので，プリ・トリガからポスト・トリガまでの時間領域で被測定信号を観測できます［図15(b)］．さらに，トリガ・ポジション機能によりトリガ点を水平軸上のどこにでも設置できるので，プリ・トリガ領域からポスト・トリガ領域まで，見たい領域を広範囲に表示できます．

● 操作例

先ほどと同じ入力信号を例にして，オシロスコープに波形が表示できている状態から説明します．

(1) プリ・トリガ領域の波形を観測する場合は，水平軸の位置ノブを時計方向に回す

トリガ点を示す「T」マークが右側に移動し，ディスプレイ枠の右上に，トリガ点からディスプレイの中心を示す▼マークまでの時間が表示されます［図16(a)，ここでは「M Pos：－1.000 ms」］．波形上の任意の点についてトリガ点からの時間を知りたいときは，水平軸の位置ノブを操作してその点をディスプレイの真ん中に移動することで，トリガ点からの時間が直読できます．

(2) ポスト・トリガ領域の波形を観測する場合は，水平軸の位置ノブを反時計方向に回す

トリガ点が画面表示範囲からはみ出しても大丈夫です．このときは，トリガ点を示す「T」マークの形が変わって表示されます［図16(b)］．ディスプレイ枠の右上に，トリガ点からディスプレイの中心を示す▼マークまでの時間が表示されます(ここでは「M Pos：1.690 ms」)．

表示信号以外もトリガ信号にできる「トリガ・ソース機能」

オシロスコープは，波形表示中のチャネルに関係なく，波形表示をしていない他のチャネルや外部トリガ信号，商用電源のライン信号などをトリガ・ソースとして設定できます．

● トリガ・ソースを自由に選べる

トリガ・ソースはデフォルトでチャネル1に設定されています．そのため，時間相関のない2つの非同期信号を同時に表示したとき，チャネル1は安定した波形表示になり，チャネル2は不安定な波形表示となります．トリガ・ソースをチャネル2に設定するとチャネル1が不安定な波形表示に，チャネル2は安定した波形表示に変わります．

このように，複数の時間相関のない非同期信号のどちらかを安定した波形として表示したい場合は，そのチャネルをトリガ・ソースとして設定します．

複数のチャネルを同時に波形表示する場合，それぞれの被測定信号に一定の同期関係があれば，最も遅い繰り返しをもつ被測定信号をトリガ・ソースに設定することで，全ての波形が安定して表示されます．

● 操作例

具体例として，信号発生器から2つの非同期信号(1.2 MHzの正弦波信号と1 MHzの方形波信号，どちらもオフセットは0 V，振幅は1V_{P-P}とした)を発生させ，ディジタル・オシロスコープのチャネル1とチャネル2にBNCケーブルで入力し，測定する場合を示します(図17)．

以下のようにオシロスコープを操作します．

(1) デフォルト・セットアップを行う

(2) 入力信号の減衰を「1倍」に設定する(チャネル1，

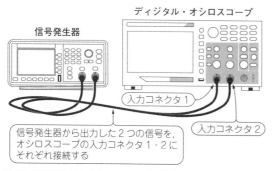

図17 信号発生器とオシロスコープの接続
信号発生器で2種類の信号を発生させ，BNCケーブルでオシロスコープの入力コネクタ1と入力コネクタ2に接続して測定する

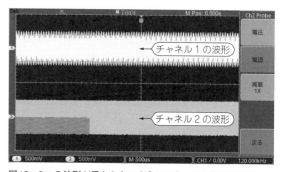

図18 2つの波形が重ならないようにスケールと位置を設定した

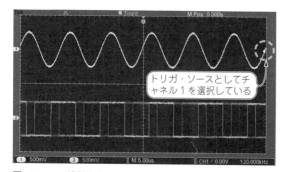

図19 2つの波形を表示できた

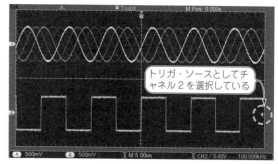

図20 トリガ・ソースをチャネル2に設定した

チャネル2とも）

電圧プローブを使わないので，チャネル1，チャネル2とも，減衰を1倍に設定します．

(3) 垂直軸のスケールや位置を調整する（チャネル1，チャネル2とも）

チャネル1の波形とチャネル2の波形が重ならないように，垂直軸のスケールと位置を設定します（図18）．以下のように設定しました．

- チャネル1の垂直軸スケールを500 mV/divに設定
- チャネル1の位置ノブで，ベースライン・インジケータを＋2 divに設定
- チャネル2の垂直軸スケールを500 mV/divに設定
- チャネル2の位置ノブで，ベースライン・インジケータを-2 divに設定

(4) 水平軸のスケールを調整する

水平軸のスケール・ノブを回して，画面に表示する周期が5～8サイクルになるよう設定します．ここでは水平軸を5 μs/divに設定しました．

デフォルトのトリガ・レベルが0 Vなので，今回のようなオフセットがない信号は，トリガ・レベルを変更しなくても波形が安定します（図19）．ただし，チャネル1の波形は安定していますが，チャネル2の波形は安定しません．

(5) トリガ・ソースを選択する

トリガ・エリアのメニュー・ボタンを押して，画面メニューにある「ソース CH1」を画面横のボタンで選択し，汎用ノブを回して「CH2」に設定します．

この操作によりチャネル2の波形は安定しましたが，チャネル1の波形は安定しません（図20）．

このように2つの入力信号が非同期のときは，トリガ・ソースをどちらか一方の信号に設定しても，他方の信号の表示は安定しません．

▶オートセットも便利

オートセット機能をもつオシロスコープでは，設定の手順を簡略化できます．

(1)と(2)の手順は同じですが，その後は「Autoset」ボタンを押すだけで，図20と同様の波形表示に自動設定してくれます．トリガ・ソースは，チャネル1よりも周期が遅いチャネル2に設定されています．

このように，入力信号が正弦波信号や方形波信号のように変化が単調な信号であれば，オートセット機能が有効です．

トリガ信号の周波数成分を選択できる「トリガ・カップリング機能」

トリガ・カップリングは，トリガ信号としてどの周波数成分を使うのかを選択する機能です．

被測定信号に重畳した高周波ノイズや周期の低い妨害ノイズなどが原因で，安定した波形表示が得られないことがあります．トリガ・カップリングは，トリガ信号からこれらのノイズ成分を除去して間違ったトリガを防止するのに有効です．

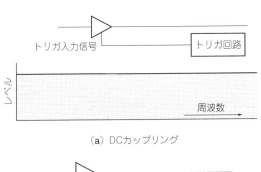

(a) DCカップリング

(b) ACカップリング

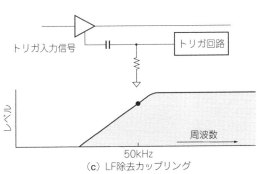

(c) LF除去カップリング

(d) HF除去カップリング

図21 トリガ・カップリングの種類と周波数特性
安定した波形表示を得るために，トリガ信号に含まれる特定の周波数成分をトリガ信号とする

● トリガ・カップリングの種類

基本的なトリガ・カップリングには，DCカップリング，ACカップリング，LF除去カップリング，HF除去カップリングなどがあります．トリガ・カップリングのそれぞれの周波数特性を図21に示します．

(a) DCカップリング（デフォルト）

直流成分を含む被測定信号の全ての周波数成分をトリガ信号とします．安定した波形表示が得られれば，トリガ・レベルにより被測定信号の大まかなDCオフセットがわかります．

(b) ACカップリング

ACカップリングは，カットオフ周波数が約10 Hzのハイ・パス・フィルタで構成されます．被測定信号からDC成分をカットしてトリガ信号とします．複数のDCレベルが異なるテスト・ポイントを順に観測するときや，連続的にDC成分が変化する被測定信号などを観測するときに有効です．

(c) LF除去（Low Frequency Reject）カップリング

低周波除去，LF Rejなどと表記されます．カットオフ周波数が約50 kHzのハイ・パス・フィルタで構成されます．高周波信号観測時に，電源リプルや低周波数ノイズなどが混入して安定した波形表示が得られないときに有効です．

(d) HF除去（High Frequency Reject）カップリング

高周波除去，HF Rejなどと表記されます．カットオフ周波数が約50 kHzのロー・パス・フィルタで構成されます．被測定信号に搬送波のような高周波ノイズが混入して波形が安定しないときに有効です．

これらの基本的なトリガ・カップリングに加えて，ランダム・ノイズが原因で波形が安定しないときに有効な「ノイズ・カップリング」を搭載したオシロスコープもあります．

● 操作例

信号発生器から2種類の信号（周波数400 Hz，振幅2 V_{P-P}の正弦波信号と，振幅500 mV_{P-P}のノイズ信号．DCオフセットはともに0 V）を発生させ，それぞれのBNCケーブルの先端をTコネクタで結合し，オシロスコープの入力コネクタ1に接続して測定する場合を示します．

以下のようにオシロスコープを操作します．

(1) デフォルト・セットアップを行う
(2) 入力信号の減衰を「1倍」に設定する
(3) 垂直軸のスケールや位置を調整する

垂直軸のスケール・ノブを反時計方向に回し，500 mV/divに設定するとトレースが収まりましたが，波形が安定しません（図22）．トリガ・レベルは波形の平均にあるので問題ないはずです．

ここで，いくつかの事柄がわかります．

- 波形のパターンは一定である
- トリガ・レベルは波形の中央にある
- トレースの幅が太い
- 「Trig'd」が表示されている（トリガがかかっている）
- トリガ点で立ち上がり（プラス・スロープ）波形と立ち下がり（マイナス・スロープ）が重なって表示されている

このような場合はトリガ・カップリングが有効です．
(4) トリガ・カップリングを選択する

トリガ・メニュー・ボタンを押し，「次へ」，「結合」を押して，トリガ・カップリングのメニューを表示さ

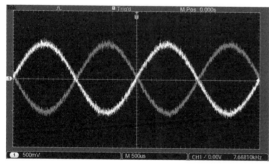

図22 トリガ・レベルは良いはずだが波形が安定しない

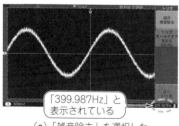

（a）「雑音除去」を選択した

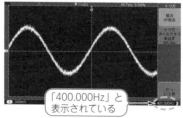

（b）「HF除去」を選択した

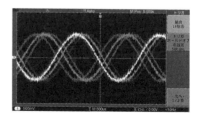

（c）「LF除去」を選択した

図23 トリガ・カップリングの設定を変えてみる
ここでは「雑音除去」または「HF除去」を選択したときの波形が安定して見える．周波数表示を見ると，ばらつきのない「HF除去」がより安定している

せます．

　現在のトリガ・カップリングは「DC」に設定されています．これを，汎用ノブを回して，ほかのポジションに変更します．

- 「AC」を選択…波形が安定しない
- 「雑音除去」を選択…波形が安定した［図23（a）］
- 「HF除去」を選択…同じように波形が安定した［図23（b）］
- 「LF除去」を選択…波形が安定せず，Trig'd表示も不安定［図23（c）］

　なおTDS1052B-EDU型ディジタル・オシロスコープは，周波数カウンタ機能やトリガ波形表示機能，トリガ波形表示機能などを搭載しています．トリガ波形表示機能は，トリガ・メニューを長押しすることで，オシロスコープ内部のトリガ回路に供給される信号がどのような波形なのかを確認することができます．

　本器の周波数カウンタ機能を参照すると，雑音除去カップリングでは表示がわずかにばらついているので，HF除去カップリングがより安定していると判断できます．

　このように，オシロスコープの表示波形から，どの機能のどの設定が望ましいかを判断します．

トリガ禁止期間を設定できる「トリガ・ホールドオフ機能」

　ロジック信号やチャープ信号，バースト信号などのように繰り返し周期が複雑な被測定信号は，トリガ・レベルを設定しても安定した波形表示が得られません．トリガ・ホールドオフ機能を使い，被測定信号を構成する最も遅い周期にトリガ点を検出する周期を合わせることで，安定した波形を表示できます．

● いらないトリガ点を無効にできる

　図24のように複雑な繰り返しを示す被測定信号に対してトリガ・レベルを設定すると，検出したトリガ点を基準に，表示される波形のパターンが毎回異なり，安定した表示波形が得られません［図24（a）］．そこで，図24（b）のようにトリガの休止期間を設定することで，トリガ点を表示基準とした波形パターンが同じになるので，表示波形を安定させることができます．いわば，望ましくないトリガ点を無効にする機能といえます．

　これで，どんなに複雑な被測定信号であっても繰り返しがあれば，安定した波形表示を得られます．

● 操作例

　具体例として，図24に示したような信号をディジタル・オシロスコープの入力コネクタ1に接続して観測する場合を示します．信号周波数は100 kHz，最大値3.3 V，最小値0 Vに設定しました．

　以下のようにオシロスコープを操作します．

（1）デフォルト・セットアップを行う
（2）入力信号の減衰を「1倍」に設定する
（3）垂直軸のスケールと位置を調整する

　垂直軸のスケール・ノブを回して1.00 V/divに設定すると，波形が垂直軸フルスケールに収まりました．垂直軸の位置ノブを回してベースライン・インジケータを−2 divにしました．

（4）水平軸のスケールを調整する

　水平軸のスケールを2.50 μs/divに設定すると，波

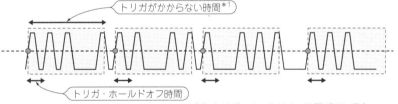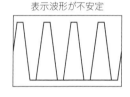

（a）トリガ・ホールドオフ時間が短い場合

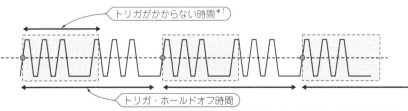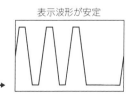

（b）波形のパターンに合わせてトリガ・ホールドオフ時間を長く設定した場合

*1：オシロスコープはトリガを検出すると，次のトリガをかけるまでに一定の時間間隔が空く（これは，トリガ・ホールドオフ時間とは別のものである）．アナログ・オシロスコープの場合は，1画面分を表示し終わるまでは次のトリガがかからない．ディジタル・オシロスコープの場合は，その間隔はメモリ量などによって異なる

図24　トリガ・ホールドオフ機能
ホールドオフ時間を設定して不要なトリガを省くことで，安定した波形表示を得られる

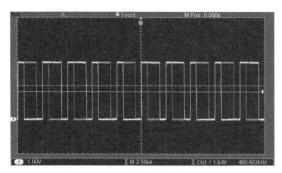

図25 トリガはかかったが波形が安定しない

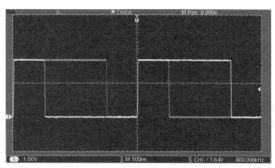

図26 水平軸のスケールを変えて波形を詳細に確認する

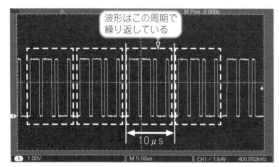

図27 適切なトリガ・ホールドオフ時間を割り出すために波形を広く見てみる

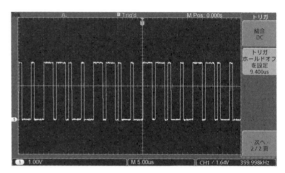

図28 トリガ・ホールドオフ時間を設定したことで表示波形が安定した

形の周期が見えてきました．

(5) トリガ・レベルを設定する

トリガのレベル・ノブを時計方向に回して，波形の高さの半分あたりに設定します．波形は安定しませんが，「Trig'd」が表示されているので，トリガ条件が満たされていることが確認できます(図25)．

(6) 波形を詳細に確認する

水平軸のスケール・ノブを時計方向に回して，時間軸を500 ns/divに設定します(図26)．トリガ点近傍の波形の立ち上がり部分は，安定した一筆書きになっています．

このようにトリガ点近傍の波形が安定して表示されているにもかかわらず，トリガ点から離れた部分の波形が安定しない場合は，被測定信号の繰り返しが複雑であることがわかります．これは，トリガ・ホールドオフ機能が有効な波形です．

(7) 適切なトリガ・ホールドオフ時間を割り出す

被測定信号の周期時間があらかじめわかっている場合は，トリガ・ホールドオフ時間をその近傍で増減します．ここでは波形を見ながら，トリガ・ホールドオフ時間を割り出してみます．

波形全体の繰り返し時間を探るために時間軸を遅くします．水平軸のスケール・ノブを反時計方向に回して，水平軸を5.00 μs/divに設定します．「Single」ボタンを押し，波形を1度だけ取り込みます(図27)．

画面から，波形は破線で囲った周期で繰り返していることがわかります．この繰り返し周期時間を水平軸の目盛りから読み取ります．繰り返し周期(2 div)と水平軸のスケール(5.00 μs/div)から，

$$2 \text{ div} \times 5.00 \text{ μs/div} = 10 \text{ μs}$$

と求められます．

(8) トリガ・ホールドオフ時間を設定する

「RUN/STOP」ボタンを押して，波形を連続して取り込むモードに戻します．

トリガのメニュー・ボタンを押し，画面メニューから「次へ」-「トリガ・ホールドオフを設定 500 ns」を押して，汎用ノブを回しながら，波形が安定するトリガ・ホールドオフ時間を10 μs近辺で探ります．

9.4 μsに設定すると表示波形が安定しました(図28)．

第11章 オシロスコープの「仕様」と「実際に測れる信号の範囲」は一致しない

ディジタル・オシロスコープの性能を把握するキーワード:「周波数帯域」と「サンプリング・レート」

小川 一 Hajime Ogawa

ディジタル・オシロスコープの性能を示す主な指標として「周波数帯域(帯域幅ともいう)」と「サンプリング・レート(サンプル・レートともいう)」があります.

ただし,「仕様として示されている数値」がそのまま「測定可能な数値」というわけではなく,それぞれに十分な余裕が必要です.ここではその理由について解説します.　　　　　　　　　〈編集部〉

周波数帯域

オシロスコープの周波数帯域は,オシロスコープが測定可能な信号の周波数範囲を決める基本的で重要な性能です.正弦波(サイン波)信号の振幅や,矩形波(パルス)信号の立ち上がり時間などの測定を行う上で,オシロスコープの周波数帯域には余裕が必要です.

● 仕様として示される周波数帯域は30％の誤差を含む

オシロスコープの周波数帯域は,「入力された正弦波信号がその本来の振幅の70.7％まで減衰(-3dB減衰)した周波数」と定義されています.

このため,周波数帯域が100MHzのオシロスコープで周波数100MHzの正弦波信号の振幅測定を行うと,表示される波形の振幅は本来の振幅よりも30％も小さな振幅となり,大きな測定誤差を含んでしまいます.

● 周波数帯域は3倍以上の余裕が必要

図1にオシロスコープの周波数特性の概要を示します.オシロスコープの周波数特性は,振幅特性がフラットで波形ひずみがなく立ち上がり時間が急峻なパルス特性を備えたガウシアン・カーブ(ガウス曲線)が採用されています.

図1(b)に示す数値を基に,正弦波信号の振幅を測定するにはオシロスコープの周波数帯域にどれだけの余裕が必要なのかを確認してみましょう.

正弦波信号の周波数がオシロスコープの周波数帯域と等しい場合(1.0倍),減衰度は70.7％です.正弦波信号の周波数を下げると,減衰度は改善されて真の値に近づいていきます.

測定誤差をオシロスコープの基本確度である3％以下に収めるには,振幅を100％から3％だけ下がった

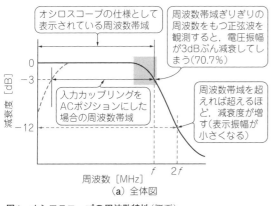

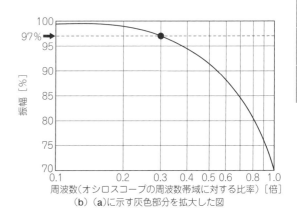

図1 オシロスコープの周波数特性(概要)
正弦波信号の振幅測定で誤差を3％以内とするためには,被測定信号の周波数はオシロスコープの周波数帯域の0.3倍以下である必要がある.なお,わかりやすく表現するために,グラフ軸の単位を(a)と(b)で変えている

97％以上にする必要があります．図1(b)で振幅が97％のときの周波数を見ると，周波数帯域の0.3倍であることがわかります．

このことから，正弦波信号の振幅を測定するためには，オシロスコープの周波数帯域は少なくとも3倍以上の余裕が必要であることがわかります．

立ち上がり時間

正弦波信号の振幅測定と並んで，オシロスコープの代表的な測定の1つに，矩形波信号の立ち上がり時間測定があります．立ち上がり時間の定義は「矩形波信号の振幅を100％として，振幅の10％から90％までの遷移時間」です．

● オシロスコープの「立ち上がり時間」も考慮する

オシロスコープに表示される波形は，オシロスコープ固有の立ち上がり時間の影響を受けます（図2）．オシロスコープに表示される波形の立ち上がり時間（T）と入力信号の立ち上がり時間（T_S），オシロスコープ固有の立ち上がり時間（T_O）の間には，図2に示す関係があります．

入力信号の立ち上がり時間とオシロスコープ固有の立ち上がり時間が等しい場合は，誤差がどのくらいになるのかを計算してみましょう．

図2の式に，$T_S = 1$，$T_O = 1$ を代入して計算すると，T は約1.41です．つまり，誤差は40％以上となります．

● 立ち上がり時間は4倍以上の余裕が必要

入力信号の立ち上がり時間よりオシロスコープ固有の立ち上がり時間が速ければ，オシロスコープに表示される波形の立ち上がり時間が改善され，誤差が小さくなります．図2の式を基に求めた，立ち上がり時間の誤差カーブを図3に示します．

T_S と T_O が等しい（すなわち $T_S/T_O = 1$）ときの誤差は40％強です．$T_S/T_O = 2$ では12％強，$T_S/T_O = 3$ でも5％強です．図3より，基本確度である3％以下にするには，T_S は T_O よりも4倍以上の余裕が必要なことがわかります．

● 立ち上がり時間は周波数帯域から概算できる

オシロスコープによっては，仕様書に立ち上がり時間が表記されていないこともあります．その場合は，図4に示すオシロスコープの周波数帯域と立ち上がり時間の関係式から，立ち上がり時間を求めることができます．

▶計算例

TBS1052B-EDU型オシロスコープの周波数帯域は，Webサイトからダウンロードできるユーザ・マニュアル[1]に「50 MHz」と載っています．この値を，図4の立ち上がり時間の計算式の分母に代入すると，立ち上がり時間が以下のように求まります．

350/50 = 7 ns

これらのことから，以下の条件を満足すれば，このオシロスコープで高確度（3％以内）で測定できることがわかります．

● 正弦波信号の振幅測定：周波数の上限は15 MHz（= 50 MHz × 0.3）まで

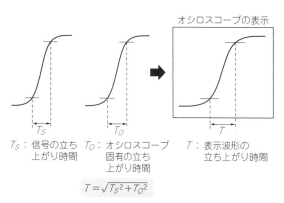

図2 オシロスコープに表示される波形は「オシロスコープ固有の立ち上がり時間」の影響を受けている

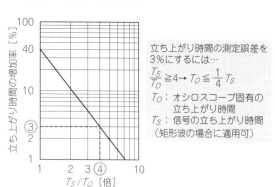

図3 立ち上がり時間の誤差カーブ
信号の立ち上がり時間（T_S）とオシロスコープ固有の立ち上がり時間（T_O）との比を横軸に，立ち上がり時間の増加率（誤差）を縦軸に置いた

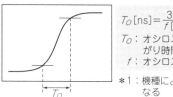

図4 オシロスコープの周波数帯域から立ち上がり時間を概算できる
周波数帯域が1 GHz未満のオシロスコープでは分子は350だが，オシロスコープの周波数帯域が1 GHzを超えると分子の値は400から450の間になることが知られている．なお，オシロスコープの立ち上がり時間に十分な余裕がない場合は，別途確認が必要である

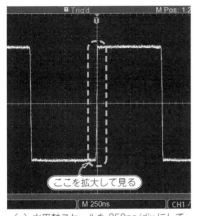
(a) 水平軸スケールを250ns/divにして測定した

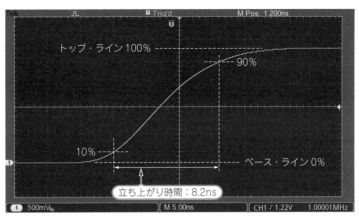
(b) 水平軸スケールを5ns/divにして測定した

図5 矩形波信号の立ち上がり時間を実際に読み取ってみる
ここでは立ち上がり時間の測定方法を確認した．測定結果については，(b)から，立ち上がり時間が8.2nsであると求められたが，オシロスコープ固有の立ち上がり時間が7nsであることを考え合わせると，信号自体の立ち上がり時間を読み取れたとはいえない

- 矩形波信号の立ち上がり時間：28 ns（＝ 7 ns × 4）以上

▶プローブの仕様も確認する

TBS1052B-EDU型に標準で付属する電圧プローブ（TPP0051型，受動型）の周波数帯域の仕様も，オシロスコープのユーザ・マニュアルに載っています．TBS1052B-EDU型と組み合わせたときの周波数帯域は，本体と同じ50 MHzです．

これにより，プローブの先端で測定できる信号も，前述した数値と同じ（正弦波信号の振幅測定は15 MHzまで，矩形波信号の立ち上がり時間は28 ns以上）であることがわかります．

なおこれらの値は，オシロスコープの入力コネクタに理想的に入力信号が接続された場合に限られます．プローブと組み合わせたときは，DUTのテスト・ポイントへ理想的に接続された場合に限られます．

● 実際に測ってみる

実際の信号はどのように表示されるのでしょうか．AFG1022型から出力した矩形波信号（周波数1 MHz，Hレベルが2.5 V，Lレベルが0 V）を直接TDS1052B-EDU型オシロスコープに入力してみます．

オシロスコープの垂直軸スケールを500 mV/divに設定し，波形の立ち上がりを垂直軸の中央位置に置くことで（図5），立ち上がり時間を示す「振幅の10 %」と「振幅の90 %」がちょうどディスプレイの目盛りの位置となり，立ち上がり時間が読み取りやすくなります．

サンプリング・レート

アナログ・オシロスコープは取得した電圧値を連続的に表示しますが，ディジタル・オシロスコープは内蔵するA-Dコンバータにより，サンプリング・クロックごとに被測定信号を取り込みます．取り込んだデータは，サンプル・ポイントと呼ばれるディジタル・データに変換されます．

● 被測定信号の電圧値を取り込む頻度が「サンプリング・レート」である

図6に，連続した被測定信号とサンプル・ポイントの関係を示します．1秒間にいくつのサンプル・ポイントを取り込むかを「サンプリング・レート（単位はサンプル/s，sps，S/sなどと表記する）」で表します．

正しく波形を表示するためには，オシロスコープのサンプリング・レートは被測定信号に含まれる最も高

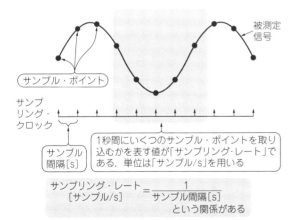

$$\text{サンプリング・レート [サンプル/s]} = \frac{1}{\text{サンプル間隔[s]}}$$

という関係がある

図6 サンプリング・レート
サンプリング・レートとは，被測定信号の電圧値を取り込む頻度である．1秒間にいくつのサンプル・ポイントを取り込むかを「サンプル/s」で表す．周波数帯域と混同しないように，あえて「Hz」は使わない

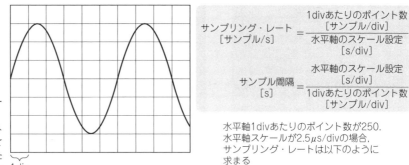

図7 時間軸とサンプリング・レートの関係
水平軸1divあたりのデータ・ポイント数はオシロスコープによって決まっている(TBS1052B-EDU型は,1divあたり250ポイントである).これを知っていれば,時間軸[s/div]の設定からサンプリング・レート[サンプル/s]を計算できる

TBS1052B-EDU型オシロスコープの水平軸1divあたりのポイント数は250

水平軸1divあたりのポイント数が250,水平軸スケールが2.5μs/divの場合,サンプリング・レートは以下のように求まる

$$\frac{250}{2.5\times 10^{-6}} = 100\times 10^6$$
$$= 100\text{M}[サンプル/\text{s}]$$

$$\text{サンプリング・レート}[サンプル/\text{s}] = \frac{1\text{divあたりのポイント数}[サンプル/\text{div}]}{\text{水平軸のスケール設定}[\text{s/div}]}$$

$$\text{サンプル間隔}[\text{s}] = \frac{\text{水平軸のスケール設定}[\text{s/div}]}{1\text{divあたりのポイント数}[サンプル/\text{div}]}$$

い周波数成分の少なくとも2倍以上でなければなりません.サンプリング・レートは速ければ速いほど優れているといえます.このように,ディジタル・オシロスコープのサンプリング・レートは,オシロスコープの性能を示します.

● 実際のサンプリング・レートは時間軸のスケール設定によって変わる

オシロスコープの仕様として表示されているサンプリング・レートは,その機器で設定可能な最大サンプリング・レートを示します.実際に測定を行う際のサンプリング・レートは,水平軸(時間軸)スケールの設定によって自動的に変わります(図7).

このため,時間軸のスケール設定によっては,被測定信号に含まれる最高の周波数成分に対して必要なサンプリング・レートが得られず,結果として正確な表示波形が得られない場合があります.また,サンプル間隔の間に被測定信号の変化が埋もれてしまい,波形として表示されないこともあります.正しい波形表示のために時間軸のスケール設定は極めて重要です.

● サンプリングの方法は2通りある

ディジタル・オシロスコープが用いるサンプリングの方法は「実時間サンプリング」と「等価時間サンプリング」の2通りがあり(図8),機種によって使える方法が決まっていたり,切り換えて使えたりします.どちらの方法を選ぶかは,被測定信号の状態により使い分けます.

● 実時間サンプリング[図8(a)]

被測定信号から表示波形を構成するサンプル・ポイントすべてを,1回のA-D変換で処理します.このため実時間サンプリングは,オシロスコープの最高サンプリング・レートが被測定信号の最高周波数の2倍以上である必要があります.

実時間サンプリングは,被測定信号が一過性の信号であっても繰り返し信号であっても,波形表示が可能です.未知の被測定信号を分析する場合は,実時間サンプリングを選ぶ必要があります.

● 等価時間サンプリング[図8(b)]

表示波形を構成するサンプル・ポイントすべてを一度に変換するのではなく,サンプリング・クロックをずらしながら被測定信号をA-Dコンバータで変換し,最終的にすべてのサンプル・ポイントを構成する方法です.あらかじめ被測定信号が繰り返し信号であることがわかっている場合に使えます.

等価時間サンプリングを使えば,被測定信号に含まれる最も高い周波数成分に対してA-Dコンバータのサンプリング・レートが2倍に満たない場合であっても波形を表示できます.

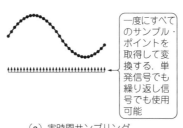

一度にすべてのサンプル・ポイントを取得して変換する.単発信号でも繰り返し信号でも使用可能

(a) 実時間サンプリング (Real Time Sampling)

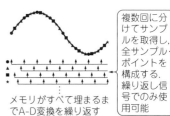

複数回に分けてサンプルを取得し,全サンプル・ポイントを構成する.繰り返し信号でのみ使用可能

メモリがすべて埋まるまでA-D変換を繰り返す

(b) 等価時間サンプリング (Equivalent Time Sampling)

図8 サンプリングの方法

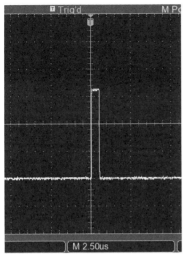 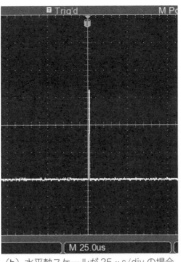 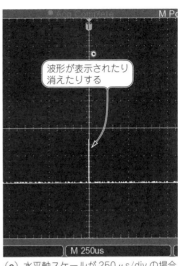

(a) 水平軸スケールが 2.50 μs/div の場合　　(b) 水平軸スケールが 25 μs/div の場合　　(c) 水平軸スケールが 250 μs/div の場合

図9 頻度が低く時間幅の狭いパルス信号をオシロスコープの水平軸スケールを変更して観測してみた
時間軸を長くとることでサンプル間隔が長くなり，時間幅の狭いパルス信号がサンプル間隔に埋もれてしまう

● レコード長

　サンプル・ポイントを格納するメモリの長さを「レコード長（単位はポイントで表す）」といいます．レコード長もディジタル・オシロスコープの重要な性能の1つです．

　オシロスコープのディスプレイに表示できるポイント数はレコード長によって決まります．つまり，レコード長が長い機種と短い機種では，時間軸のスケールが同じ設定でも，レコード長が長い機種ほどサンプリング・レートが高く，被測定信号の波形を正確に表示できます．未知の被測定信号を観測するには，レコード長が長いオシロスコープが有利です．

● 実際に測ってみる

　「時間軸のスケール設定によっては被測定信号の変化を取りこぼすことがある」という現象を，実際のオシロスコープの画面で見てみましょう．

　図9に，頻度が低く時間幅の狭いパルス信号［繰り返し周波数が100 Hz（繰り返し周期が10 ms），パルス幅が0.5 μs，最大値が3.3 V，最小値が0 V］をオシロスコープで測定したようすを示します．垂直軸スケールは1 V/div，垂直軸のベースライン・インジケータは－2 div，トリガ・レベルは約1.6 Vです．

　水平軸のスケールを2.5 μs/divに設定したところ，安定した波形が表示されました［**図9(a)**］．TBS1052B-EDU型オシロスコープのレコード長は2500ポイントであり，水平軸1 divあたりのデータ・ポイント数は250ポイントです．つまり，水平軸のスケールが2.5 μs/divのときの実際のサンプリング・レートは，**図7**に示す式により100 Mサンプル/sです．また，サンプル間隔は10 nsです．

　ここで，水平軸のスケールを小さくします．25 μs/divに設定したところ，波形の幅は狭くなりましたが安定して表示されています［**図9(b)**］．このときのサンプリング・レートは10 Mサンプル/s，サンプル間隔は100 nsです．

　さらに，水平軸のスケールを250 μs/divに設定しました．パルス波形の幅がさらに狭くなり，表示されたり消えたりするようになりました［**図9(c)**］．このときのサンプリング・レートは1 Mサンプル/s，サンプル間隔は1 μsです．0.5 μsのパルス幅が，タイミングによってはサンプル間隔に埋もれてしまっているのです．

◆参考・引用＊文献◆

(1)＊ Tektronix；TBS1000BおよびTBS1000B-EDUシリーズ デジタル・ストレージ・オシロスコープ ユーザ・マニュアル，https://jp.tek.com/oscilloscope/tbs1000b-edu-digital-storage-oscilloscope-manual/tbs1000b-and-tbs1000b-edu-series，2015年6月．

第12章 感度，調整，周波数帯域… いずれも重要！
正しく測るために必ず知っておきたい 聴診器「プローブ」の基礎知識

天野 典　Minori Amano

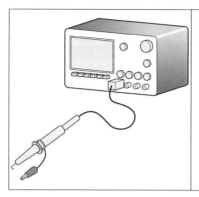

　体の調子を見るときは，聴診器と呼ばれる専用のケーブルを使って小さな鼓動信号を耳に運んで頭で判断します．同じように，電子回路の調子を調べるときは「プローブ」と呼ばれる特別なケーブルを使って電気信号をオシロスコープに送り，モニタで波形を観察します．

　理想的なプローブは，次の2つの条件を満たします．
- 測りたいターゲット回路の動作や信号に影響を与えない
- 信号をひずませたり雑音を加えたりしないでオシロスコープまで運ぶ

　現実のプローブは，ターゲットと同じく電子部品を組み合わせて作られています．ターゲットの正しい波形をオシロスコープに正しく伝え，正しく観察するためには，その造りや測定のしくみ，さらにはその調整の方法を理解しなければなりません．

〈編集部〉

電子回路に気づかれないプローブがいい

● オシロで見ているのは本当の波形ではなく，近いもの

　お湯に冷たい温度計を突っ込むと，温度計によってお湯の温度が下がって，本来の温度を測ることができません．電子回路にプローブを当てて信号を拾うときも同様のことが起きます．

　図1に示すのは，観測ターゲットを単純化した信号源モデルです．これは出力抵抗Rと容量Cをもつ電圧源です．出力端には，RとCで積分された波形が現れます．

　この出力端にプローブを接続するとどうなるでしょうか(図2)．

　プローブの入力抵抗R_Pが，信号源の出力抵抗に比べて無視できないほど小さいと，オシロスコープに送られる信号の振幅が本来より小さくなります．また，プローブの入力容量C_Pが信号源の容量に対して無視できないほど大きいと，オシロスコープに送られる信号の立ち上がり部は本来より鈍ります．

　このように，プローブのもつ抵抗分や容量分は，オシロスコープに届ける信号の形を変えてしまう可能性があります(図3)．

● 汎用の同軸ケーブルを使うのは言語道断

　プローブのケーブルは，高周波回路などで利用されている「同軸」と呼ばれる構造です(ただし過渡特性の改善のため，芯線に数百Ω/mの抵抗値を持たせてあり，汎用の同軸ケーブルとは別物)．

　図4に示すように，プローブではなく汎用の同軸ケーブルを使ってターゲットとオシロスコープでつなぐとどうなるでしょうか．実際，センサとレコーダの間なら，同軸ケーブルでつなぐことがあります．

　汎用同軸ケーブルは，1mあたり約100pFの容量を

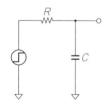

図1　測定ターゲット(信号源)は電圧源/抵抗/コンデンサの組み合わせに単純化できる

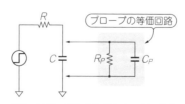

図2　プローブをつなぐとターゲットの負荷になり本来の動作を狂わせる
R_Pはできるだけ大きく，C_Pはできるだけ小さいほうがいい

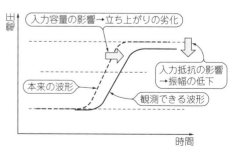

図3　プローブをつなぐとターゲット回路の立ち上がりが鈍ったり振幅が小さくなったりする
この現象を負荷効果と呼ぶ

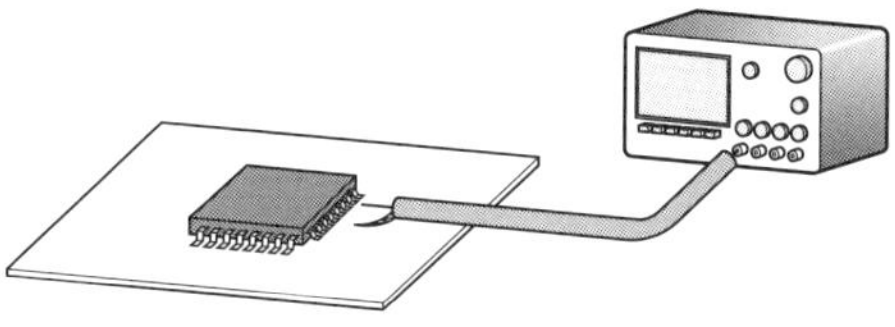

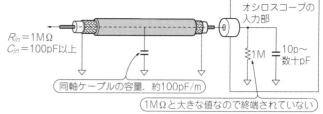

図4 プローブの代わりに汎用の同軸ケーブルは使えるのだろうか？

図5 終端されていない汎用の同軸ケーブルはコンデンサのように働く
ターゲットに影響を与えないようにしたいので50Ωでの終端はできない

もちます．さらに，オシロスコープの入力端子は，グラウンドとの間に1 MΩの抵抗と並列に10 p～50 pFの容量があります（**図5**）．つまり，ターゲットには100 pF以上の容量が付け加わることになり（**図6**），ターゲットの動作を大きく狂わせます．

プローブがないからといって，手元や実験室にある汎用の同軸ケーブルを使って観測してはいけません．

使うなら10：1プローブ

● ターゲットの動作を邪魔しない10：1プローブ

たいていのオシロスコープには，感度が1/10のパッシブ電圧プローブが付属しています．

1/10になっている理由は，プローブを当てるターゲットの動作に与える影響を少なくするためです．

写真1に示すのは，テクトロニクス社製のオシロ

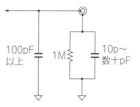

図6 汎用の同軸ケーブルは信号源から見ると1 MΩと100 pF以上の容量に見える
ターゲット回路の動作に大きな影響を与えてしまう

コープの多くに付属される10：1プローブP6139Aです．感度が10：1なので，ターゲットの信号の振幅を1/10に減衰させてオシロスコープに届けます．

このプローブには，オシロスコープ側の根元にボックスにラベルが貼られていて「8.0 pF，10 MΩ」と記載されています．これは「プローブ先端とそのグラウンド間に，抵抗成分が10MΩ，容量成分が8.0 pFがある」という意味です（**図7**）．

前述の汎用同軸ケーブルと比べると，抵抗分は10倍，容量分は1/10以下です．抵抗成分無限大，容量成分ゼロという理想に近づいています．このように，

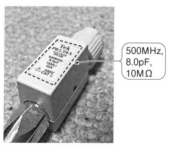

写真1 オシロスコープを買うと付いてくる10：1プローブ
P6139A（テクトロニクス社）．オシロスコープ側の箱（補正ボックス）に入力インピーダンスの記述がある

図7 10：1プローブの等価回路
抵抗が大きく容量が小さいので，ターゲット回路への影響を小さくして信号を拾うことができる

プローブの分類　　　　　　　　　　　　　　　　　　　Column 1

プローブは次の2つに分類できます．

- 電圧波形をオシロスコープに導く電圧プローブ
- 電流波形を電圧波形に変換する電流プローブ

次のようにも分類できます．

- 抵抗やコンデンサなどの受動部品で構成されたパッシブ・プローブ
- 半導体で構成されたアクティブ・プローブ

高速な差動信号専用の差動プローブや，高電圧専用の高電圧プローブもあります．　〈天野 典〉

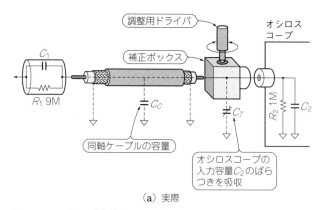

(a) 実際　　　　　　　　　　　　　　(b) 等価回路

図8　10：1プローブを使うと電圧振幅は1/10になるが入力容量が1桁小さくなる
測定ターゲットの動作への影響を小さくできる

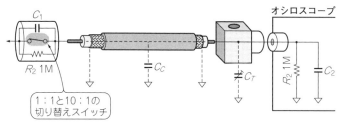

図9　1：1に設定した感度切り替えプローブはただの同軸ケーブルも同然
入力容量が大きいのでターゲット回路の動作を大きく乱してしまう

表1　1：1と1：10の感度切り替えプローブの周波数特性
1：1での入力容量に注目！高周波特性がとても悪い

減衰比	周波数帯域	入力抵抗	入力容量
10：1	DC〜200 MHz	10 MΩ	17 pF
1：1	DC〜6 MHz	1 MΩ	110 pF

10：1プローブには，ターゲットの動作に与える影響を1/10以下にする工夫が組み込まれています．

● 10：1プローブの電子回路と定数

図8に，10：1プローブの内部回路を示します．

プローブ先端には，9 MΩの抵抗(R_1)と容量(C_1)があります．ケーブルのオシロスコープ側には小さなボックス(補正ボックスと呼ぶ)があり，補正用の可変コンデンサC_Tが入っています．C_Cは同軸ケーブルの容量です．C_CとC_T，そしてC_2は，並列に接続されます．

このCR回路の容量と抵抗値を次の関係を満たすように決めると，中点電圧が直流から高周波まで一定になり，広帯域な分圧器になります．

$$R_1 C_1 = R_2 (C_C + C_T + C_2)$$

この式に代表的な値を代入してみます．

プローブ用同軸ケーブルは，容量が少なめに作られていますが，50 pF程度あります．補正用コンデンサが10 pF，オシロスコープの入力容量を20 pFとすると，$C_C + C_T + C_2 ≒ 80$ pFになります．

$$C_1 = 80 \text{ pF} \times 1 \text{ MΩ} / 9 \text{ MΩ} ≒ 9 \text{ pF}$$

よって入力抵抗は10 MΩ(= 9 MΩ + 1 MΩ)，入力容量は，

$$\frac{9 \text{ pF} \times 80 \text{ pF}}{9 \text{ pF} + 80 \text{ pF}} ≒ 8 \text{ pF}$$

になります．

ほとんどの10：1プローブの入力インピーダンスは，メーカを問わず10 MΩと約10 pFが並列になっています．感度は1/10と犠牲になったものの，「高い入力抵抗と小さい入力容量を実現」しているのです．

● 1：1プローブは感度が高いがターゲットの動作に与える影響が大きい

オシロスコープに付属するプローブには，1：1と10：1など感度の切り替えができるものがあります(図9)．1：1に切り替えると，プローブは前述の汎用同軸ケーブルと同等になり，ターゲットの動作に大きな影響を与えます．

表1に示すのは，あるプローブの性能表から抜粋したものです．10：1に設定したときの周波数帯域は200 MHz，入力容量は17 pFですが，1：1に設定すると，それぞれ6 MHz，110 pFと大きく劣化します．

▶1：1は3条件を満たすときだけ使える

1：1というモードは，次の条件がそろったときにだけ利用します．

(1) ターゲットの信号の周波数が低い
(2) 110 pFが接続されても問題がないほど，ターゲ

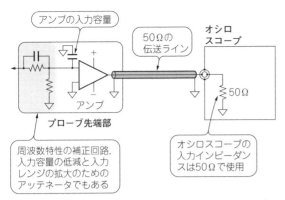

図10 パッシブ・プローブより入力容量が小さいアクティブ・プローブ
プローブ先端部分に入力容量の小さなアンプが搭載されている

値になります．しかし，100：1まで減衰比を大きくすると，十分な感度が得られません．

図10に示すのは，プローブ先端にアンプが組み込まれたアクティブ・プローブです．信号レベルの整合を取り，アンプの入力容量の影響をキャンセルするアッテネータも入っています．

結果的に1 pF以下の入力容量を実現できます．数十万円と高価ですが，30 GHzを超える製品も市販されています．

アクティブ・プローブの欠点は，入力レンジが広くないことです．周波数帯域と入力レンジはトレードオフの関係にあります．

そのかわり，DC成分をキャンセルしてゼロ・レベルまで波形を移動できる，DCオフセット機能をもっている製品がほとんどです．

この機能を使えば，電源変動も感度を上げて計測できます．アクティブ・プローブの高い周波数帯域を活かし，電源に乗った高周波のノイズ成分，瞬間的な電圧変動を観測できます．

ットのインピーダンスが低い
(3) 高感度が必要

例えば，低周波出力のセンサや電源リプルの観測に使えます．少なくとも，制御回路の観測には不向きです．0.数V～1.数Vと低い最近のICの電源電圧の変動を1：1モードで観測するのは難しいでしょう．なぜなら変動が速すぎて，1：1では周波数帯域が不足することが多いからです．入力容量も100 pF以上あるため，接続場所によってはフィードバック特性に大きな影響を与える可能性もあります．

● 入力容量が1 pFと極小！アクティブ・プローブ

パッシブ・プローブの原理から，減衰比を大きくすれば，つまり先端の抵抗値を大きくすれば，先端のコンデンサの容量をさらに小さくでき，入力容量を下げられる，という理屈が成り立ちます．

事実，100：1プローブの入力容量はずっと小さい

本当の波形を見たいなら，1に調整，2に調整

● 振幅の測定精度に効く

「オシロスコープの2つの入力チャネル（CH1とCH2）に同じ信号を入れているのに，波形の振幅が微妙に違う．メーカの校正を終えたばかりなのになぜ？」と，質問を受けたことがあります．

ディジタル信号のタイミング計測であれば感度の差はそれほど気になりませんが，振幅を測りたいときはプローブの調整がものをいいます．

図11に示すのは，オシロスコープのCH1とCH2に同じ信号（10 MHzの方形波）を入力して波形を表示さ

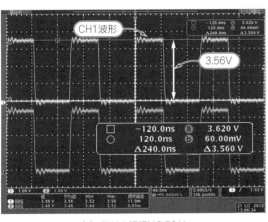

(a) CH1の振幅は3.56 V

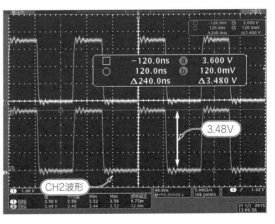

(b) CH2の振幅は3.48 V

図11 CH1とCH2に同じ信号を入力しているのに観測される電圧値が違うことなどざらにある
だからプローブを調整しないで使い始めるなんて言語道断

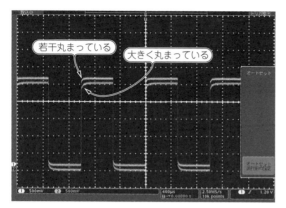

図12 プローブがきちんと調整されているかどうかはオシロスコープの校正用信号出力端子につないで波形を比べれば一発でわかる

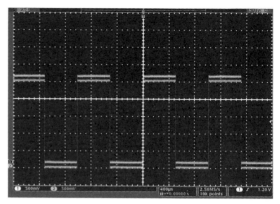

図13 プローブは正しく調整すると波形が平らになる

せ，振幅を測った結果です．2つの波形を比べると，0.08 V，2％強の差があります．

原因の多くは，プローブの調整がされていないことです．

10：1プローブを使う前の調整は必要不可欠ですが，残念ながら実践しているエンジニアは全体の3割以下ではないでしょうか．調整用ドライバを挿し込む穴に，管理用のシールが張られていて調整穴がふさがれているプローブを見たこともあります．調整用ドライバが実験室にないことも多いようです．

● 周波数特性が平坦になるように自分で調整

10：1プローブを使う前にまずやるべきことは，プローブ先端からオシロスコープの入力端子までの周波数特性をフラットにする調整作業です．

調整は，図8に示した補正ボックスに入っている可変コンデンサ（C_T）で行います．オシロスコープの入力回路やプローブ自体のばらつきをC_Tを調整することで最小限にします．

調整方法はオシロスコープの説明書にも記載があります．

オシロスコープには，校正用の信号が出力されている端子があります．ここに2つのプローブを接続すると，図12のような波形が出ます．CH1（上側）とCH2（下側）の波形を比べると，CH1が少し丸まって，CH2は大きく丸まっています．方形波のエッジ部分は高調波成分でできています．ここの振幅が小さいということは，高周波に対する感度が低いということです．逆に，方形波の立ち上がり部が盛り上がっているときは（オーバーシュートという現象），高い周波数でのゲイン（感度）が高いということです．

このような場合は，図13のようにCH1，CH2ともにきれいな波形になるようにC_Tを調整します．調整し終えてから，図10と同じように10 MHzの方形波を観測すると，2つの波形はほぼ等しくなります．

● 入力チャネルをCH1からCH2に切り換えただけでも調整は狂う

この調整はプローブ単体の性能を調整する作業ではありません．ばらつきのあるプローブと，同じくばらつきのあるオシロスコープとの組み合わせの間で調整する作業です．

したがって，「このプローブは一度調整したから，もう調整しなくてよい」ということではありません．特定のオシロスコープの特定のチャネルと，特定のプローブの組み合わせでだけしか，その調整は意味をもちません．他のオシロスコープで調整したプローブがそのまま使える保証はいっさいありません．

● 新品でも調整は必要

プローブを交換したら調整しなおすのは当然です．プローブのメーカは（意味がないので）出荷時に調整作業をしていません．外部の校正機関も，直流の減衰比は確認していますが，周波数特性を測るケースは多く

トラブルシュート　グラウンド・リードの断線　　Column 2

プローブの先端とグラウンド・リードのクリップをつないで（短絡して），先端に指を触れたとき，身体に商用電源から誘導された50/60 Hzのノイズ（ハム）が観測されたら，グラウンド線が断線している可能性があります．オシロスコープの電圧感度は高めに設定すると発見しやすいでしょう．断線ではなく，フックチップとプローブ先端のピン間の接触状態が不安定になっている可能性もあります．　〈天野　典〉

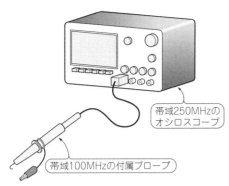

図14 100 MHz帯域のプローブと250 MHz帯域のオシロスコープの組み合わせはダメ

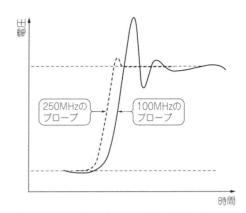

図15 図14の組み合わせで方形波を観測すると大きな誤差（オーバーシュート）が出る

ありません．オシロスコープの確度は直流でしか保証されていないのです．

「プローブの帯域≧オシロの帯域」が基本

● 付属の純正プローブは組み合わせるオシロスコープに合わせて高周波特性が設計されている

10：1プローブは頻繁に使うので壊れることも多いでしょう．しかしどこの製品かもわからないような10：1プローブを使ってはいけません．

10：1プローブに限っては純正品を使うのが無難です．というのは，オシロスコープに付属している純正プローブは，専用にチューニングされていることが多いからです．オシロスコープの入力インピーダンスである1 MΩは，高周波特性を良好にしにくい値なので，オシロスコープのメーカでは，組み合わせる機種に合うように付属のプローブの高周波特性をチューニングしています．

可変コンデンサは，比較的低い周波数での調整に利用します．このプローブによる違いは補正できません．

● オシロスコープより帯域の狭いプローブを使ってはいけない

プローブの帯域は，オシロスコープの帯域より広く

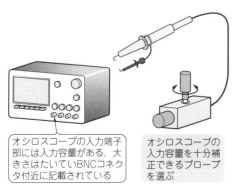

図16 純正以外のプローブを使うときの注意点

なければなりません．

周波数帯域250 MHzのオシロスコープに，同じメーカの帯域100 MHzのプローブを組み合わせたときの（図14）高速信号波形への影響は小さく，少し鈍るぐらいでは？と思ったら大間違いです．図15に示すように，数十％ものオーバーシュートが出ることがあります．この誤差は，プローブのグラウンド・リードのインダクタンスが共振して発生するレベルを超えています．もちろん標準の250 MHz用のプローブで観測すればこのような問題は起きません．

両プローブの構成パーツを比べると，先端とケーブルは同等ですが，補正ボックスの中が違います．250 MHzのプローブには，100 MHzプローブにはない特別な補正回路が設けられています．

帯域が100 MHzのオシロスコープと帯域100 MHzのプローブを組み合わせれば問題は起きません．帯域が100 MHzのオシロスコープと帯域が250 MHzのプローブを組み合わせると単にシステム周波数帯域が下がるだけです．

● オシロスコープの入力容量を補正できるプローブを使う

いつも，オシロスコープとプローブのメーカをそろえることができるとは限りません．例えば，高電圧測定を行いたいのに，高電圧を測れるプローブをオシロスコープのメーカが提供していない，といった場合もあるでしょう．

そんな場合には，プローブのデータシートにて「補正範囲」や「組み合わせるオシロスコープの入力容量の範囲」という項目を調べてください．7 p～30 pFなどの記載があるはずです．組み合わせるオシロスコープの入力容量が，この範囲内なら，補正できます（図16）．

（初出：「トランジスタ技術」2015年4月号 別冊付録）

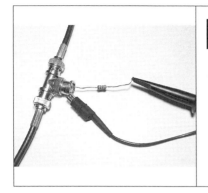

第13章 ノイズを受けず，信号をひずみなく伝えるために知っておくこと

プローブの性能はグラウンド・リードの短さで決まる

天野 典　Minori Amano

プローブをプリント基板に接触させるときは，ターゲット回路とオシロスコープの基準電位を合わせるグラウンド・リードや測定作業を円滑にする先端フックなどを装着します．しかし，これらのアクセサリが実際の回路の波形を大きくひずませてしまうことがあります．本章では，アクセサリを装着してターゲットに接触させるときに起きる問題点とその解決方法を紹介します．　〈編集部〉

急峻な立ち上がりを正しく観測する接続技術

● 立ち上がりの速い信号はイチコロ

　図1のように，パルス・ジェネレータが出力した信号を50Ωの同軸ケーブルでオシロスコープのCH1入力に接続します．CH1の入力は50Ωで終端します．パルス・ジェネレータが送信デバイス，オシロスコープが受信デバイスです．

　同軸ケーブルの途中にはTコネクタがあり，伝送されている波形をCH2に取り込んで確認します．信号の周波数は50MHz，立ち上がり時間は2.8nsにセットします(図2)．プローブを挿入する前の波形とプローブの影響を受けた後の波形を比べます．

　オシロスコープに付属している周波数帯域500MHz

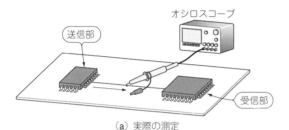

図1 プローブをつなぐとパルス信号の立ち上がり部がひずむことを実験で確認する

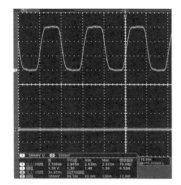

図2 プローブの影響がない本来の信号
パルス・ジェネレータの出力をオシロスコープのCH1(上)に直結．CH2(下)のプローブはどこにもつないでいない

写真1 図1の実験のようす…ケーブルの途中にあるTコネクタにプローブを接続する

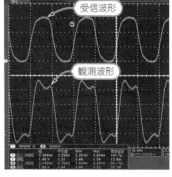

図3 受信波形(CH1)もプローブの影響を受けた波形(CH2)も本来の波形とは違ったものになった
実際の測定で観測されるのは下側の波形

(a) アクセサリを付けた状態
この間の抵抗と容量はプローブの公称値とは異なる

フックチップを外す
プローブの公称値はこの間の抵抗と容量
グラウンド・リードを外す

(b) 素の状態

図4 グラウンド・リードやフックチップなどのアクセサリに寄生しているインダクタンスや容量も測定に大きな影響を与える

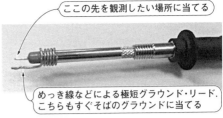

ここの先を観測したい場所に当てる
めっき線などによる極短グラウンド・リード．こちらもすぐそばのグラウンドに当てる

写真2 プローブの性能はターゲットとのグラウンド・リードが短いほど発揮される
実際の基板では適当なグラウンドが見当たらず，最短で接続できないことのほうが多い

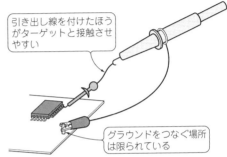

引き出し線を付けたほうがターゲットと接触させやすい
グラウンドをつなぐ場所は限られている

図5 小さな部品が実装された最近のプリント基板にプローブを直接当てたり，グラウンド・リードをつなぐのは難しいため，リード線をはんだ付けして引き出すことが多い

の10：1プローブをTコネクタに接続します(**写真1**)．プローブは市販されているそのままの状態，つまり標準のグラウンド・リード，フックチップが装着されたままです．

プローブが理想的なら，次の2つが同時に成立するはずです．

(1) プローブを挿入しようがしまいが，CH1の波形は変化しない
(2) プローブによる観測波形(CH2)はCH1と一致する

図3に測定結果を示します．次のことがわかります．

- CH1(上側)の元の波形が鈍る
- CH2(下側)のプローブを通った波形は元の波形と違う

私たちがオシロスコープで見るのは，図3の下の波形です．パルス・ジェネレータから出ている波形(図2)とは大きく異なります．

● **原因はアクセサリの寄生容量や寄生インダクタンス**

第12章で説明したように，プローブには固有の入力抵抗と入力容量があり，前述の実験で使った10：1プローブは10 MΩと8 pFです．この値は，プローブ先端の入力部分とグラウンド間にある抵抗と容量を意味します．**図4**(a)のようにアクセサリを付けた状態での値かとイメージしてしまいますが，実はそうではなく，これはいっさいのアクセサリを取り付けていない素の状態での値です．

プローブの外側の金属部分(グラウンド)に付けるグラウンド・リードやフックチップなど，アクセサリにはインダクタンスや容量が寄生しており，その影響は小さくありません．

図4(b)のように，グラウンド・リードやフックチップなど，アクセサリをすべて外した素の状態の値が，プローブの固有の入力抵抗と入力容量です．

グラウンド・リードは可能な限り短くすることが重要ですが，かといって，基板とプローブを接続するために，グラウンド・リードもフックチップも使わないで済ますわけにはいきません．

写真2に示すリードの短いグラウンド・リードがアクセサリとして標準で添付されることもありますが，部品の小型化が進んだ今は，プローブの先端をターゲットに接続することさえ困難です．**図5**のように，測定点にリード線をはんだ付けするなどして，なんとか信号をピックアップしているのが現状です．

● **グラウンド・リードの影響は大きい**

▶ 手計算

グラウンド・リードの影響を求めてみましょう．

図6に示すのは，高周波の目で見た，アクセサリを付けた状態の10：1プローブの等価回路です．実際には存在しない容量(寄生容量)やインダクタンス(寄生インダクタンス)が存在します．グラウンド・リードをはじめとして配線にはインダクタンスが，フックチ

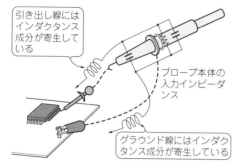

図6 どんなリード線にもインダクタンスが寄生している

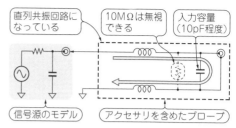

図7 グラウンド・リード線のインダクタンスとプローブの入力容量は共振回路を構成し，観測波形をひずませる
グラウンド・リード長を15 cm，プローブの入力容量を10 pFとすると130 MHzで共振する

ップには容量が寄生しています．

これを見る限り，オシロスコープに伝わる信号波形がひずむことは避けられません．

通常，フックチップによる容量はかなり小さく，10 MΩという入力抵抗もターゲット回路のインピーダンスより十分に大きいので，これらは無視できます．

影響が大きいのは，グラウンド・リードのインダクタンス成分です．リード線には，1 cmあたり約10 nHのインダクタンスが寄生しています．これらの寄生成分を考慮すると，アクセサリを付けた状態の10：1プローブの等価回路は図7のような直列共振回路になります．インピーダンスは，共振周波数($1/2\pi\sqrt{LC}$)で0 Ωになり電流を吸い込みます．グラウンド・リードの長さを15 cm，10：1プローブの入力容量を10 pFとすると，共振周波数は約130 MHzです．

この影響は，高い周波数成分を含んだ急峻に変化する信号を観測すると顕著に現れます．

▶実験

図1(b)と同じ構成で，プローブの条件をいろいろ変えながら立ち上がり時間への影響を測ってみました．

オシロスコープのCH1で元の信号波形を確認しながら，CH2ではプローブの波形を確認します．CH1ではプローブの影響(負荷効果)が，CH2ではプローブの再現性がわかります．

① 本来の波形

図8に示すのは，プローブを接続しないときの本来の波形で，立ち上がり時間は2.87 nsです．

② 最短のグラウンド・リードを使って接続(写真3)

図9に示します．少しプローブの影響を受けています．立ち上がり時間は2.99 nsで，やや鈍っています．

観測波形の立ち上がりは2.64 nsと，共振の影響が観測されており，振幅がやや増しています．これはこのプローブの実力と思われます．プローブの高周波特性を調整すれば改善するかもしれませんが，一般ユーザの手には負えないレベルです．

③ 標準のグラウンド・リードを使って接続(写真4)

図10に示します．立ち上がり部分が大きく鈍って

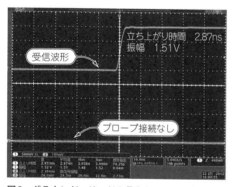

図8 グラウンド・リードの長さやフックの有無とパルス波形への影響を調べる実験…①本来の波形

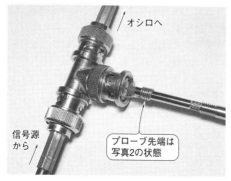

写真3 グラウンド・リードの長さやフックの有無とパルス波形への影響を調べる実験…②最短で接続したときのようす

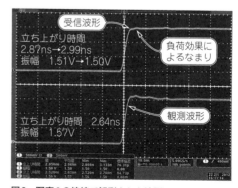

図9 写真3の接続で観測された波形

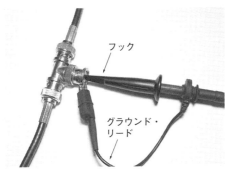

写真4 グラウンド・リードの長さやフックの有無とパルス波形への影響を調べる実験…③グラウンド・リードとフックを使う一番よくあるプロービング

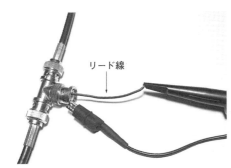

写真5 グラウンド・リードの長さやフックの有無とパルス波形への影響を調べる実験…④フックにリード線を追加

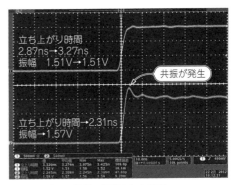

図10 写真4の接続で観測された波形
大きなオーバシュートが観測された

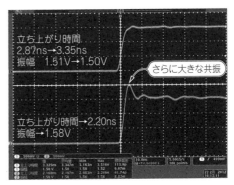

図11 写真5の接続で観測された波形
受信波形や観測波形への影響がさらに大きくなる

います．立ち上がり時間は3.27 nsに劣化しています．本来の波形でないことは明白です．

④ 標準のグラウンド・リードを使い，フック先にリード線を取り付けた場合(**写真5**)

信号線に10:1プローブの先端を直接当てることができず，リード線で引き出した場合を想定しています．5 cmのリード線をフックに取り付けます．**図11**に結果を示します．波形はさらに劣化しました．

今回使った10:1プローブは，500 MHzと十分広帯域なはずですが，立ち上がりが数nsの波形に大きな影響を与えています．

*

50 MHzの方形波は周期が20 nsなので，立ち上がりや立ち下がりは数ns以下と，今回の測定に近い速度になります．基本周期が50 MHzの信号ですら，グラウンド・リードを使うとまともな計測はできないことがわかります．

● 正しい波形観測と接続のしやすさを両立！ 信号引き出しに直列抵抗

ターゲットと接続しやすいグラウンド・リードを利用しつつも，高速に立ち上がる信号の波形をひずませることなく捉えられる実用的な方法があります．

自動車のサスペンションは，路面が変化してもタイヤが安定して接地するように，ばねを使って衝撃を吸収します．しかしばねだけでは段差を乗り越えると，いつまでも上下運動が止まらず乗り心地が悪くなります．実際の自動車は，ショック・アブソーバと呼ぶ摺動抵抗をもつ部品を追加して，振動を収束させています(**図12**)．電子回路の振動も，抵抗を使うと抑えることができます．

⑤ 標準のグラウンド・リードを使い，フック先にリード線と直列抵抗を取り付けた場合

写真6のように，信号線から延長するリード線の代わりに100 Ωの抵抗を使ってみました．波形を**図13**

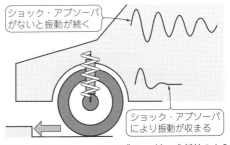

図12 自動車はショック・アブソーバという抵抗のような部品でサスペンションの振動の継続を抑え込んでいる
グラウンド・リードと入力容量の共振現象も抵抗で抑え込める

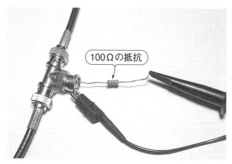

写真6 実験…⑤フックの先を100Ω抵抗でつないでみた

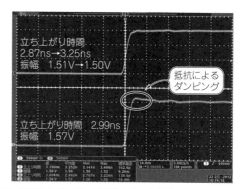

図13 写真6のダンピング抵抗を使った接続で観測された波形
ダンピングが効いてオーバシュートを抑え込めた．ターゲットとの接続性も悪くない

に示します．見事に波形の乱れが減少しています．

ただし薬には副作用があるように，この直列抵抗を使う方法は，周波数帯域が低下するという問題があります．この点を考慮して使用しましょう．

実は，この抵抗を使ってダンピングする手法は，高速オシロスコープ用のプローブで使われています．

周辺ノイズの影響を受けにくい接続技術

● グラウンド・リードは磁界を拾いやすい

グラウンド・リードのインダクタンスによる共振は，低速信号には影響しません．かといって，グラウンド・リードが長くてよいわけではありません．リード線がアンテナになって，磁界を拾うことがあるからです（図14）．特に，パワー半導体によるスイッチング電流によって生じる磁界は強力です．

電源リプルを測りたいのに，輻射ノイズを拾うという例が実際にあります．スイッチング電源のノイズが仕様より多いというクレームの原因の多くは，誘導ノイズを受けるようなプローブの使い方だったという話を電源メーカから聞いたことがあります．

● 2種類のノイズに気をつける

▶ノーマル・モード・ノイズ対策

2本の信号ライン間に逆相で発生しているノイズです．オシロスコープの画面では，図15のように普通に観測されるノイズのイメージです．

図14 グラウンド・リードは磁界によるノイズの影響を受けないように，低周波信号を観測するときも短くするのが基本

容量結合によるものと誘導結合によるものがあります．容量結合によるものは静電シールドで減らすことができます．

誘導結合によるノイズは静電シールドでは減らすことができません．信号のリターン・ループの部分に交差する磁気を拾うからです（図16）．磁界の影響を防ぐシールドには，鉄やパーマロイなどの強磁性体が必

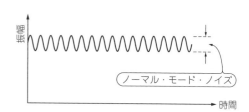

図15 プローブが拾う2種類のノイズのうちの1つ「ノーマル・モード・ノイズ」
信号ラインに乗ってくる普通のノイズ

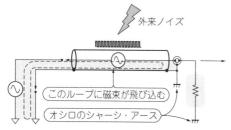

図16 誘導によって発生するノーマル・モード・ノイズは信号線のわずかなループに入り込むので対策しにくい

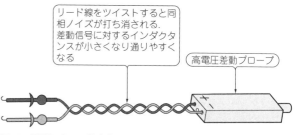

図17 誘導によって発生するノーマル・モード・ノイズはツイストしてリードが作るループの面積を小さくすれば抑制できる

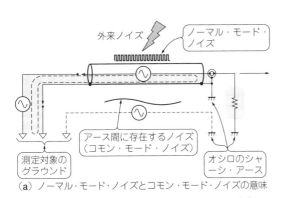
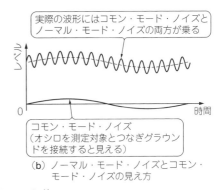

(a) ノーマル・モード・ノイズとコモン・モード・ノイズの意味

(b) ノーマル・モード・ノイズとコモン・モード・ノイズの見え方

図18 プローブが拾う2種類のうちのもう1つのノイズ「コモン・モード・ノイズ」
2つのグラウンド間に存在するノイズ

要ですが，それらでシールドを作るのは現実的ではありません．このノイズは，プローブのケーブル部に飛び込んでくるため，ケーブルが作る面積を小さくすることが有効です．

リード線の長いプローブ（たとえば第15章で紹介する高電圧差動プローブ）では，プラスとマイナスのケーブルをツイストさせると低減効果があります（図17）．リード線のインダクタンスも減るため共振が起きる周波数が高くなり，観測波形がひずむ可能性も小さくなります．

▶コモン・モード・ノイズ対策

図18に示すように，2つのグラウンド間に存在し，同相で変化するノイズです．

差動プローブを使うと低減できます（図2-20）．差動プローブはプラスとマイナスの入力端子に信号を引き算しているので，同相信号は打ち消されて信号成分だけをオシロスコープに運びます．

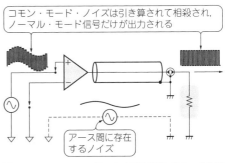

図19 コモン・モード・ノイズは差動プローブを使うと減る

グラウンド・ループを作らないようにオシロスコープの電源を浮かして対策した例を見たことがあります．これは計測器を壊す可能性があるので，差動プローブの利用を考えるべきです．

（初出：「トランジスタ技術」2015年4月号 別冊付録）

Column 1 2本のプローブをつなぐときはグラウンドも2本つなぐ

プローブを2本以上使うときは，プローブごとにグラウンドをとる必要があります．

「オシロスコープの内部では各チャネルのグラウンドはつながっているのだから，グラウンドは1本でよいのでは？」と思う方もいるでしょう．

この方法がダメな理由は，チャネルごとにリターン回路が必須だからです（図A）．1つのプローブしかグラウンドをとらないと，他のプローブのリターン電流がすべてその1つのグラウンドに流れ込みます．これでは共同下水ですね．

オシロスコープの筐体グラウンド（バナナ・プラグが使える）と測定対象をケーブルで接続している例も見たことがありますが，これでは正しい波形は観測できません．　　　　　　　〈天野 典〉

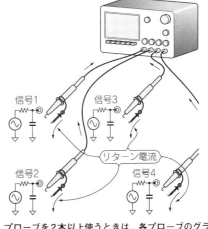

図A プローブを2本以上使うときは，各プローブのグラウンドをそれぞれターゲットのグラウンドに接続するべきである

Appendix 3

反射したり減衰したり…信号は「波」である
信号伝送時に機器/ケーブル/コネクタのインピーダンスを合わせる理由

どんな信号も伝わるときに反射や減衰に見舞われる

信号は「波」としての特徴を考慮しなければなりません．

同じ波である音で考えてみましょう．近くの人の声ははっきり聞こえます．これはあまり減衰せずに直接耳に届く成分が多く，壁や床，天井で反射する成分が少ないからです．ところが，校庭で遠く離れた人の声は減衰してしまい小さくなります．浴場のように反射成分が多くなれば，聞き取りにくくなります．このように波には「減衰」と「反射」が起こります．

電気信号も同じです．特に高周波の世界では以前から大きなテーマで，反射によるロスは「リターン・ロス」として計測されています．

● 高速信号の伝わり方は風呂場で声がワンワン言って聞きとりにくいのに似ている

ギガ・ビットが当たり前になった高速ディジタル信号の世界は，まさに浴場での会話のように，正確に伝えることが難しくなります．図1のように，減衰と反射により信号の形状は大きくひずむことがあります．

高速ディジタル回路における信号波形の正確さは「シグナル・インテグリティ」と呼ばれ，重要視されています．

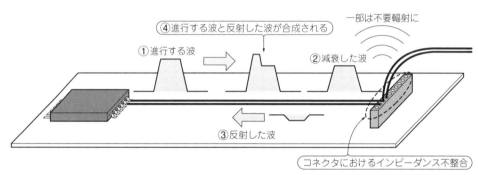

図1 周波数が高くなると反射と減衰で波形が変わってしまう

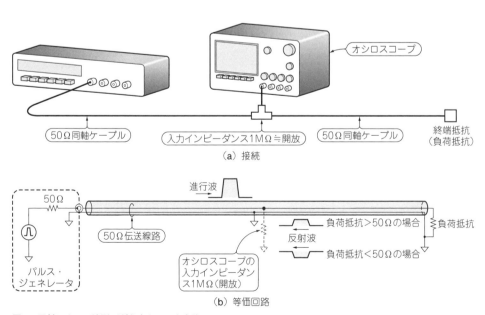

図2 反射によって波形がどう変わるかを実験

反射のようす

● 電気信号の反射のようす

電気信号はインピーダンス(電圧と電流の比)の変化点のすべてで反射が起こります.

特性インピーダンス50Ω同軸ケーブルで伝送し，50Ωの抵抗で終端すれば反射は起こらず，すべての電力は終端抵抗で消費されます.

終端抵抗が50Ωより大きければ，プラス方向の反射が起こります.逆に小さければ，マイナス方向の反射が起こります.反射波は信号源の方向に戻りますから，進行波と重なりあって波形ひずみを起こします.

● 終端抵抗をいろいろ変えながら反射のようすを見てみる

パルス・ジェネレータ(立ち上がり時間2 ns)とオシロスコープ(周波数帯域1 GHz)を図2のように接続して実験してみます.終端抵抗の値を変化させて，オシロスコープで伝送路の途中の波形を観測します.

▶終端抵抗：∞(開放)

波形を図3に示します.進行波と同じ振幅の反射波が重なり，全体の振幅は2倍になります.

信号の立ち上がり時間が遅ければ，この段差は現れません.低周波信号ではあまりインピーダンスに留意しなくても良いのはこの理由です.

▶終端抵抗：50Ω(マッチングがとれている)

波形を図4に示します.反射は確認できません.

▶終端抵抗：100Ω

波形を図5に示します.大きな反射波が確認できます.

入射波の振幅V_1と反射波の振幅V_2の比ρ，伝送路のインピーダンスZ_0，終端抵抗Z_Lは次のような関係があります.

$$\rho = \frac{V_2}{V_1} \quad \cdots\cdots\cdots\cdots\cdots\cdots\cdots (1)$$

$$Z_L = Z_0 \frac{1+\rho}{1-\rho} \quad \cdots\cdots\cdots\cdots\cdots\cdots (2)$$

式(A-1)に入射波$V_1 = 4$ V，反射波$V_2 = 1.3$ Vを代入すると$\rho = 0.325$と計算できます.式(A-2)から，Z_Lが次のように求まります.

$$Z_L = 50 \times Z_0 \frac{1+0.325}{1-0.325} = 98 \; \Omega$$

実際の抵抗は100Ωだったので，ほぼ一致します.

▶終端抵抗：12Ω

波形を図6に示します.マイナス方向の大きな反射波が確認できます.波形の振幅から終端抵抗を求めてみても，実際の終端抵抗に近い値が得られます.

$$\rho = \frac{-2.4}{4} = -0.6$$

$$Z_L = 50 \times \frac{1-0.6}{1+0.6} = 12.5 \; \Omega$$

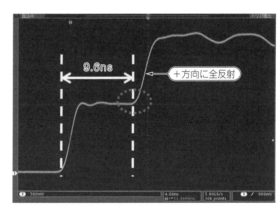

図3 伝送路の終端が開放されているときの波形

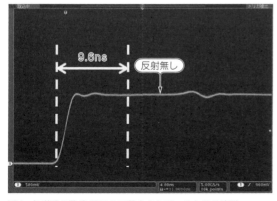

図4 伝送路の終端が50Ωで整合されているときの波形

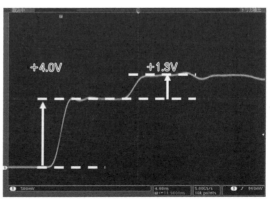

図5 伝送路の終端が100Ωのときの波形

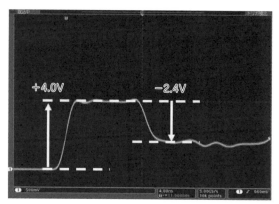

図6 伝送路の終端が12Ωになっているときの波形

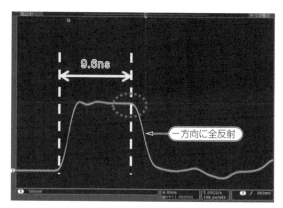

図7 伝送路の終端が短絡されているときの波形

▶終端抵抗：0Ω（短絡）

波形を図7に示します．何も信号は検出されないはずですが，進行波と反射波が打ち消されるまでのケーブル往復の時間差分だけ，信号が確認できます．

▶途中で分岐があるとき

高速信号ではインピーダンスを管理した1対1の伝送が理想的ですが，DDRメモリのバス配線（CPUからいくつものメモリとやり取りをする）などでは，そうはいきません．そこで，図8のように接続し，伝送路を分岐した状態を模擬した実験を行ってみました．

波形を図9に示します．

低周波では問題がなくても（立ち上がり時間を遅くすれば全くわからなくなる），周波数が速くなり，変化の速度が伝送路の長さに対して無視できなくなると，インピーダンス不整合による反射の影響が顕著になります．

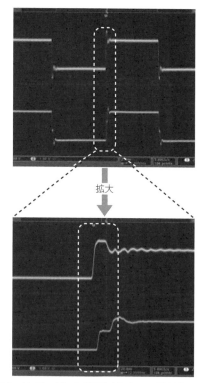

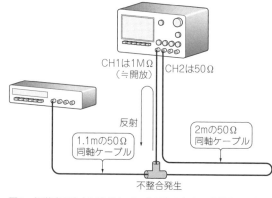

図8 伝送路の途中に分岐（スタブ）があるときの通信波形を観察する

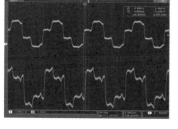

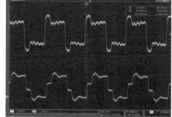

図9 途中に分岐がある伝送路を伝わる信号の波形

減衰のようす

● 減衰によって波形が鈍ってしまう

ギガビット・クラスの信号伝送でも，同軸ケーブルを使用すれば減衰は抑えられます．

しかし，コストやサイズの問題から，ツイスト・ケーブルや，プリント基板上のマイクロストリップ・ラインが使われます．特にFR4を使ったプリント基板での減衰は，無視できないほど大きなものです．

減衰は高い周波数になるほど顕著です．2.5 GHzでは1 mあたり−12 dBにも達するというデータがあります．

2.5 GHzというと1 Gbpsのデータ（一番速い繰り返しが01010なので周波数が500 MHzになる）の第5高調波成分になります．つまり伝送路の遠端では波形が鈍ります．

波形の乱れや遅延はデータ・エラーの元

● 波形が鈍るとデータ・エラーが発生する

伝送路の周波数帯域の不足は，ディジタル信号特有の問題，ジッタ（時間方向の揺らぎ）が起こる原因の1つとなります．

図10のⒶのようにデータの変化が少ない場合（011110000）には，立ち上がり時間がかかっても十分にH（ハイ）レベルに達することができます．L（ロー）に落ちる場合も同じです．一方，Ⓒのように変化が速い場合（010101010），信号は十分に立ち上がる前に次の変化が起こるため，全体にレベルを変化させながら0と1を繰り返します．

すると，データ・パターンによりスレッショルド・レベルを切るポイントにずれ（ジッタ）が生じます．さらに伝送路の周波数帯域が不足する場合には，正確にデータを伝送できないことも起こります．

● 周波数が高くなると配線で発生するわずかな時間ずれを精密に確認する必要がある

時間ずれは，配線でも起こります．周波数が高くなると「信号の速度」を考慮しなければならないのです．

信号の周波数が低い場合には，その伝播時間を考慮

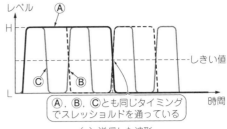

(a) 送信した波形

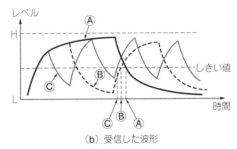

(b) 受信した波形

図10 高い周波数成分が減衰する伝送路では動作タイミングがずれる

する必要はありませんでした．電気信号が波として伝わる速度は光速（約30万km/h）に近く，1 kHzの波長は300 km，100 kHzでも3 kmにもなります．オーディオ帯域程度であれば，波長が配線長に比べて圧倒的に長いため，位相の変化，遅延というものを考慮する必要はありません．

ところが100 MHzでは波長は3 mになります．10 cmの違いで位相が12°もずれてしまいます．電気の波としての速度を考えると，誘電率の平方根に反比例します．同軸ケーブルでは0.2 m/ns程度，つまり1 mの同軸ケーブルでは5 nsの遅れが発生します．

配線自体がアンテナとして，共振現象を起こす可能性もあります．線路長が波長λの1/4で共振が起こります（厳密にはわずかな短縮がある）．100 MHzでは75 cmです．共振が起きれば波形はひずみ，ノイズも出ます．

〈天野 典〉

（初出：「トランジスタ技術」2015年4月号 別冊付録）

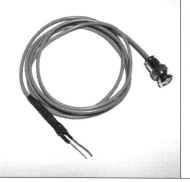

第14章 アクティブ型/差動型から手作りまで！スペシャル・プローブで攻める
高速マイコンや高速インターフェースのプロービング技術

天野 典 Minori Amano

マイコンやFPGAなどのディジタル半導体は日々高速化しています．電子工作や実験用の手軽なICでも数nsという短い時間で立ち上がる信号を出力し，数百MHz以上のクロック信号で動作します．

高速信号の波形を正しく観測したいなら，測定器を選ぶときに重要なのは周波数帯域です．このような速い信号は，オシロスコープに付属している電圧型のパッシブ・プローブでは高周波性能に限界があり，正しい波形を捉えることができません．半導体を組み込んで寄生容量をとても小さく抑えたアクティブ型プローブやUSBやイーサネットの高速インターフェースが採用する差動インターフェースに特化した差動型プローブの利用を考える必要があります．本章では，500 MHzを超える超高速ディジタル信号のプロービング技術を紹介します．

〈編集部〉

観測したい高速信号と測定系の周波数帯域についての基礎知識

● 周波数帯域100 MHzで観測されるステップ応答は3.5 ns

帯域が約2 GHz以下のオシロスコープは，高域がガウシャンに近い遮断特性に作り込まれています．ガウシャン特性の周波数帯域と，入力するステップ信号の立ち上がり時間の間に次の関係があります．

$$t_R = \frac{350}{f_{-3\mathrm{dB}}}$$

ただし，t_R：立ち上がり時間[ns]，$f_{-3\mathrm{dB}}$：ゲインが3 dB落ちる周波数[MHz]

帯域100 MHzのオシロスコープで観測されるステップ信号(立ち上がり時間≒ゼロの場合)のステップ応答は3.5 nsです．帯域1 GHzのオシロスコープなら0.35 nsです．

● 測定系の立ち上がりが信号の立ち上がりの約4倍速ければ誤差は3%以下

モニタで観測できる信号の立ち上がり時間t_Mは，オシロスコープやプローブの影響を受け，本来あるべき信号の立ち上がり時間t_Sよりも長くなります．

t_Mは次式で求まります(図1)．

$$t_M = \sqrt{t_S^2 + t_P^2 + t_O^2}$$

ただし，t_M：観測される立ち上がり時間[s]，
t_S：実際の信号の立ち上がり時間[s]，
t_P：プローブの立ち上がり時間[s]，
t_O：オシロスコープの立ち上がり時間[s]

t_Mがt_Sに近似できるような周波数帯域が確保できているかを確認してください．

プローブを含む測定システムの立ち上がり時間が，信号の立ち上がり時間t_Sより約4倍速ければ，立ち上がり時間測定の誤差は3%以内に収まります．

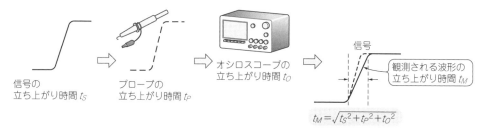

図1 オシロスコープで測定される立ち上がり時間は実際の立ち上がり時間より長くなる
誤差が十分小さくなるようにオシロスコープやプローブを選ぶ

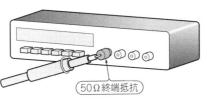

図2 プローブ・メーカのカタログ・スペックは特定の条件で測定されたもの
ユーザの回路（信号源）のインピーダンスはメーカの測定条件とは違う

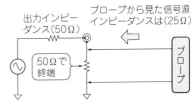

● カタログに記されたプローブの帯域スペックの意味

プローブとオシロスコープを含む測定系には，ターゲット信号の周波数成分を無理なく取り込める周波数帯域が必要です．

プローブ・メーカでは，図2に示すように，基準となる信号発生器を使って周波数帯域を測っています．低周波から高周波まで一定の振幅の正弦波を出力できるテスト信号発生器を使って，次のような方法で測定しています．

(1) 信号発生器の出力端子に直接50 Ωの終端抵抗を取り付け，専用のアタッチメントにプローブを直接挿入
(2) 低い周波数での信号振幅に比べて3 dB低下（約70 %）する周波数を求める．その周波数が周波数帯域

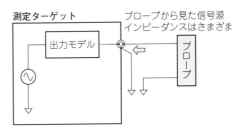

図3 測定系の周波数特性はターゲット回路の出力インピーダンスによってガラリと変わる

▶メーカは25 Ωの信号源インピーダンスで測定している

テスト信号発生器の出力インピーダンスが50 Ωで，ケーブルの先を50 Ωで終端しているため，プローブから見た信号源インピーダンスは25 Ωです．つまり

Column 1 「測定系の周波数帯域はクロック周波数の10倍あればよい」といわれる理由

信号のもつ周波数成分は，クロック周波数（繰り返し周波数）ではなく，立ち上がり部分の急峻さによって決まります．図Aのように，「同じ立ち上がり時間を持ち，繰り返し周波数が異なる2つの信号」を想定すると理解できると思います（ただし，周波数が高くなるほど，プローブの入力容量の影響が大きくなるので，厳密には周波数帯域だけに着目するのは正しくない）．

「クロック周波数の10倍」が目安とされるのは，以下のような考えからです．

通信信号の周波数がもっとも高まるのは，"0101010"という1と0が繰り返されるデータ・パターンです．その最高繰り返し周波数は，データの伝送速度やビットレート(bps)の半分になります．例えば，5 Gbpsで伝送するUSB3.0だと，最高の繰り返し周波数は2.5 GHzです．信号は，繰り返し周波数(2.5 GHz)とその高調波成分が最も高い周波数成分になります．一般に，その第5次高調波成分(12.5 GHz)まで取り込める周波数帯域が必要といわれています．これに余裕を見て，クロック周波数の10倍，というのが従来の考え方でした．

最近は，信号の立ち上がり時間から含まれる最高周波数成分を割り出す，ニー周波数という考え方も使われています．20 %から80 %の立ち上がり時間をt_R[ns]とすると，$0.4/t_R$で求められる周波数f_t[GHz]をニー周波数と呼び，信号成分はニー周波数以下に収まるという理論です．

メーカでは，オシロスコープの周波数帯域は余裕をもって，ニー周波数の1.4倍程度以上あれば問題ないという考えです．　　　　　　　〈天野 典〉

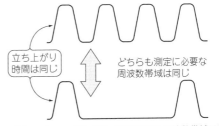

図A オシロスコープやプローブに必要な周波数帯域は観測したい波形の立ち上がり時間で決まる
繰り返し周波数で決まるわけではない

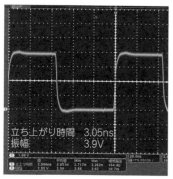 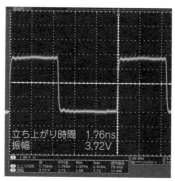 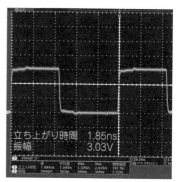

(a) パッシブ・プローブ　　　　　　　　(b) アクティブ・プローブ　　　　　　　　(c) 自作のZ_0プローブ

図4 同じ信号でもプローブが違うと測定波形が異なる

カタログ・スペック値は「25 Ωの信号源インピーダンスで測定した周波数帯域」です．

▶実際の回路のインピーダンスは25 Ωじゃない

プローブを接続する回路の出力インピーダンスは，ユーザの皆さんのみぞ知ることです(図3)．回路とプローブ(特に入力容量)の関係で，測定システムの周波数帯域はがらりと変わります．つまり，実動状態と性能保証の条件は違うという前提があるのです．

3種類のプローブでFPGAの出力信号を観測してみた

図4に示すのは，FPGAの出力信号をいろいろなプローブを使って確認した波形です．オシロスコープの周波数帯域は1 GHzです．

① 帯域500 MHzの付属パッシブ・プローブ

▶実験の条件

図4(a)に，オシロスコープに付属している10：1パッシブ・プローブ(P6139A)で観測した波形を示します．P6139Aの周波数帯域は500 MHz，入力インピーダンスは10 MΩ，入力容量は8 pFです．

ターゲットと測定系を含むシステムの周波数帯域は500 MHzです．測定できる立ち上がり時間の限界は2.8 nsです．

▶実験結果と考察

測定された立ち上がり時間は，後に示すアクティブ・プローブのときより大幅に大きくなっています．また，入力容量8 pFの負荷効果により信号のエッジが変形しています．この負荷効果から，このプローブを使って正しい波形を観測することはできません．

10：1パッシブ・プローブの周波数帯域は，最高で500 MHz程度です．最近，1 GHzという製品も出てきましたが，波形が変形したことからわかるように，周波数帯域よりも，入力容量による影響(負荷効果)が大きいのが問題です．ICの信号観測であれば，パッシブ・プローブが問題なく使える範囲は数十MHzと考えたほうが無難です．それも，最短のグラウンド・リードを使うことが前提です．それ以上の周波数の信号を測定するなら，アクティブ・プローブ，できれば差動タイプを使います．

② 帯域1 GHzのアクティブ・プローブ

▶実験の条件

図4(b)に観測した波形を示します．使用したのは周波数帯域1 GHz，入力インピーダンス1 MΩ，入力容量1 pFのTDP1000(テクトロニクス)です．

ターゲットと測定系を含むシステムの周波数帯域は約700 MHz(立ち上がり時間約500 ps)です．立ち上が

壊れやすいので要注意!　アクティブ・プローブ 3つの扱い方　　　　　　Column 2

アクティブ・プローブは受動部品だけで構成されたパッシブ・プローブと比べると壊れやすいです．ただし，以下の3点を守れば，安心して利用できます．

(1) 静電気対策をする

電気を起こさないように化繊の衣服を着用しない，手首にアース・ストラップを取り付けて人体アースをとるなどの静電気対策をしましょう．

(2) 機器のグラウンドを正しく取る

測定器とターゲットのAC電圧電源プラグ(3ピン)は必ずアースの来ている電源コンセントに接続してください．

(3) 過電圧を入力しない

必ず測定できる最大電圧が決められています．アクティブ・プローブを使用する前には，必ずマニュアルで確認してください．

〈天野 典〉

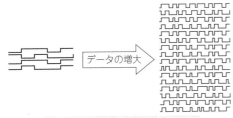

図5 チャネル数を増やし信号周波数を上げてデータ転送量を増やしてきたが，小型化やタイミングの問題が出てきて限界に達した

伝送チャネルを増やして対処すると，プリント基板が大きくなったり，接続ケーブルの本数が太くなったりする

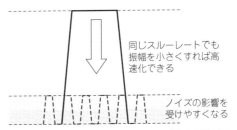

図6 データの電圧振幅を小さくすれば高速通信が可能になるけれどエラーが起こりやすくなる

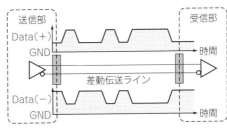

図7 差動伝送ラインには極性の違う2つの信号が流れる

り時間2ns程度のパルス・エッジをほぼ正確に測定できます．

▶実験結果と考察

周波数帯域が広く，負荷効果が小さい（入力抵抗が比較的大きく入力容量が小さい），一番理想に近い測定結果です．

③ 帯域800MHzの自作プローブ

▶実験の条件

図4(c)に観測した波形を示します．周波数帯域800MHz，入力インピーダンス1kΩ，入力容量1pFの手作りプローブで観測しました．

オシロスコープに50Ω入力があれば，このようなプローブを使うことも可能です．入力インピーダンスが1kΩと低いので使いどころは限られますが，入力容量はアクティブ・プローブ並みに小さいです．

▶実験結果と考察

1kΩという低い入力抵抗の影響により，振幅は低下しました．しかし，立ち上がりのエッジ部分は，ほぼ正確に捉えられています．

高速インターフェースの観測に特化した「差動プローブ」

● 差動インターフェース誕生の背景

差動インターフェースによる伝送帯域幅の拡大なくして，現代のディジタル技術の進化はありませんでした．USBやEthernet，HDMI，PCIeなど，多くの高速データ伝送路が差動信号を利用しています．

ディジタル・データの伝送量には，

単位時間に伝送可能な量
＝データ・レート×ビット幅

というシンプルな関係があり，かつては，データ・レート（信号周波数）の向上とバス幅の拡張を進めることで伝送量を増やしてきました（図5）．しかしバス幅の拡大は，次のような壁にぶつかりました．

(1) チャネルが多すぎて，通信タイミングずれを抑えこめない
(2) プリント基板上のバスやケーブルの物理的な幅が広くなり小型化できない

そこでチャネル数を減らしつつも，高速化する技術が必要になりました．同じプロセスで半導体を作るときに，高速化する手段は信号の低振幅化です．スルーレートが同じなら，振幅を抑える→立ち上がり時間が減少→高速化という図式です．ノイズ・レベルは変わりませんから，対策なしではS/Nを確保できず，エラー・レートが悪化します（図6）．

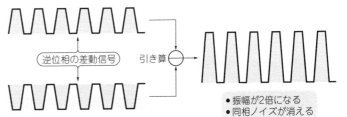

図8 通信エラーの大きな要因である同相ノイズは，差動ラインに乗っても，受信回路で引き算されて消滅する

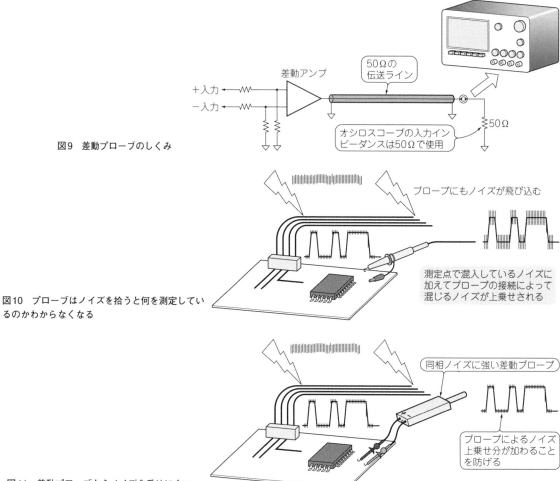

図9 差動プローブのしくみ

図10 プローブはノイズを拾うと何を測定しているのかわからなくなる

図11 差動プローブならノイズを受けにくい

● 少ないチャネルで大量のデータを確実に転送できる差動インターフェースが登場

差動は，極性がプラスとマイナスの2つのペア信号を1つの通信ラインとして利用します（図7）．

受信部では極性の違う2つの信号を引き算してデータを再生します．このとき同相ノイズ成分が原理的に打ち消されるためノイズに強く（図8），微小な電圧振幅でもエラーの少ない通信が可能になります．微小な電圧振幅でよいということは，通信クロック周波数を高められるということです．

差動信号を使うことで，データ・レートが一気に10倍以上に高まりました．

8ビットのバスを1レーン（実際は2ビット加えてエラー訂正などの役割を与えている）でシリアル化して伝送する手法が最近の高速差動シリアル・バスです．耐ノイズ性能が高いというメリットを生かして自動車の通信インターフェース（CANバスという）にも利用されています．

● 差動プローブのしくみ

差動信号を観測するために作られたのが差動プローブ（図9）です．入力は，グラウンドと信号線ではなく，プラスとマイナスです．

プローブ先端部分のアンプ回路で引き算を行い，2つの入力信号の差をオシロスコープに送ります．引き算がどれくらい正しく行われているかを規定したスペックがCMRR（同相成分除去比）になります．CMRRは周波数が高くなると劣化します．

● 差動プローブはシングルエンド・プローブとして利用しても低ノイズ

差動プローブは差動信号専用なのかというと，そうでもありません．シングルエンド・プローブとしても優れた特性を持っています．

ノイズが多い環境でプローブを使用すると，プローブが拾ってしまうノイズも混入します（図10）．もともとの信号にノイズが入っているのか，それともプローブの拾ったノイズかの区別は困難です．

差動プローブはノイズを拾いにくい特性があります

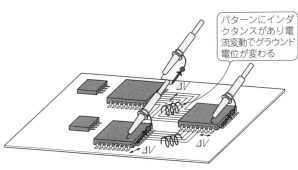

図12 高速ディジタル・ボードでは電流が変化すると，プリント・パターンのインダクタンスの影響でグラウンド電位が変動する

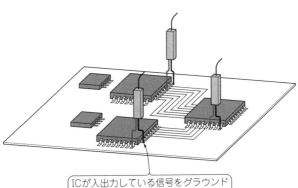

図13 差動プローブなら任意の2点の電位差を取り出して測れる

（図11）．差動プローブのマイナス入力をグラウンドに落とせば，「信号－ゼロ＝信号」なので，シングルエンド・プローブとして動作します．

シングルエンドとの違いは耐ノイズ性能です．

ノイズは，商用電源由来のものだけでなく，回路が動作したときに発生するグラウンド電位の変動にもあてはまります．

グラウンド・パターンは銅だからどこでも同じ電位…そんなことはありません．電線はそのものがインダクタンスをもちます．リード線は1cmあたり10nH

のインダクタンスをもちます．信号配線だけでなく，グラウンドも当然インダクタンスをもちます．電源パターンの設計では直流抵抗を考慮しますが，インダクタンスも配慮すべきです．電流変動とインダクタンスにより，グラウンド電位は場所によって瞬時に変化します（図12）．

このため，複数ポイントの波形を測定すると，それぞれ電位の異なるグラウンドでの計測になってしまいます．

このとき，差動プローブのマイナス入力をそれぞれのポイントの信号グラウンドに接続すれば，それぞれ

Column 3　汎用パッシブ・プローブで差動信号を観測する

付属の汎用パッシブ・プローブを2本使って，差動信号を観測することもできなくはありません．ポイントは同じ感度で取り込むことです（図B）．引き算はオシロスコープの演算機能を利用します．

この手法では，2つのチャネルの遅延時間差と感度差が誤差要因になるので，それらをしっかり管理します．飛び込みノイズを軽減するためには2本のプローブをツイストさせます．

〈天野 典〉

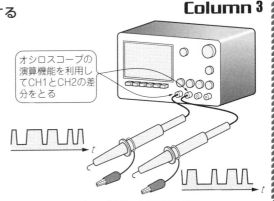

図B　2本の同じプローブを使った疑似差動測定

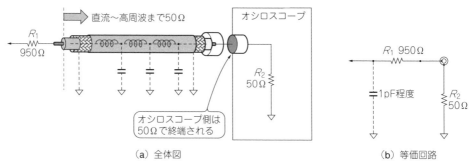

図14 Z_0プローブの原理
抵抗,同軸ケーブル,BNCコネクタで作れる

のポイントで「信号グラウンドと信号の電位差」を得ることができます(**図13**).差動プローブは,優れたシングルエンド・プローブでもあるのです.

帯域500 MHz超! 手作りワンコイン広帯域プローブ

● アクティブ・プローブ並みの低入力容量

広帯域プローブは手作りできます.**写真1**に示すのは,自作したパッシブ・プローブです.部品代は約500円で,アクティブ・プローブ並みの低入力容量を実現しています.低インピーダンス・プローブと呼ばれたり,Z_0プローブと呼ばれたりします.

- 減衰比:20:1
- 周波数帯域:500 MHz以上
- 入力インピーダンス:1 kΩ
- 容量:抵抗周辺の浮遊容量だけ(約1 pF)

● 50 Ω同軸ケーブルの先に抵抗を付けるだけ

このプローブは,オシロスコープの入力インピーダンスをハイ・インピーダンス(1 MΩ)から50 Ωに切り替えて使用します.特性インピーダンス50 Ωの同軸ケーブルの入り口からみたインピーダンスは,直流でもどんな周波数でも,常に50 Ωです.

図14に示したとおり,先端に950 Ωの抵抗を接続すると,入力インピーダンス1 kΩ,入力容量は先端部分の浮遊容量(1 pF前後),減衰比20:1というプローブが形成できます.これをZ_0プローブと呼びます.

入力抵抗が1 kΩと小さいので,信号振幅に影響しますが,入力容量がアクティブ・プローブと同等に小さくできるので,波形の立ち上がりなどに与える影響は小さくなります.

同等の入力容量をもつアクティブ・プローブが数十万円することを考えれば,コスト・パフォーマンスが抜群のプローブではないでしょうか?

● 長く引き回すこともできる

ケーブルでの減衰を考えなければ,長さも自由に選べます.一般的なプローブ・ケーブルの長さは通常

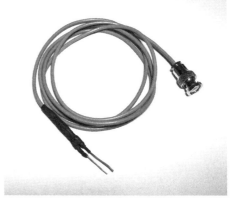

写真1 500円で作れる帯域500 MHzの手作りプローブ

1 mちょっとです.実験室では足りても,大きな実機,例えば自動車などでは,もっと長いプローブが欲しくなりますが,市販品には見当たりません.

プローブの出力とオシロスコープの間にBNCケーブルを挿入して延長することはできません.10:1プローブの原理から明らかです.延長したBNCケーブルのもつ容量成分(約100 pF/1 m)の影響で,うまく補正ができないからです.

写真1では,とりまわしのしやすさを考えて細い同軸ケーブル1.5 D-2 Vを使用していますが,細い同軸ケーブルは損失が大きいので,長く伸ばすなら,もっと太いケーブルを選びます.

● 高温や低温の測定対象にも使える

測定対象を恒温槽に入れて,高温や低温で測定したいこともあるでしょう.でも,プローブの使用可能な温度は常温です.恒温槽用のプローブもありますが,極めて高価です.

Z_0プローブなら,温度範囲の広い50 Ωの同軸ケーブルが市販されているので,それを入手できれば温度範囲を広げられます.劣悪な環境でも対応できる可能性があります.

(初出:「トランジスタ技術」2015年4月号 別冊付録)

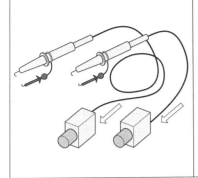

第15章 電流/電圧/電力を正しく測るテクニック
電源やインバータの高電圧・大電流プロービング

天野 典 Minori Amano

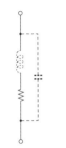

図1 シャント抵抗は周波数が高くなると誤差が大きくなる

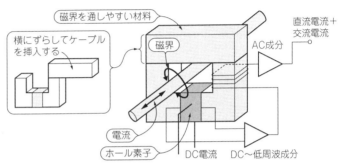

図2 電流プローブのしくみ
電流が流れると発生する磁界を検出する

電流プローブの使い方

● シャント抵抗で測定できるのは数十kHzぐらいまで

オシロスコープに入力できるのは電圧ですから,電流の波形を観測するには何らかの方法で,電流を電圧に変換する手段が必要です.

一番簡単なのは,電流の流れる経路の途中に抵抗(シャント抵抗と呼ぶ)を挿入して,オームの法則に従って発生する電圧を拾ってオシロスコープに入力する方法です.実際,ディジタル・マルチメータや電力計の電流入力端子にはシャント抵抗が組み入れられています.

シャント抵抗は,寄生インダクタンスや寄生容量が小さくないので(図1),50k～100kHzが測定できる限度です.

● 磁界を拾って電圧に変換する(電流プローブの原理)

抵抗ではなく,電流の周りに発生する磁界を間接的に拾う方法もあります.

電流が流れると,右方向に回転する磁界が生じます.大きさは電流に比例します.電流プローブはこの磁界を検出します.

コの字型のコアとIの字型のコアを組み合わせてIの部分を可動させ,電流の流れるケーブルを磁気回路内部にはめ込みます.するとトランスが形成されます(別形状もある).

トランスの中央にケーブルを1回だけ通すと,1ターンのコイルが構成されます.2次側にN回巻いたコイルを用意すると,1:Nのトランスになります.ケーブルに流れる電流に比例した電圧が発生します.これが,AC電流プローブの原理です.

▶交流と直流を測定できる実際の電流プローブ

図2に示すのはDC/AC電流プローブのしくみです.ホール素子を併用して,直流から交流まで広い帯域の電流を電圧に変換できます.

DC/AC電流プローブはどのメーカのものも原理はだいたい同じで,性能や測定限界も似たり寄ったりです.

● 電流プローブで観測できる限界

電流プローブを選ぶときは,次の3つのスペックに着目します.

(1) 周波数帯域
(2) 測定できる電流の最小値と最大値
(3) 測定周波数における最大許容電流

実際に,電流プローブ(TCP0030,テクトロニクス社,帯域120MHz,最大許容電流30A)を例に見てみましょう.

連続して測定できる最大電流は実効値で30A_{RMS}ですが,データシートを見ると「直流と低周波のとき」

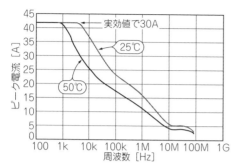

図3 電流プローブで測れる最大許容電流はターゲット信号の周波数によって大きく変わる

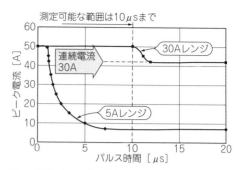

図4 電流プローブの測定限界マージンはパルス電流でもピーク電流でもそれほどない

という条件が付いています．

図3に示すのは，測定できる最大電流を確認するときに見るべきグラフ(ディレーティング・カーブと呼ぶ)です．

横軸は周波数，縦軸は連続して流せる最大電流値で，ピーク電流表記になっています．許容値を超える電流を測定すると波形がひずむことがあります．

▶正弦波電流の測定限界

直流から10kHz程度までは，測定できる電流の最大値はピーク42A(実効値で30 A_{RMS})ですが，100kHzになると半減します．この値は25℃の場合で，50℃ではさらに低下します．

このように測定できる最大電流は，ターゲットの周波数に大きく依存するため，パワー回路のスイッチング周波数によっては，測定したい値の2～3倍の許容電流をもつ電流プローブを選ぶ必要があります．

▶パルス電流の測定限界

図4に示すのは，測定できる最大ピーク電流です．単発信号や低周波のパルス電流を測定するときにチェックすべきスペックです．このプローブの場合は，パルス幅10μs以下のとき50Aです．

幅が10μsを超えるパルス電流を観測するときは，電流時間積という測定限界があります．最終的には，連続電流における最大電流に落ち着きます．

スイッチング電源のように，連続するパルス電流の測定限界を示す規定は見つかりませんが，経験上，パルスの周波数を正弦波の周波数と置き換えても大きな問題はありません．

● 電流プローブを通す延長リードは回路の動作を変える

電流プローブで配線をつかむと，回路と直列に寄生インピーダンスが入るため，回路の動作に影響を与え

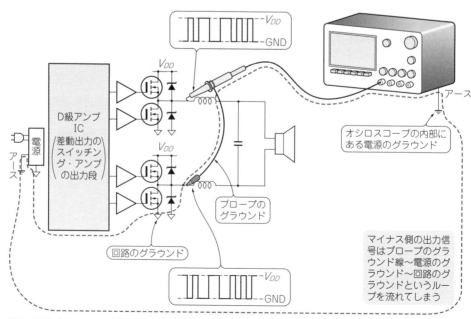

図5 差動パワー・アンプ(BTL：Bridged Transless)の出力波形を観測するには？

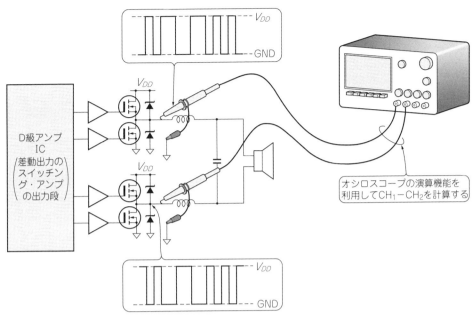

図6 汎用プローブを2本使えば差動信号を測れる．ただし測定チャネルは少なくなる

ます（負荷効果）．さらに，電流プローブ先端でつかむための延長リード線は，1 cmあたり10 nHのインダクタンスをもつので，その影響もあります．

● 衝撃に弱いので丁寧な扱いを心がける

電流プローブを落としたりすると，先端にあるホール・センサが壊れます．ホール・センサが故障すると，DCバランス（ゼロ・バランス）が取れなくなったり，DCドリフトが多くなって測定値がふらつきます．センサを交換する修理費は高額です．

高電圧差動プローブの使い方

● 差動アンプの出力波形を観測するには

オシロスコープは，すべての入力チャネルのグラウンドが筐体とつながっています．筐体は，地面（アース）につなぐことが推奨されています．ということは，プローブのグラウンドは地面とつながっています．このよくある環境では，基準電位の異なる2つの信号を測定できません．

図5に示す差動出力のパワー・アンプを例に考えてみましょう．この差動出力パワー・アンプの2つの出力は，片側がグラウンドのシングルエンド出力ではありません．極性が互いに反対の，プラス信号とマイナス信号が出力されています．片側をグラウンドにつなぐと，グラウンドを経由したループに電流が流れて波形を観測できません．

▶ 方法1：汎用プローブを2本使って差をオシロスコープで演算する

図6に示すのは，汎用プローブを2本使った，一番手軽な方法です．2点間の電位を同時に測って，オシロスコープの演算機能を利用して差分を求めます．同時に測れるポイント数に限りがあります．

▶ 方法2：絶縁入力のオシロスコープを使う

入力が絶縁されたオシロスコープ（TPS2000やDL850）を使います．周波数帯域やレコード長など，測定性能に不足を感じることがあります．

▶ 方法3：高電圧差動プローブを使う

普通のオシロスコープと高電圧差動プローブを組み合わせます（図7）．高電圧差動プローブは，プラス／マイナスの入力端子間の電位差を測定できます．ゼロ電位を考える必要はありません．入力電圧（対大地）には上限があります．

● 高電圧差動プローブが生きるインバータ回路の波形観測

図8に示すのは，IGBT（Insulated Gate Bipolar Transistor）と呼ばれるパワー・トランジスタで構成されたスイッチング回路です．この各部の電圧波形の測定方法を紹介します．

▶ コレクタ-エミッタ間電圧（V_{CE}）の波形観測

上側のIGBTに加わる電圧は，（+）側が直流電源の$+V_{DC}$，（-）側がスイッチング電圧です．高電圧差動プローブをそれぞれの端子に接続すれば，上側IGBTのコレクタ-エミッタ間電圧を問題なく観測できます．下側のIGBTに加わる電圧も同様に問題なく測定できます．

▶ ゲート-エミッタ間電圧（V_{GE}）の波形観測

ゲート-エミッタ間電圧（V_{GE}）の波形を観測することを考えてみます．下側のIGBTは，（+）入力と（-）

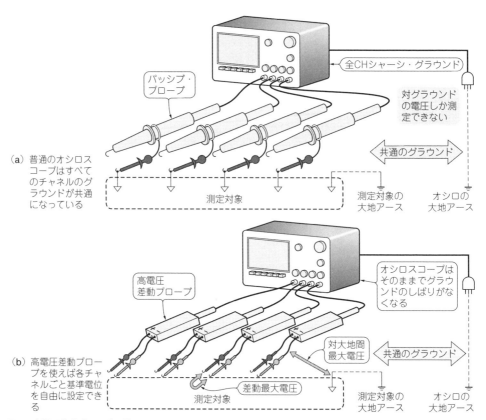

図7 高電圧差動プローブを使うメリットは普通のオシロスコープでフローティング電圧測定ができること

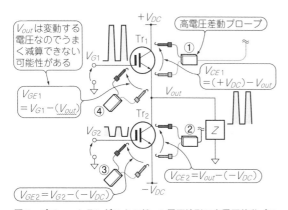

図8 パワー・トランジスタのゲート電圧波形は高電圧差動プローブを使っても正しく観測できないことがある

入力で共通する成分は直流電源 $-V_{DC}$ なので，問題なく観測できます．

しかし上側のエミッタ電位は，スイッチングによって数百Vで激しく変動しています．ゲート電位は，この変化するエミッタ電位を基準に5～10Vでスイングしています．

エミッタとゲートにつながれた高電圧差動プローブは，変動する共通電位(エミッタ電位)をキャンセルして，エミッタ基準のゲート電圧の波形を捉えます．しかし，観測する周波数が高くなると，この共通信号(コモン・モード信号)を打ち消す能力が低下して漏れ出してきます．特にスイッチング波形のエッジ部分は高い周波数成分を含むため，たいてい漏れます．漏れを抑える能力は，CMRR(Common Mode Reduction Ratio：同相成分除去比)という性能で示されています．通常，100 kHz以上で劣化が顕著になります．

電流プローブと電圧プローブの合わせ技による電力測定

● プローブを伝わる信号は長さの分遅延する

電圧と電流を取り込んで電力を測るときなど，異種プローブを同時に使うときは，伝搬遅延時間差(スキュー：skew)に注意してください．

電気信号が進む速度は，光速/√誘電率ですから，1mの同軸ケーブルを進むのに約5nsかかります(図9)．プローブの中を伝わる電気信号も遅延するので，ケーブルの長さが違うとそのぶん時間差が現れます(図10)．

プローブ内部に増幅回路をもつアクティブ・プローブや電流プローブは，ケーブルだけでなく増幅回路により，さらに大きな遅延があります．

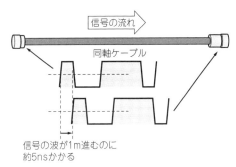

図9 プローブ・ケーブルなど同軸ケーブルを伝わる信号の速度
高速信号のタイミング測定などns単位の測定を行う場合は無視できない

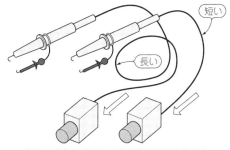

図10 プローブのケーブルが長いほどオシロスコープに信号が届くまでに時間がかかる
同じ型番のプローブでも多少の個体差があるし，違うプローブを使ったら必ずずれると考えたほうがよい

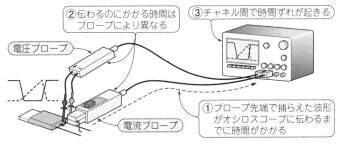

図11 動作原理の異なるプローブを組み合わせると特に大きな時間差が発生する
校正に出してもプローブの遅延時間は保証してくれないので，測定前に自分で調整しなければいけない

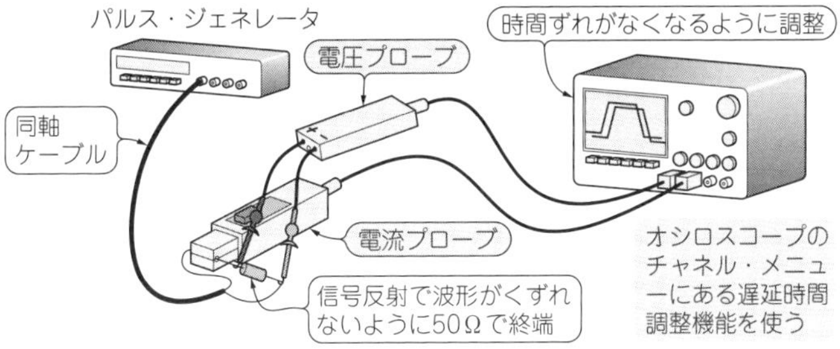

図12 電圧プローブと電流プローブの時間差は，終端用抵抗（50Ω）の電圧と電流を測定して，波形が同時に立ち上がるように調整する

電圧プローブと電流プローブの遅延は大きく異なります（図11）．

● 波形が同じタイミングで表示されるようにオシロスコープ側で調整する

ギガ・ビットの信号を計測する高速オシロスコープでは，測定前にプローブを含めた厳密な時間差校正が必要です．

同じ型式のプローブでも，遅延時間に個体差があり，信号間のタイミング測定の誤差になるからです．

スキューの校正は簡単です．電圧プローブどうしであれば，十分に速いエッジをもつ信号を同時に取り込んで，同じタイミングで立ち上がるよう，任意のチャネルの表示位置を前後させます．この作業をデスキュー（deskew）と呼びます．この機能は電圧軸設定メニューにあります．

電圧プローブと電流プローブを同時に使う場合，校正には同じ位相の電圧／電流信号が必要です．測定器メーカから校正用アクセサリが販売されていますが，図12のように，50Ωの抵抗と，ファンクション・ジェネレータまたはパルス・ジェネレータがあれば代用できます．

▶スキューを自動調整する機能

電流プローブや差動プローブなどのアクティブ・プローブの場合，BNCコネクタの横にあるピンを通してオシロスコープとプローブがシリアル通信を行い，プローブ固有の遅延を設定する自動スキュー校正機能をもった機種があります．オシロスコープとプローブのメーカが同じ場合に限られます．電流プローブであることを検出して，軸を電流に変換する機種もあります．

（初出：「トランジスタ技術」2015年4月号 別冊付録）

第3部 高コスパ！パソコンとUSB接続して使うマルチ測定器

第16章 オシロ/DMM/電源/SGからスペアナ/ネットアナ/バス・データ解析まで

全部入りスーパー測定器！Analog Discovery 2

渡辺 潔　Kiyoshi Watanabe

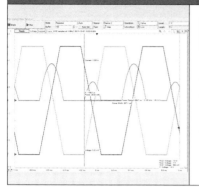

米国Digilent社から販売されている「Analog Discovery 2」（2018年12月現在，279ドル）は，実用レベルに達したアマチュア向けスーパー計測器です．本章では，機能紹介と使用前の準備を紹介します．

高速・高分解能A-D/D-AとFPGAを内蔵

● 教育用として生まれた低価格マルチ測定器

Analog Discovery 2は，電気系学生やエンジニアのトレーニング用USBマルチ測定器です．1台でアナログ，ディジタル信号計測/信号可視化/信号発生/記録など，ほとんどの測定が可能です．

全体構成を図1に，計測機能を表1に示します．本体が計測器のハードウェア部分になり，付属USBケーブルでパソコンに接続します．

操作や画面表示には，無償の専用ソフトウェア「WaveForms」（Windows, Mac OS, Linux対応）が必要です．次のWebページからダウンロードします．

```
https://reference.digilentinc.com/
reference/software/waveforms/
waveforms-3/start
```

● 何でも来い！測定機能てんこもり

Analog Discovery 2のキー・デバイスA-D変換器，D-A変換器はそれぞれ2チャネル，最高サンプリング速度は100 Msps（サンプル/秒），電圧分解能が14ビットです．これにより，最短10 ns間隔でデータを取り込み，入力レンジを1/16384に分解できます．

市販のメーカ製オシロスコープのサンプリング速度

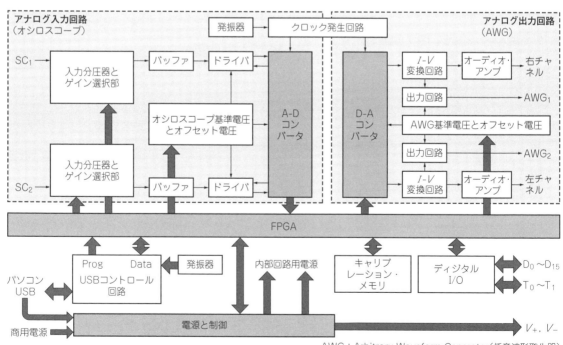

図1　Analog Discovery 2のブロック図

表1 測定器完備! Analog Discovery 2の計測機能

No.	機 能	項 目
1	オシロスコープ	入力チャネル数:2, 周波数帯域:30 MHz, サンプリング速度:100 Msps(14ビットA-Dコンバータ)
2	任意波形発生器	出力チャネル数:2, ±5 V, サンプリング速度:100 Msps(14ビットA-Dコンバータ), 周波数帯域:20 MHz, ヘッドホンまたはスピーカ向けステレオ出力をもつ
3	ロジック・アナライザ	入力チャネル数:16, サンプリング速度:100 Msps(3.3 V電源CMOSロジック・レベル)
4	ロジック・パターン発生器	出力チャネル数:16, サンプリング速度:100 Msps(3.3 V電源CMOSロジック・レベル)
5	仮想ディジタルI/O	入出力チャネル数:16(ボタン, スイッチ, LED表示)
6	外部機器との同期	入出力チャネル数:2(CMOSレベル)
7	電圧計	入力チャネル数:1, AC, DC, ±25 V
8	ネットワーク・アナライザ	周波数帯域:1 Hz ~ 10 MHz
9	スペクトラム・アナライザ	周波数帯域:10 MHz, 入力インピーダンス:1 MΩ, ノイズ・フロア(noise floor), スプリアスフリー・ダイナミック・レンジ(*SFDR*), SN比(*SNR*), 全高調波ひずみ(*THD*)など
10	ディジタル・バス・アナライザ	SPI, I²C, UART, パラレル
11	DC電源	±5 V

は数Gspsと時間分解能は高いですが,電圧分解能は8ビット(1/256分解能)です.

Analog Discovery 2は,電圧分解能が高いため,小さな信号を大きくする増幅器は不要です.入力レンジを超える大きな信号を小さくするために,アッテネータとバッファ・アンプだけ入っています.

表示上の感度切り替えは,アッテネータでの切り替え(高感度/低感度)を除き,表示の拡大・縮小で行います.

周波数帯域は30 MHzなので,100 Mspsのサンプル速度と合わせて数十nsの立ち上がりエッジまでは高い再現性をもちます(サンプル間隔10 ns).

▶アナログ入出力を組み合わせて,ゲインと位相の周波数特性も測れる

Network機能を使えば複数の計測器を組み合わせることなく,アンプやフィルタの特性も自動的に評価できます.

▶ロジックのI/Oも装備

独立した16チャネルのロジック入出力を備えています.簡単なロジック・アナライザ,I²CやSPIなどのプロトコル・アナライザ,ロジック・パターン発生器,さらに直流電源,電圧計として使用できます.

使ってみる

1 セットアップ

● 別売のBNCアダプタ・ボードの取り付け

10:1プローブを使うときは,写真1のように,別売のBNCアダプタ・ボードを取り付けます.コネクタにストレスが加わらないように,適当なベースに固定するとよいでしょう.左側がオシロスコープ入力,右側がアナログ信号出力,下側のリードセットがロジック信号の入出力です.

BNCアダプタ・ボードには,オシロスコープの入

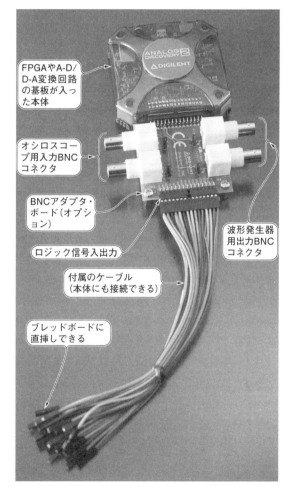

写真1 10:1プローブを使いたいときは,オプションのBNCアダプタ・ボードを追加する
左側がオシロスコープ入力,右側がアナログ信号出力,下側のリードセットがロジック信号の入出力

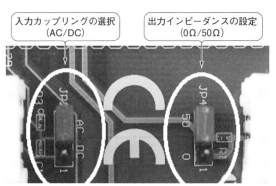

写真2 BNCアダプタ・ボードのタップ（写真は出荷状態時）
入力カップリングをDC，出力インピーダンスを50Ωに設定する

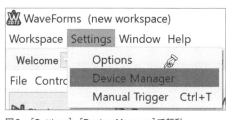

図3 ［Settings］-［Device Manager］で起動

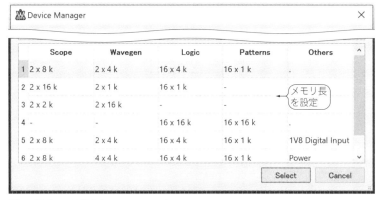

図2 波形メモリ構成をコントロールするDevice Manager
長いメモリ長が必要な場合，他の機能の動作を制限する

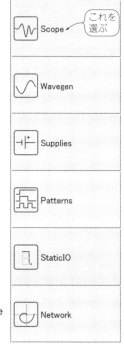

図4 WelcomeメニューからScopeを選ぶ
最初に使用する機能を選ぶ

力カップリングと，波形発生器の出力インピーダンスの切り替えタップがあります（**写真2**）．ここでは，

- 入力カップリング：DC
- 出力インピーダンス：50Ω

に設定します．

● 波形データ用のメモリ長を設定

メモリは，オシロスコープ，ファンクション・ジェネレータ，ロジック入出力で共用しています．長いメモリ長が必要な場合は，他の機能の動作を制限します．

メモリの構成はWaveFormsのDevice Manager（**図2**）で変更できます．［Settings］-［Device Manager］で起動します（**図3**）．

Analog Discovery 2をUSBケーブルでパソコンに接続します．

2 肩ならし…オシロスコープ機能で波形観測

● 信号のピックアップにはプローブを使う

最初にWelcomeメニューから選択します．WaveFormsを立ち上げ，［Welcome］ボタンをクリックすると，**図4**の機能選択メニューが現れます．

この中から［Scope］を選択します．**写真3**に示すオプションの「10：1プローブ」を接続します．このプローブは感度が1：1，10：1の切り替えができますが，通常は10：1で使用します．

プローブ先端の入力抵抗は10MΩ，肝心の入力容量は10pF程度です．

● プローブの感度設定を反映させる

10：1のプローブを使う場合は，その情報をAnalog Discovery 2に教える必要があります．**図5**に示す右上の電圧設定の歯車をクリックして設定します．ここで「10X」に設定すれば，以後プローブの減衰比を考慮する必要はありません．

プローブの感度設定は，パソコン（WaveForms）の電源を切るとリセットされます．必ず設定を保存してください．

▶電圧感度・時間軸の設定を変える

図6に示すように，右側に電圧・時間軸設定の項目

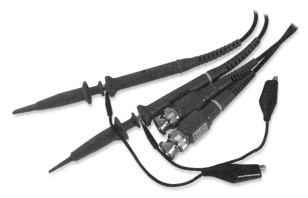

写真3 ターゲットの動作に与える影響が小さい10：1プローブ（Digilent製，13.99ドル，オプション）

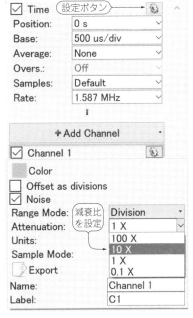

図5 プローブの感度設定メニュー
プローブの感度設定後は必ず保存すること

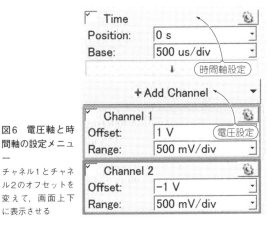

図6 電圧軸と時間軸の設定メニュー
チャネル1とチャネル2のオフセットを変えて，画面上下に表示させる

があります．電圧軸，時間軸ともに1目盛りあたりの値になります．時間軸の「Position」はトリガ・ポイントからの時間になります．0 sに設定すると，トリガ・ポイントが中心に位置します．

プルダウン・メニューに加えて，変えたい項目にポインタを当て，マウスのホイールで設定値を変更できます．ここではチャネル1/2のオフセットを変えて画面の上下に表示させました．

［RUN］ボタンをクリックすると，信号の取り込みが始まります．

Column 1

Analog Discovery 2のオシロ入力端子はグラウンドが独立した差動タイプ

Analog Discovery 2本体のオシロスコープ入力は差動型で，チャネル1とチャネル2のグラウンドは独立しています（図A）．オプションのBNCアダプタ・ボード内部で両方のグラウンドがつながります．　〈渡辺 潔〉

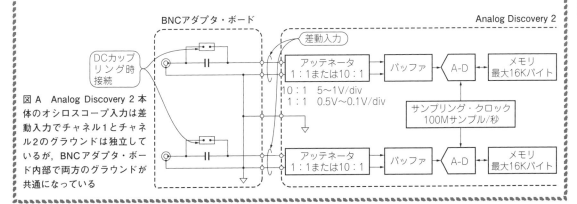

図A Analog Discovery 2本体のオシロスコープ入力は差動入力でチャネル1とチャネル2のグラウンドは独立しているが，BNCアダプタ・ボード内部で両方のグラウンドが共通になっている

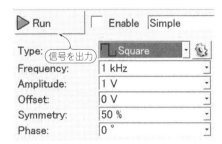

図7 プローブ補正用信号の出力設定

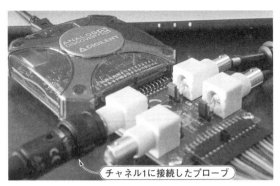

写真4 プローブの補正のようす
Wavegenのチャネル1から矩形波を出力し、これをプローブで拾ってAnalog Discoveryで観測し、取り込んで補正する

● プローブを補正する

▶プローブ補正のセットアップ

オシロスコープとプローブを組み合わせて使う前に補正調整が必要です．

1 kHz程度の矩形波を入力します．波形の上側がフラットになるように，補正ボックス内のトリマ・コンデンサを調整します．

プローブ補正に使う信号は，Wavegen（任意波形発生器機能）で作ります．

図7に示すように，周波数1 kHz，振幅±1 Vの矩形波（Square）を出力します．［RUN］ボタンをクリックすると信号が出力されます．

Wavegenのチャネル2も同じように設定します．チャネル1とチャネル2を同期させる場合，チャネル2の設定画面を開かなくても，チャネル1のSynchronizedメニューで設定できます（図8）．

▶プローブの周波数特性を補正する

プローブを信号出力端子に接続します（写真4）．プローブの補正が正しくないと，図9のようにパルスが正しく表示されません．チャネル1は補正過多，チャネル2は補正不足です．

矩形波は基本繰り返し成分に加えて高い次数の高調波を含んでいます．チャネル1は高調波成分の振幅が大きく，チャネル2は小さくなっています．このまま使用すると，10 kHz以上の信号は本来よりも振幅が大きく，チャネル2は小さくなります．

これでは正しく計測できません．

プローブ根元の補正ボックスの穴にあるトリマ・コンデンサを調整します．図10に示すような平らな波形が得られるように調整します．これでオシロスコープを使う準備ができました．1：1は単なる同軸ケーブルなので，補正はしません．

〈初出：「トランジスタ技術」2018年2月号〉

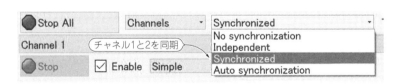

図8 Wavegenのチャネル1とチャネル2を同期させるメニュー

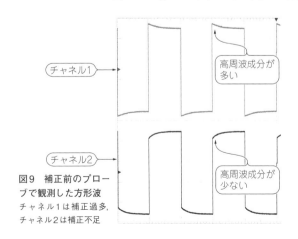

図9 補正前のプローブで観測した方形波
チャネル1は補正過多，チャネル2は補正不足

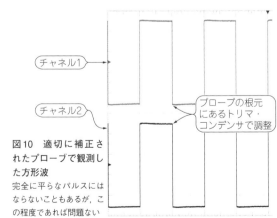

図10 適切に補正されたプローブで観測した方形波
完全に平らなパルスにはならないこともあるが、この程度であれば問題ない

第17章 スペシャル・トリガ，重ね描き，ロング・メモリ分析，データ・パターン解析…

プロ機能満載！Analog Discovery 2 逆引きマニュアル20選

渡辺 潔 Kiyoshi Watanabe

製品(商品)には，機能や仕様，使い方などを網羅的に解説したリファレンス・マニュアルが付いています．一方，本章は，Analog Discovery 2で何ができるか，知りたい項目から機能を解説しています．言わば「逆引きマニュアル」です．

Analog Discovery 2を動かすには，専用ソフトウェアWaveFormsが必要です．パソコンにこのソフトウェアをインストールし，Analog Discovery 2とUSB接続した状態で，解説していきます．

①ワンタッチ波形表示機能を使う
～基本のオシロスコープ機能から始めよう！～

● まずはオートセット

基本設定はAnalog Discovery 2に任せることができます．この「オートセット」を行うには，「WaveForms」-「Scope」の画面右上にある下向き[↓]ボタンをクリックします．メニューが広がり，図1に示すように[Auto Set]が現れます．

● 使いこなしのキモは時間軸設定

A-D変換器でサンプリングされたデータは，メモリに記録されます．サンプリング・レートをしっかりと把握しておくことが大切です．Timeメニューの[時間軸メニュー]をクリックして，時間軸1目盛り当たりの時間(Time/div)を任意に決めます(図2)．

サンプリング・レートは，一番速く変化するエッジ部分にサンプリング・ポイントが数ポイント得られるように設定します．Analog Discovery 2ではサンプリング・レートを優先して決めることもできます．

波形取り込みには，

記録時間＝サンプリング間隔×メモリ長

という制限があります．

Timeメニューにある[Rate]をクリックして，サンプリング・レート(サンプリング周波数)を設定できます(図3)．サンプリング・レートの表示は，多くの計測器メーカでは○Msps(サンプル/秒)というように1秒間のサンプル数を採用しています．最高100MHzまで可能です．

● マウスで電圧感度，時間軸を変える

取り込み設定を行うには，電圧軸/時間軸メニュー(図4)の[Base]，[Range]，[Offset]などにマウスのポインタを置き，ホイールを回します．

この設定で，ハードウェアとしてのAnalog Discovery 2の動作が決まります．ハード的な感度切り替えは2段階ですが，時間軸設定ではメモリ長(Samples)とサンプリング周波数(Rate)に注意します．

● マウスで横に移動とズーム

マウスの左クリックで左右に移動，右クリックでポ

図1 オートセットを行うボタン

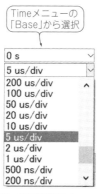

図2 時間軸設定メニュー

図3 サンプリング周波数を任意に変えるメニュー

図4 電圧軸/時間軸設定メニュー
この設定でAnalog Discovery 2の動作が決まる

インタを中心に拡大できます(図5).

上下に移動するには各波形左側にあるリファレンス・レベルの三角マークをマウスで操作するのも可能です.

連続取り込み中にディスプレイ上の表示を変化させると,ハード的な動作も変化します.取り込み停止後は単なる表示拡大になります.

● カーソルで値を測る

計測したい箇所にポインタを置き,左ダブル・クリックでシングル・カーソルが現れ,電圧値,トリガ・ポイントからの時間が表示されます(図6).

そのままポインタを左右に動かすと,カーソルも左右に動き,読み取り値が変化します.さらに左クリックを押したままポインタを移動すると,もう1つのカーソルが現れ,差分値が表示されます.

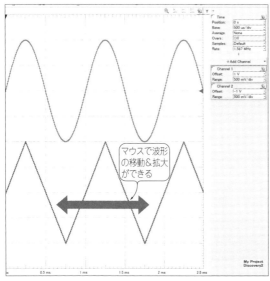

図5 マウスで波形の移動&拡大したところ
連続取り込み中に表示を変化させるとハード的動作も変化する

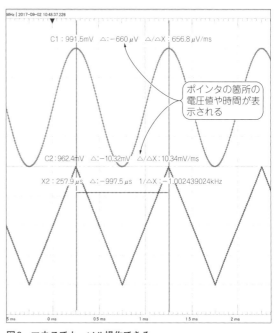

図6 マウスでカーソル操作できる
そのままポインタを左右に動かすと,カーソルも左右に動き,読み取り値が変化する

②発生頻度の低い信号を見つける
～波形を重ね描きするパーシスタンスを使う～

● サンプリング・レートを変化させて,取り込み回数を増やす

オシロスコープは波形をしっかりと観測できているでしょうか？実は,繰り返しモードで動作しているときは「波形取り込み-表示-波形取り込み-表示」を繰り返しています.ところが図7のように,データ処理時間などによって,見ていない時間,デッド・タイムが圧倒的に多いのが現実です(最近の中級器以上の製品では改善されているが,それでも完全ではない).

Analog Discovery 2では,毎秒最高1000波形です.

時間軸設定の歯車をクリックすると,Updateの選択ができます(図8).最速の1 ms(1秒間に1000回取り込み)を選びます.これは,テレビのフレーム・レートからすると速く思えるかもしれませんが,1 msごとにμsオーダの時間窓だけを見ているにすぎません.

たまにしか発生しない異常信号を見つけることは,

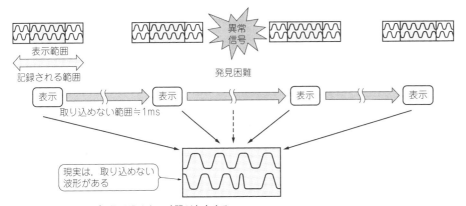

図7 オシロスコープは取り込めない時間が存在する
オシロスコープで繰り返し波形を表示する場合,「波形取り込み」-「波形処理」-「表示」を繰り返しているため,「波形処理」の間の波形は取り込めない

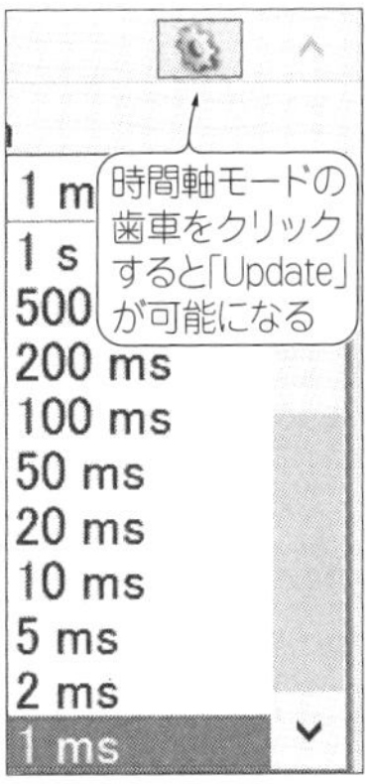

図8 波形の更新レート(Update)の設定

図9 [View]から[Persistence]を選択
重ね描きができる

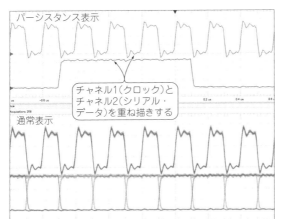

図10 波形を重ね合わせるパーシスタンス表示
通常表示(下)ではCH2のデータは常に動いて表示されるが,パーシスタンス表示(上)ではすべてが表現される

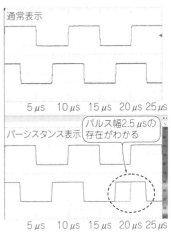

図11 幅の短いパルスが見つかった
パーシスタンス表示では,頻度の低い信号の存在がわかった

たやすくありません.

● 重ね合わせ表示で稀な信号を捕まえる

取り込んだ波形を重ね描きし,頻度に合わせてカラー表示できる機能(パーシスタンス表示)があります.パーシスタンス表示を行うには[View]をクリックして[Persistence]を選択します(図9).

Viewメニューからは,取り込んだ波形データをさまざまな形で表示できます.[Persistence]を選択すると重ね描きされます.

パーシスタンス表示が威力を発揮するのがデータ・ラインの確認,アイ・パターンです(図10). "H", "L", "L"→"H", "H"→"L"のすべての変化分を重ね描きします.このときは受信デバイスで再生したクロックをトリガに使うことがポイントです.

このパーシスタンス表示は,異常動作原因の解析にも威力を発揮します.

● 記録長を短くする

通常の記録長は8K,最高のサンプリング・レート100 MHzで取り込んだ場合の記録時間は80 μsです.このため8 μs/divより短い時間軸設定では,一部を拡大して表示することになります.

これでは,異常波形が取り込まれていても,表示エリア外になる可能性があります.それは記録長を短くすれば解決できます.

図11上は普通の表示です.メモリ長はDefault(8 K)から1024に減らし,データの更新レートも最速の1 msにしてみました.目視観測では特に異常信号は見られませんでした.

図11下はパーシスタンス表示です.重ね描きをすることで,異常動作の痕跡を見つけられます.チャネル2に幅の狭いパルスが紛れ混んでいます.

③条件を絞り込んで狙った波形を捕まえる
～パルス幅でトリガをかける～

Analog Discovery 2にはパルス幅でトリガをかける機能が当然のように搭載されています.

怪しい信号のパルス幅は約2.5μsです.チャネル2に3μs以下のパルス幅でトリガをかけてみました.

[Trigger]メニューから[Type]をクリックすると,パルス幅トリガ[Pulse]が選べます(図12).

● パルスの3要素を定義するだけ

設定はとても簡単です.

- ＋/－どちらのパルスを検出するのか？
- パルス幅を決めるしきい値は？
- 設定パルス幅より広いか狭いか？

これだけです.

これで2.6μsより幅の狭い波形がくるたびに確実に捕捉できます(図13).

● Analog Discovery 2ではDefaultでノイズ表示ON

Analog Discovery 2ではDefaultで設定したサンプリング・レートにかかわらず,最高サンプリング・レートで取り込んだピーク成分を表示して,ノイズを確認しやすい表示モードになっています(図14).

逆にロジック信号などでは,波形形状が見にくいこともあります.その場合は,時間軸メニューの歯車をクリックして[Noise]のチェックを外します(図15).

時間軸メニューは,Analog Discovery 2を使いこなすうえで重要です.

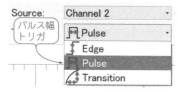

図12 より複雑なトリガを設定できるメニュー

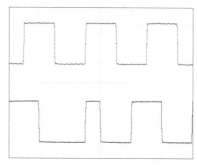

図13 パルス幅トリガで特定信号のみ捕捉
頻度の低い信号だけを取り込むことができる

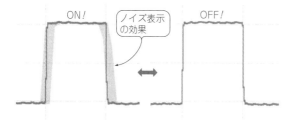

(a)ノイズを表示した例　(b)ノイズを外した例

図14 ノイズ表示のON/OFF機能

図15 ノイズ表示のON/OFF

④1回だけ有効な仕掛けで狙った波形を捕える
～シングル・トリガ・モードを使う～

● 1回だけ信号を取り込む

[Run]の隣に[Single]ボタンがあります(図16).[Run]は波形取り込みを連続的に行いますが,[Single]はトリガがかかるのを待ち受けます.

トリガがかかると1回だけ波形を取り込み,再び[Single]をクリックするまで何もしません.パルス幅3μs以下の信号を検出して,1回だけ取り込みます.

● トリガを使いこなすにはノーマル・トリガも使う

Tigger Modeのメニューでは[Auto]の他に[Normal]があります(図17).

- Normal…トリガが検出されたときだけ波形を取り込む
- Auto…トリガ検出されない時間がある程度経過すると,勝手に波形を取り込む

クロック信号などの単純な信号の場合は,次から次へとトリガが検出されるためオート・トリガで問題ありません.トリガの発生頻度が低い場合は,オート・トリガでは動作が不安定になります(図18の上).

図16 1回取り込みの場合は[Single]ボタンをクリック

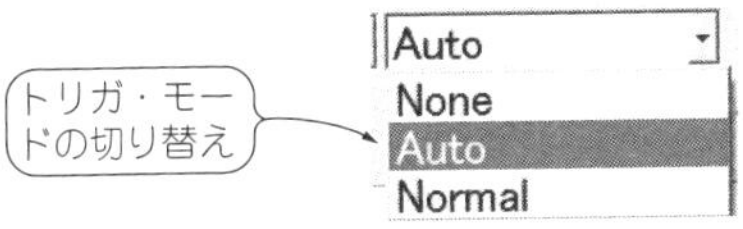

図17 トリガ・モードの切り替えメニュー

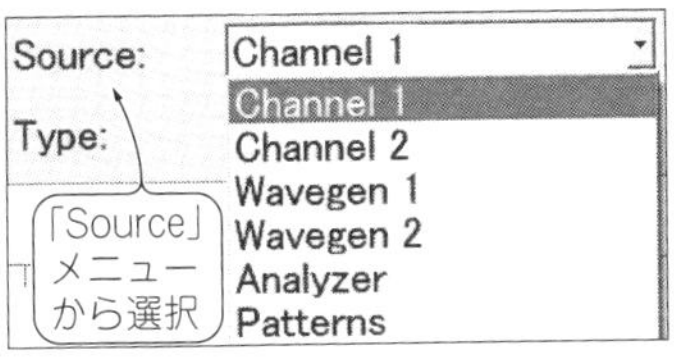

図19 どの信号をトリガに使うか選択するSourceメニュー

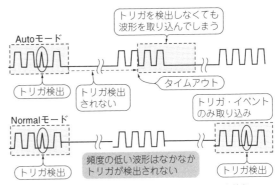

図18 発生頻度が低いトリガではノーマル・モードを使う
Autoモードでは一定時間待ってトリガ条件を満たさなくても，自動的に波形を取り込んでしまう

● どの信号をトリガに使うか選ぶ

Analog Discovery 2にはScope, Wavegen, Logic, Patternsなど多くの機能をもっていますが，それらをトリガとして使うこともできます．これはSourceメニュー(図19)から選ぶことができます．

Analog Discovery 2は，オシロスコープとしての入力チャネルは2つしかありませんが，Logic入力をトリガとして利用すれば，最高16ビットのパターンでトリガをかけることもできます．

⑤過去の100波形にさかのぼって見る
～Buffer機能の連写モードで取り込む～

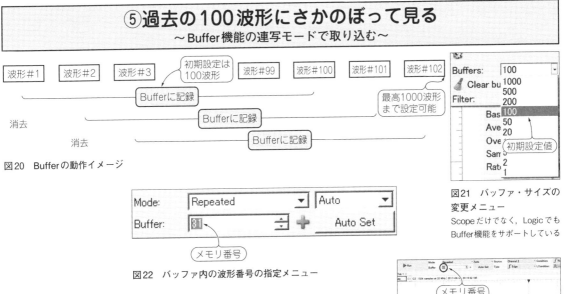

図20 Bufferの動作イメージ

図21 バッファ・サイズの変更メニュー
ScopeだけでなくLogicでもBuffer機能をサポートしている

図22 バッファ内の波形番号の指定メニュー

「Buffer」機能は常に動作しており，取り込んだ波形を次々と記録し続けます．設定の波形数を超えると最初のデータから消えていき，常に最新の波形を記録し続けます(図20)．波形数は初期設定で100波形です．

ここ！という瞬間で[Stop]をクリックすれば，過去100波形までさかのぼって表示させることができます．右上の歯車メニューをクリックすると，バッファ・サイズは最高1000まで設定可能です(図21)．

怪しい信号を見つけたときに，過去にさかのぼって確認できるので，デバッグ作業で役に立ちそうです．

図23 バッファから読み出した波形
過去にさかのぼって波形を確認することができる

● Bufferを使ってみる

「繰り返し取り込み」で波形を目視確認，異常波形を目視確認できるや否や，[Stop]をクリックして取り込みを中止します．

Bufferメニューのアップ(▲)/ダウン(▼)をクリックすると，バッファにある波形を次々と呼び出すことができます(図22)．Bufferの番号をインクリメントしていくと，お目当ての波形が見つかりました(図23)．

Bufferを使うと，過去にさかのぼって波形を確認することができます．61番目のメモリに幅の狭いパルスがみつかりました．トリガ設定が困難な場合には大変有効な機能です．

⑥電圧振幅や周期を値で見る
～自動波形パラメータ演算機能を使う～

市販のオシロスコープを凌駕する機能が，自動波形パラメータ演算機能です．Viewメニューから[Measurements]を選択します(図24)．

波形の振幅，Base値，Top値，オフセット値，周波数(周期)，パルス幅，立ち上がり/立ち下がり時間などを数値で定義すると，波形形状を客観的に示すことができます．

画面右側に詳細な設定メニューが現れるので，[Add]をクリックすると，さらに計測したいチャネルとパラメータを選択することができます(図25)．

ここではチャネル1とチャネル2の[Amplitude]を選択します．

● バラツキもわかるHistgram

Viewメニューから[Histgram]を選ぶと，図26の表示になります．右上にはHigh/Low電圧の現在の計測結果に加えて，今までの平均値，最大値，最小値が表示されます．それに加えてヒストグラムを作成すると，直感的にばらつきがわかります．

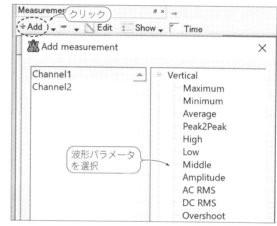

図25　選択できる波形パラメータ

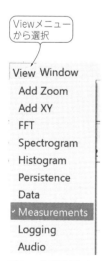

図24　自動波形パラメータ演算を追加

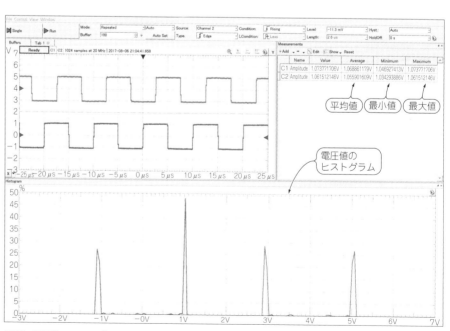

図26　電圧値のヒストグラムと"H"/"L"電圧の自動測定結果

⑦ I²CやSPIインターフェースのデータ・パターンを解析する
～シリアル・バスのトリガ&デコード機能を使う～

動作解析ではハードウェア部分だけでなく，ソフトウェア面での解析も同じく重要です．

例えばI²C，データ列であるSDAをオシロスコープで取り込んで，目視で0，1パターンをメモ，頭でデコードすることはできますが，とても非効率です．目的とする特定のアドレスで取り込むことは大変です．

Analog Discovery 2のロジック入力を使うと，I²CやSPI，UARTといったシリアル・バスでトリガをかけて取り込み，さらにデコードしてバス情報を表示できます．

図27の上側はオシロスコープで観測したI²CのSCKとSDAです．これを読み取るのは大変です．

● I²Cのアドレスとデータで表示してみる

Logic機能の[Click to Add channels]をクリックして，[I2C]を選択し設定します（図28）．

制御用のシリアル・バスは，I²C以外にもSPI，UARTなども選択できます．メーカ製のオシロスコープの場合，この機能だけで10万円は下りません．

図27の下側は，16チャネルあるロジック入力のうち2チャネルを使ってI²C解析に指定し，SCKとSDAを取り込み，トリガとしてアドレス「h4E」を待ち受けて取り込んだ例です．

ハイ/ロー・パターン表示された上側には，自動的にデコードされた結果も表示されます．

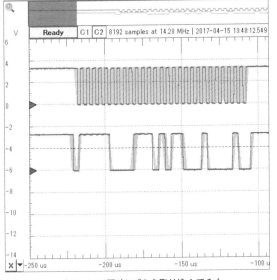

図27 ScopeとLogicで同時にI²Cを取り込んでみた

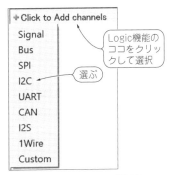

（a）インターフェースの種類を選択する

（b）パラメータの設定

図28 I²Cを認識するための設定メニュー

⑧ナイキスト周波数以上の信号の波形を観測
～等価時間サンプル機能を使う～

Analog Discovery 2の周波数帯域は30 MHzなので，サンプリング・レート100 Mspsは十分とはいえません．見かけ上のサンプリング・レートを上げる方法があります．

繰り返し信号のトリガがかかったポイントを基準にして，サンプル・ポイントをずらしながら複数回取り込みます．これを合成することで，見かけ上のサンプリング・レートを上げることができます．

図29は，速いエッジのパルスを100 Mspsでサンプリングした例です．100 Mspsでのサンプル間隔は10 nsですが，2.5 nsごとにずらしながら4回繰り返して取り込むと，400 Mspsで取り込めます．この方法を「等価時間サンプル」といいます．時間軸メニューには，これを有効にする「Overs」があります（図30）．

結果，図31のようにスムーズな波形が得られます．確実に同じ波形が来るのであればお薦めの手法です．

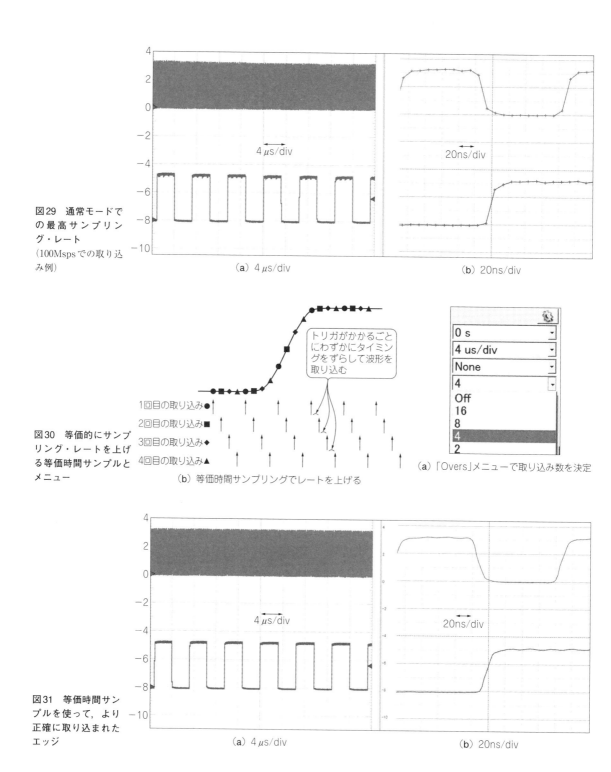

図29 通常モードでの最高サンプリング・レート
(100Mspsでの取り込み例)
(a) 4μs/div
(b) 20ns/div

図30 等価的にサンプリング・レートを上げる等価時間サンプルとメニュー
(b) 等価時間サンプリングでレートを上げる
(a) 「Overs」メニューで取り込み数を決定

図31 等価時間サンプルを使って，より正確に取り込まれたエッジ
(a) 4μs/div
(b) 20ns/div

⑨信号の細部まで観測する
~ズーム拡大機能を使う~

オシロスコープで波形を詳しく観測するときに使う機能がズームです．市販のオシロスコープならズームできる場所は1ヵ所か2ヵ所ですが，Analog Discovery 2 & WaveFormsなら何ヵ所でも自由自在に使えます．

● ズーム表示はView Windowから

波形画面左上の［View Window］をクリックし，[Add Zoom]を選びます（**図32**）．波形画面でポインタを左右に動かしてズームしたい箇所を選びます．ホイールを回すと拡大します．

Viewメニューは取り込んだ波形を解析処理する機能が満載です．市販のオシロスコープのもつ機能のほとんどをもっています．

パルス列の最初の部分を拡大してみました（**図33**）．どんどん拡大していくと波形は折れ線になり，実際のサンプル点が表示されます．この例ではAnalog Discovery 2の最高サンプリング・レート100 Msps（10 ns分解能）で取り込みました．拡大した波形からサンプリング・レートの過不足が読み取れます．

● マルチ・ズームも簡単

［Add Zoom］でパルス列の最後を拡大したのが**図34**です．画面の大きさや配置位置が自由自在です．

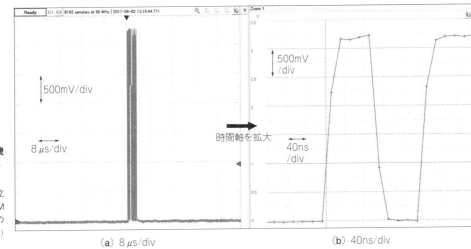

図33 ズーム表示機能でサンプリング・レート不足が発覚
約20nsのスピードで立ち上がっている．100Msps（10ns分解能）の倍の200Msps（5ns分解能）はほしいところ

(a) 8 μs/div　　(b) 40ns/div

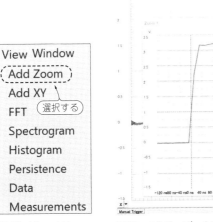

図32 ViewメニューからAdd Zoomを選ぶ

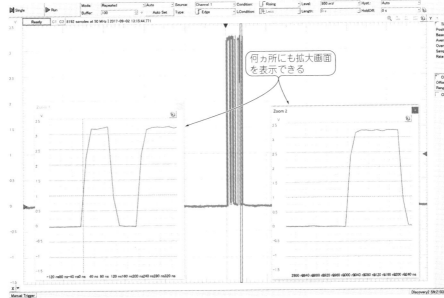

図34 マルチ・ズーム表示
画面の大きさや配置位置が自由自在

⑩ノイズを減らして信号だけを取り出す
～アベレージ機能を使う～

　信号は，本来の信号成分にノイズが加わったものです．ノイズには外部から飛び込んだ商用電源に起因するようなものと，熱雑音に起因するランダムなものに分けられます．

　ランダム・ノイズは，何回も取り込んで加算平均を行って減らすことができます．1回でもトリガをミスすると異なる信号を加算平均することになり，正しい結果を得ることはできません．

● アベレージをかけるには確実なトリガが必須

　アベレージはSN比の向上に効果的ですが，確実に毎回同じトリガがかかることが前提です（図35）．

　アベレージは回数が多いほど効果がありますが，時間がかかります．回数設定は時間軸のメニューにあります（図36）．

　アベレージ回数は最高1000回まで設定できます．

　アベレージによるSN比の向上は原理的に，

　10回：10 dB
　100回：20 dB
　1000回：30 dB

になります．

　信号は信号成分とノイズが合わさったものです．もしもノイズがランダム性（熱雑音など）であればアベレージは雑音低減に効果があります．

　図37は通常の取り込み波形です．上下部にノイズが見えます．下部のノイズはランダム・ノイズのようです．きれいに低減しています．

　図38のアベレージ結果を見ると，下部のノイズは大きく低下しています．上部のノイズは信号と同期している周期性のノイズと思われます．

▶図35　アベレージの効果
ランダム・ノイズなら複数回取り込んで平均をとるとノイズ成分だけを減らせる

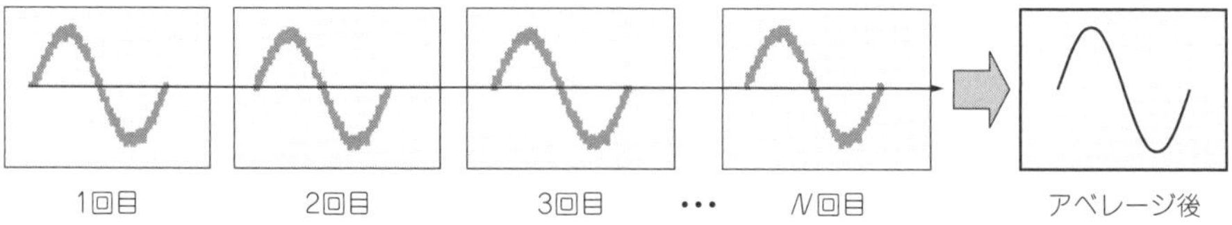

1回目

2回目　3回目　…　N回目　　アベレージ後

図36　アベレージ回数選択メニュー

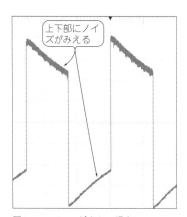

図37　アベレージなしの場合

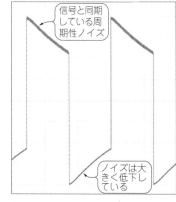

図38　100回のアベレージを行った場合

⑪レベルの低い信号を高い分解能で測る
～オシロの64倍！ 14ビット分解能を生かす～

　Analog Discovery 2のA-D変換器の分解能は14ビットです．この分解能をフルに使えるのは，電圧感度が0.5 V/divのときです．

- 10～1 V/div…1/10の減衰器併用
- 0.5 V/div…フル14ビットで取り込み
- 0.2 V～1 mV/div…フル14ビットで取り込み後に拡大

　図39は，0.5 V/div（10：1プローブ使用で5 V/div）で取り込んだ約2.5 V_{p-p}の信号です．拡大しても画面表示はこの程度の分解能ですが，実は14ビットと高い分解能で取り込まれています．

● さすが14ビットの高分解能！ 電圧感度を上げても波形がきれい

　図40は取り込んだ後（取り込み中でも同様）に電圧感度を50 mV/divに100倍拡大した例です．

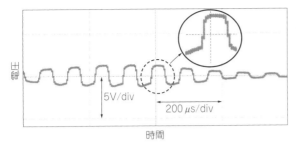

図39 14ビットのダイナミック・レンジで取り込んだ信号

市販のオシロスコープは8ビット分解能なので，電圧1目盛り当たり25程度の分解能しか得られません．そのため，A-D変換器の前に減衰器と増幅器を組み合わせてA-D変換器の入力レンジに合うようにコントロールをしています．

Analog Discovery 2の14ビット分解能はさすがです．拡大しても市販のオシロスコープと同程度の分解能が得られます．Analog Discovery 2を組み込み機器のインターフェースとして利用する場合は，14ビットの能力をフルに活かすためにアンプを併用してください．

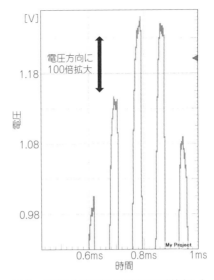

図40 取り込み後に電圧方向に100倍拡大した表示．細かい変化がよくわかる

⑫信号の周波数成分を解析する
～高速フーリエ解析機能を使う～

オシロスコープなどの波形計測は時間とともに変化するレベルの瞬時値の変化を記録していきます．フーリエ級数で明らかなように，繰り返し信号は直流成分，sin, cosの級数の和になりますから，周波数軸で解析することで信号の周波数成分がわかります（図41）．

Spectrum機能ではチャネル1, 2に入力された信号のFFT（高速フーリエ変換）を行います．横軸が周波数になり，Start周波数はDCから，Stop周波数は10 MHzまで設定できます．

● 縦軸はdBV（$1\,V_{RMS} = 0\,dBV$）表示

図42はWavegenで出力した周波数1 kHz，振幅

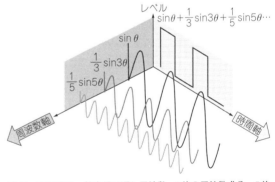

図41 方形波は，基本繰り返し周波数，3倍の周波数成分，5倍の周波数成分…に分解できる

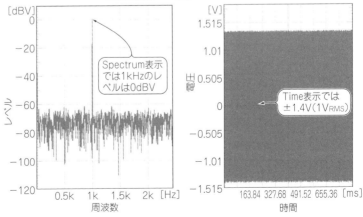

図42 Wavegenで出力した周波数1 kHz，振幅$1\,V_{RMS}$の正弦波の波形表示

$1\,V_{RMS}$の正弦波を計測した例です．

図43は振幅は変わらず1 kHzの矩形波で試した例です．矩形波は立ち上がり/立ち下がり部分に高次高調波成分をもちます．

DCから100 kHzまでのスペクトラムを表示してみました．高い周波数までのスペクトラムが確認できます．

● 注意すべきは周波数の分解能（Resolution）

FFTの周波数分解能は設定で大きく変わります（図44）．表示範囲がDC〜100 kHzでは周波数分解能は24.4141 Hzが得られますが，DC〜1 MHzでは244.141 Hzと10倍悪化します．

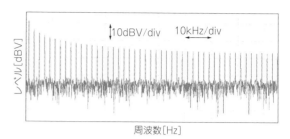

図43 矩形波のスペクトラム解析結果

（a）表示範囲DC〜100 kHz

（b）表示範囲DC〜1 MHz

図44 周波数分解能は設定で大きく変わる

⑬ テスト用の連続ロジック信号を出力する
〜Patterns機能を使う〜

Analog Discovery 2の16チャネルのロジックI/OからDIO 0〜3を出力チャネルに，DIO 8〜11を入力チャネルに設定し，4ビットのBinary Counterで試します．

● Patterns機能を選びデータ・パターンを出力する

左上の［＋］をクリックし，出力パターンとしてBusを選択します（図45）．開いたウィンドウでシフトキーを押しながらDIO 0〜3を選択し，［＋］をクリック，［Add］で決定します（図46）．図47に示すBusの［Type］からBinary Counterを選択すると，4ビットのBinary Counterのデータが生成できます（図48）．

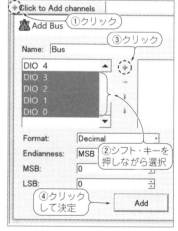

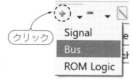

▶図45 出力パターンとしてバスを選択する

図46 さらにパラレル・バスを選択

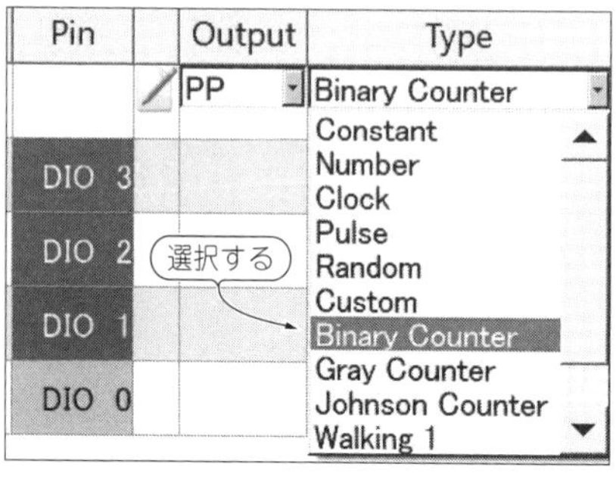

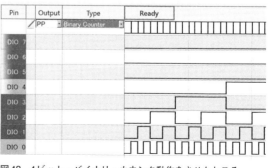

図47 バイナリ・カウンタの選択

図48 4ビット・バイナリ・カウンタ動作をさせたところ

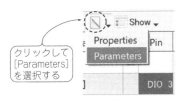

図49 データ・レート設定メニューを開く準備

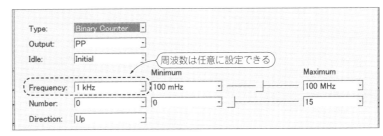

図50 データ・レート設定メニュー

● 周波数を決定する

図49に，データ・レート設定メニューを開く画面を示します．

データ・レートは最高100 MHzまで設定できます．クロック周波数でいうと半分になります．左上のアイコンをクリックし，[Parameters]を選択すると，データ・レート選択メニューが開きます．図50がデータ・レート設定メニューです．Frequencyを任意に設定します．あとは[Start]をクリックするだけで信号が出力されます．

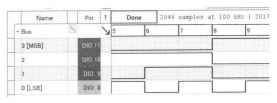

図51 Logic機能で取り込んだバイナリ・カウンタの信号

● Logic機能で取り込んでみる

Logic機能における操作はParametersとほぼ同じです．DIO 8～11をBus設定し，Protocolタブから「15」をトリガとして取り込みました(図51)．

⑭出力抵抗から雑音まで！アナログ信号源のエミュレーション
～Wavegen機能を使う～

BNCアダプタ・ボードのタップから，出力インピーダンス50 Ωを選択します．これにより50 Ω同軸ケーブルでハイ・インピーダンス負荷に接続した際の反射を吸収できます．

Wavegen機能では，正弦波，パルス波などが用意されていますが，さらに正弦波にノイズを加えてみます．

● 3ステップで波形にノイズを加える

どんな信号を発生させるかをメニューから選択します．図52は，Wavegenの波形をカスタマイズするメニューです．

[Custom]を選択し，[New]をクリックすると波

▶図52 Wavegenの波形をカスタマイズするメニュー

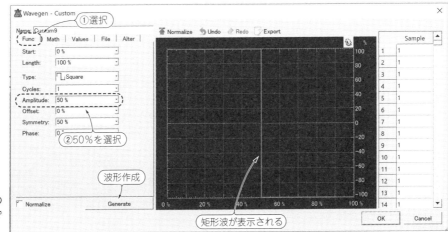

図53 Wavegen機能のCustom設定ダイアログで最初に矩形波を作る

⑭出力抵抗から雑音まで！アナログ信号源のエミュレーション 129

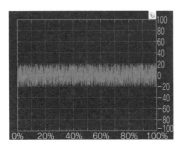
図54 ノイズ・データを作成

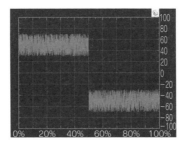
図55 矩形波にノイズが加わった

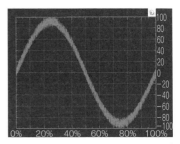
図56 演算式でノイズのある正弦波データを作成

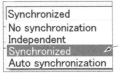
図57 2波形を同期して出力

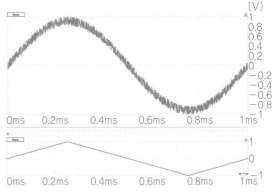
図58 [Synchronized]で2チャネルを同期させた

形作成画面になります．[Func(tion)]を選択しTypeはSquare，Amplitudeは50 %を選択，[Generate]をクリックして矩形波を作成します（図53）．

ノイズ・データを作るには[Alter]-[Alter with]を選択します．[Func]からTypeはNoise，Amplitudeは50 %を選択して[Generate]をクリックして作成します（図54）．最後に[OK]をクリックすると完成です．

図55のように矩形波に任意のランダム・ノイズを加えることができます．演算式でも波形は生成できます．図56は，既存の演算式を変更してノイズを大きくしてみたところです．2チャネルを同期させたいのでチャネル1メニューから[Synchronized]を選択します（図57）．図58はチャネル2で三角波を発生させたところです．

⑮正弦波やのこぎり波など任意の連続信号を出力する
～演算式で波形データを定義する～

さらに演算で波形データを作ってみます．Wavegenの波形作成モードからCustomを選びます．[New]をクリックして波形作成画面を起動します．[Math]のタブをクリックすると演算式が現れます．

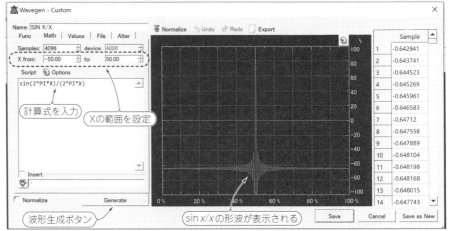
図59 sin x/xのデータ作成画面

図60 出力パラメータの設定画面

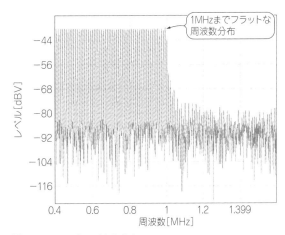

図61 sin x/xのスペクトラム

● 演算式で波形データを自動演算

sin x/xを作ります．図59の左側のように，

- xの範囲　−50～+50
- 演算式は　$\sin(2\times\pi\times x)/(2\times\pi\times x)$

とします．これで100周期の正弦波が含まれます．

[Generate]をクリックすると，波形データが生成できます．[Save]または[Save as New]をクリックすると，Wavegenのメイン画面に波形のイメージがアイコンで登録されます．作成した波形ファイルは次々と左側に登録できます．ワン・クリックで使用する波形の選択，ダブル・クリックで編集画面になります．

図60に出力パラメータの設定画面を示します．10 kHzに設定すると，周期100 μsに正弦波が100周期，つまり1 MHzのsin x/x波形が出力されます．

● sin x/xはどんな波形？

図61に，Spectrum機能で取り込んだsin x/xのスペクトラムを示します．直流から1 MHzまでフラットな周波数分布になっています．

⑯音楽や声などややこしい波形の信号を出力する
～Excelで作ったデータをインポート～

Wavegen機能は，D-A変換による波形生成なので，オーディオ・プレーヤが音楽ファイルを再生するように，パソコン等で作成された波形も扱うことができます．

新規の波形作成で[Import]をクリックすると外部CSVファイルを読み込むことができます（図62）．

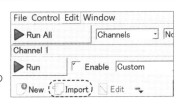

図62 波形データのインポート

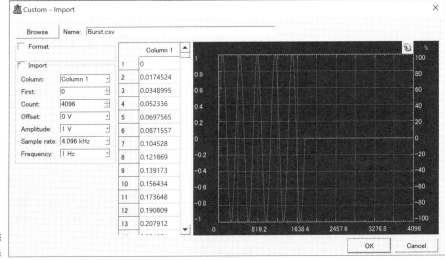

図63 Excelで作った波形データをインポートした結果

● 波形メモリ長に合わせてデータをPCで作る

イニシャルではWavegenの波形長は各チャネル，4Kです．4096行の値の範囲が−1〜＋1の波形データを作成し，CSVファイルからインポートできます．

図63はExcelで作成したバースト信号のデータをインポートした例です．インポートされたデータとともに波形も表示されています．

● 実際の振幅・周波数はメニューで設定

希望する電圧，周波数条件を設定するだけで信号を発生することもできます．Scope機能で取り込んだ波形データをパソコン上で加工した後，Wavegen機能で再生することもできます．

理論上の波形をパソコンで作り，さらに限界ギリギリのノイズを加えたり，Wavegenで実行する際に振幅を下げたストレス状態を起こして，動作するかどうかを確かめたり，ハードウェア・シミュレーションを行えます．

⑰アンプやフィルタのゲイン＆位相の周波数特性を自動で測る
～ネットワーク・アナライザでゲイン，位相特性も一発～

Network機能は，Wavegen機能とScope機能を組み合わせたものです．入出力のゲイン，位相特性を10 MHzまでの任意の周波数範囲で自動的に計測できます．

Wavegenチャネル1で，測定したい周波数範囲（Start周波数とStop周波数）および測定サンプル数に基づいた正弦波が出力されます．同時にScopeのチャネル1でリファレンスとして取り込みます．アンプ出力はScope CH2に取り込まれ，ゲインと位相が解析されます．

図64のように，Wavegenの出力をTコネクタで分岐し，アンプの入力端子とScopeのCH₁に接続します．アンプの出力に8Ωの抵抗を接続し，CH₂に接続したプローブで出力電圧を取り込みます．

● 自作と市販，2つのアンプの特性差は？

自作の真空管アンプ（6GA4シングルアンプ）とメーカ製アンプの周波数特性を測ってみました．このときのプローブの感度設定を図65に，計測設定を図66に示します．

Wavegenの出力レベルは1 V_{RMS}，出力電圧は2.84 V_{RMS}（8Ω負荷で1W）になるようにアンプの

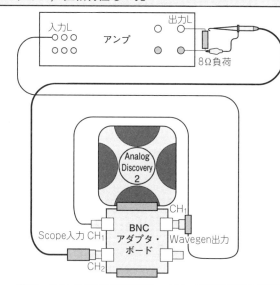

図64 ゲイン＆位相特性計測のセットアップ（測定可能な周波数範囲は最高1 Hz〜10 MHz）
ScopeのCH₁，CH₂でアンプの入出力レベルが比較できる

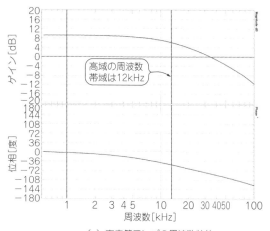

（a）真空管アンプの周波数特性

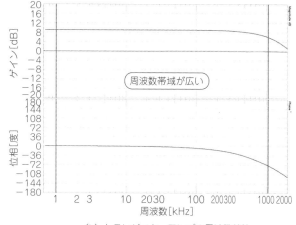

（b）トランジスタ・アンプの周波数特性

図67 真空管アンプと市販アンプのゲインと位相の周波数特性

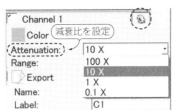

図65 プローブの感度設定

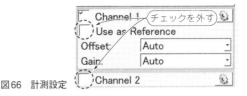

図66 計測設定

Volumeを調整します.

Spectrum機能では縦軸はdBV(1 Vが0 dBV)で実効値表示になります. ここでは2.84 V_{RMS}なので,

$$20 \log_{10} 2.84 = 9.06 \text{ dBV}$$

になります. 結果を図67に示します.

⑱アナログ・アンプの高調波ひずみ成分を解析する
〜Spectrum機能を使う〜

Wavegen機能で発生した正弦波(1 kHz)をアンプに入力し,Spectrum機能に高調波ひずみを解析します. 各高調波のレベルも検出されて一覧表で表示されます.

図68のようにWavegenの出力をアンプの入力端子に,ScopeのCH₁に接続したプローブで出力電圧を取り込みます.

図69が真空管アンプ1 W出力時のひずみ特性です. 3次高調波成分がほとんどで,ひずみ率は約0.7 %です. オーバーオールの負帰還はかけていないので,この程度でしょう.

図70にトランジスタ・アンプのひずみ特性を示します. このアンプもオーバーオールの負帰還はかけていません. ひずみは低くなっています.

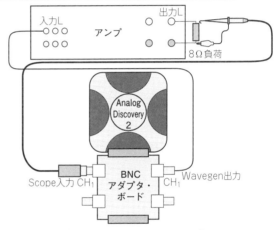

図68 アンプのひずみ特性計測のセットアップ
FFT機能で出力信号のひずみがわかる

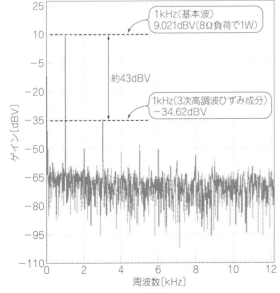

図69 真空管アンプの高調波ひずみを測ったところ

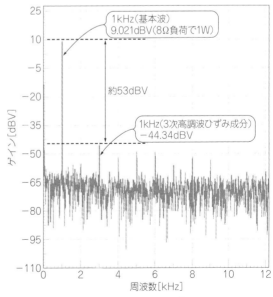

図70 トランジスタ・アンプの高調波ひずみを測ったところ

⑲インピーダンスの周波数特性を自動で測る
〜ネットワーク・アナライザ機能を使う〜

　Network機能は，2つの信号の振幅（実効値）と位相差を任意の周波数範囲と測定ポイント数で計測し，その比をプロットする機能です．

● 電流検出にはシャント抵抗を使用

　スピーカのインピーダンス特性を計測します．図71に計測のセットアップを示します．インピーダンスを求めるためには電流を検出する必要があります．クランプ式の電流プローブがあれば好都合ですが，直列に抵抗（0.22Ω）を挿入して電流を電圧として取り込みます．

　Scopeの両チャネルのグラウンドは共通です．そのため，チャネル1のプローブをスピーカ入力端子に直接接続はできません．スピーカのインピーダンスは8Ω以上なので，0.22Ωの影響は少ないと判断しました．

　図72にNetwork機能の設定画面を示します．計測する周波数範囲は20Hz〜50kHz，対象のスピーカはシングル・コーンのバックロード・ホーンです．インピーダンス特性は低域に複数のピークとディップが出る特徴があります．

● インピーダンス計算はPCで

　電圧／電流変換があるので，計測したデータをCSVファイルでExcelに受け渡して周波数-インピーダンス特性をプロットしました（図73）．

　スピーカ・ユニットのインピーダンスは8Ω＠1kHzとなっていましたが，そのとおりの結果です．20〜200Hzにはバックロード特有のインピーダンスの山谷がはっきりわかります．数kHz以上はボイスコイルのインダクタンスの影響が見られます．

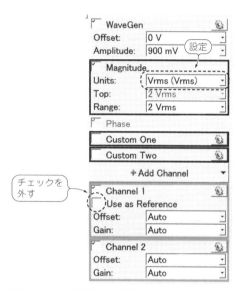

図72　2つの信号間の位相と振幅の比を測る機能「Network」の設定メニュー

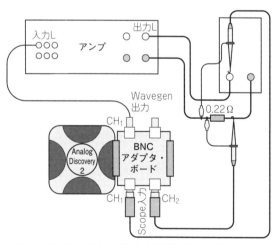

図71　スピーカのインピーダンス-周波数特性の計測セットアップ
Wavegenの出力周波数をスイープし，スピーカのインピーダンス特性がわかる

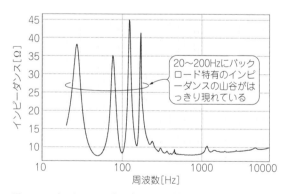

図73　スピーカのインピーダンス-周波数特性の計測結果

⑳基準電位を気にすることなく2点の電位差を安心測定

～2本のプローブを使って差動測定～

一般に，オシロスコープの入力は絶縁されていないので，**図74**(a)に示すように，ターゲットのグラウンド以外の点にプローブのグラウンドをつなぐと，大地を介した電流ショート経路ができます．インピーダンスZが小さいと，大電流が流れて測定器も焼損してしまいます．

基準電位がグラウンドではない2点間の電位差を測りたいときは，グラウンド・リードをどこにもつながないまま，2本のプローブを接続して測ります［**図74**(b)］．この測定方法を疑似差動測定と呼びます．差動の入力信号レベルが十分大きければ，一般的なディジタル・オシロスコープの分解能(8ビット)でも，高精度な波形観測が可能です．

(a) ショートを起こす接続

(b) ショートを起こさない接続

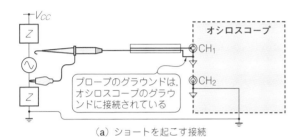

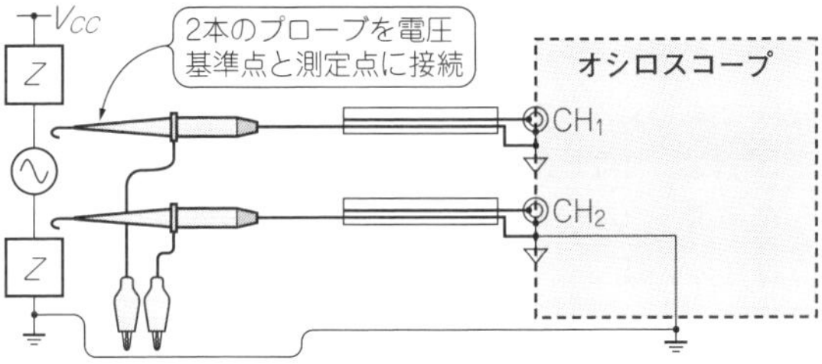

図74　通常，オシロスコープの入力は絶縁されていないので，ターゲットのグラウンド以外を基準にして電圧を測定する場合は，2本のプローブを使う．このときグラウンドはどちらも接続しない

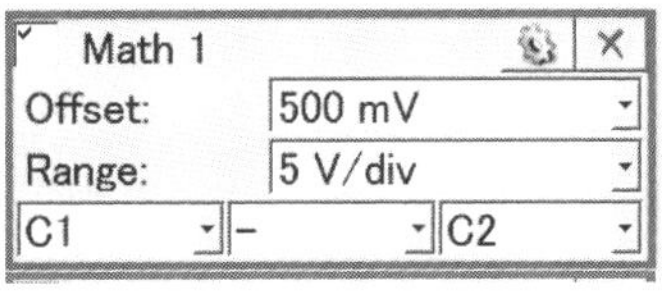

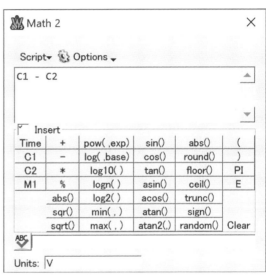

図75　チャネル引き算の設定メニュー①

図76　チャネル引き算の設定メニュー②

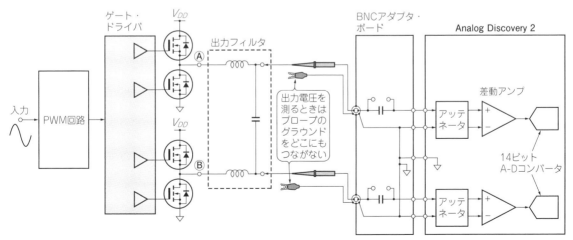

図77　BTLアンプの出力を測るときの接続
プローブ・グラウンドを出力信号には接続できない

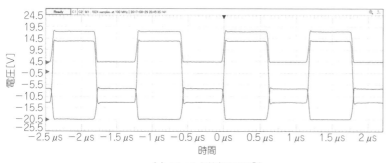

(a) フィルタ前（図77の④）

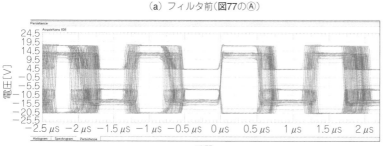

(b) フィルタ前（図77の⑤）

(c) フィルタ後のアナログ出力信号

図78 スイッチング・アンプの出力フィルタ前後の信号を観測

　Analog Discovery 2は入力が差動になっているので，このような操作をしても異常接続となることはありません．任意の2点間の電位を安心して測ることができます．また，分解能も14ビットと高いので，信号レベルが低くても高精度な測定が可能です．

　演算式の設定は，四則演算であれば画面右側のメニューで設定できます（図75）．定義メニューを使うと複雑な演算式も定義できます（図76）．

　図77は，BTL接続されたディジタル・アンプの出力を計測する接続例です．図78にはスイッチング出力波形とLPF出力波形を示します．

（初出：「トランジスタ技術」2018年2月号）

トランジスタ技術 **SPECIAL** No.145 特別増ページ

これ1台で何でも！新人教育やIoT電子回路の設計・開発に
全部入りUSB測定器
超ハイ・コスト パフォーマンス

Analog Discovery 2
和訳マニュアル

[訳]上野 泰弘
[監修]細田 梨恵
[協力]Digilent

第1部
Analog Discovery 2
リファレンス・マニュアル

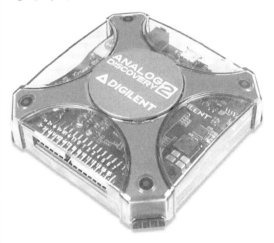

第2部
WaveForms 2015
リファレンス・マニュアル

※本記事は、「Analog Discovery 2 Reference Manual」（2015年9月14日改定版、Analog Discovery 2 rev.Cに対応）と「WaveForms 2015 Reference Manual」（2017年2月23日改訂版、WaveForms 2015に対応）を翻訳したものです。2018年11月現在、WaveForms 2015は「WaveForms」と改称されています。

第1部 Analog Discovery 2リファレンス・マニュアル

■ CONTENTS ■

イントロダクション ……………………………………………………………… **139**
    1. Analog Discovery の概要 …………………………………………………… 139
    2. アーキテクチャとブロック図 ……………………………………………… 140

第 1 章 オシロスコープ ……………………………………………………… **142**
    1. オシロスコープの入力分圧器とゲイン選択部 …………………………… 142
    2. オシロスコープのバッファ回路 …………………………………………… 143
    3. オシロスコープ用の基準電圧とオフセット電圧 ………………………… 144
    4. オシロスコープ用ドライバ回路 …………………………………………… 145
    5. クロック生成回路 …………………………………………………………… 147
    6. オシロスコープ用 A-D コンバータ ……………………………………… 147
        6.1 アナログ回路部分
        6.2 ディジタル回路部分
    7. オシロスコープ信号のスケーリング ……………………………………… 149
    8. オシロスコープの周波数特性 ……………………………………………… 152

第 2 章 任意波形発生器（AWG） ……………………………………… **153**
    1. AWG 用 D-A コンバータ …………………………………………………… 153
    2. AWG の基準電圧とオフセット電圧 ……………………………………… 153
    3. AWG の I/V コンバータ部 ………………………………………………… 155
    4. AWG の出力段 ……………………………………………………………… 156
    5. オーディオ部 ………………………………………………………………… 157
    6. AWG の周波数特性 ………………………………………………………… 157

第 3 章 キャリブレーション・メモリ, ディジタル I/O, USB コントローラ, FPGA … **159**
    1. キャリブレーション・メモリ ……………………………………………… 159
    2. ディジタル I/O ……………………………………………………………… 159
    3. USB コントローラ …………………………………………………………… 159
    4. FPGA ………………………………………………………………………… 160

第 4 章 電源とその制御 ………………………………………………………… **161**
    1. USB 電源制御 ………………………………………………………………… 161
    2. アナログ回路用電源制御 …………………………………………………… 164
    3. ユーザ用電源制御 …………………………………………………………… 164
    4. ユーザ用電源 ………………………………………………………………… 165
    5. 内部回路用電源 ……………………………………………………………… 166
        5.1 アナログ回路用電源
        5.2 ディジタル回路用電源
    6. 温度設定 ……………………………………………………………………… 170

第 5 章 Analog Discovery の特長と性能 ……………………………… **170**
    1. アナログ入力（オシロスコープ） ………………………………………… 170
    2. アナログ出力（任意波形発生器） ………………………………………… 171
    3. ロジック・アナライザ ……………………………………………………… 171
    4. ディジタル・パターン発生器 ……………………………………………… 171
    5. ディジタル I/O ……………………………………………………………… 171
    6. 電源 …………………………………………………………………………… 171
    7. ネットワーク・アナライザ ………………………………………………… 171
    8. 電圧計 ………………………………………………………………………… 171
    9. スペクトラム・アナライザ ………………………………………………… 172
    10. その他の特長 ……………………………………………………………… 172

※本稿では，原文(Analog Discovery 2 Reference Manual)の「4 Calibration Memory」，「5 Digital I/O」，「7 USB Controller」，「8 FPGA」を第3章としてまとめています．

Analog Discovery 2 和訳マニュアル

イントロダクション

1. Analog Discovery 2の概要

　Digilent社製のAnalog Discovery 2は，さまざまな種類のアナログ／ディジタル信号混在回路の測定およびデータの可視化，波形生成，記録，制御ができる多機能測定器であり，アナログ・デバイセズ社と共同で開発されました．

　Analog Discovery 2は低価格でポケットに入るほど小型でありながら，研究室で使用されている多くの計測機器に取って代われるほどパワフルです（**写真0-1**）．実験室の内外を問わずどのような環境であっても，アナログ回路もディジタル回路も自由に扱うことができます．

　アナログ入出力部は単純なワイヤ・プローブを使って被測定回路と接続でき，さらにAnalog Discovery BNCアダプタを使えばBNCプローブを接続することもできます．また，無償で提供される専用ソフトウェアWaveFormsを使用すれば，一般的な測定器に準じた以下のような動作が可能になります．

▶2チャネル・オシロスコープ
　1MΩ，±25V，差動入力，14ビット分解能，100Mサンプル／秒（BNCアダプタ使用時の周波数帯域は30Hz）

▶2チャネル任意波形発生器（AWG）
　±5V，14ビット分解能，100Mサンプル／秒（BNCアダプタ使用時の周波数帯域は20MHz）

▶ステレオ・オーディオ・アンプ
　AWG（任意波形発生器）からの信号で外部ヘッドホンまたはスピーカを駆動可能

▶16チャネル・パターン発生器
　3.3V CMOS，100Mサンプル／秒[1][2]

▶16チャネル仮想ディジタルI/O
　ボタンやスイッチ，LEDなどを接続することで論理回路の学習に好適[1][2]

▶16チャネル・ディジタル・ロジック・アナライザ
　3.3V CMOS，100Mサンプル／秒[1][2]

▶2入力／出力ディジタル・トリガ
　複数の機器とリンク可能．3.3V CMOS[2]

▶2出力プログラマブル電源
　0～+5V，0～-5V，最大出力電流・電力はAnalog Discovery 2の電源入力の選択に依存
- USB電源の場合は，各電源ごとに250mWまたは合計で500mWまで供給可能
- 商用電源の場合は，最大700mAまたは各電源ごとに2.1Wまで供給可能

▶1チャネル電圧計
　AC，DC，±25V

▶ネットワーク・アナライザ
　伝達特性のボード線図，ナイキスト線図，ニコルス線図による表示（1Hz～10MHzレンジ）

▶スペクトラム・アナライザ
　電力スペクトラム測定（ノイズ・フロア，SFDR，SNR，THDなど）

▶ディジタル・バス・アナライザ
　SPI，I²C，UART，パラレル

　Analog Discovery 2は，大学において電子回路や電子工学を学ぶ学生の皆さんのためにデザインされたものであると言えます．その特長と仕様はもちろんですが，USBや外部電源からの操作，小型で持ち運べる大きさ，さまざまな状況での学習者の使用に耐える堅牢性，低価格といった他の要求事項についても，何人もの大学教授からの助言を基にしています．それらのすべてを満たすことは容易ではありませんでしたが，最終的に斬新で革新的な回路が生み出されました．

　本書では，Analog Discovery 2の回路について，電気的な機能や動作，ハードウェアの特徴と制限の詳細

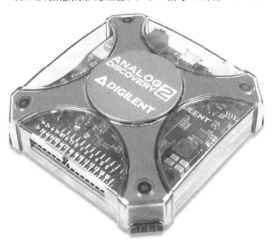

写真0-1　Analog Discovery 2の外観

---

(1) これらの16本のディジタル・ラインは，ロジック・アナライザ，パターン発生器，ディジタルI/O間で共有される．これらは常に入力で，さらにその一部は出力としても設定できる．出力がパターン発生器と競合する場合は，ディジタルI/Oが優先される．
(2) 入力の場合は，これらのラインは1.8V CMOS互換に設定される．

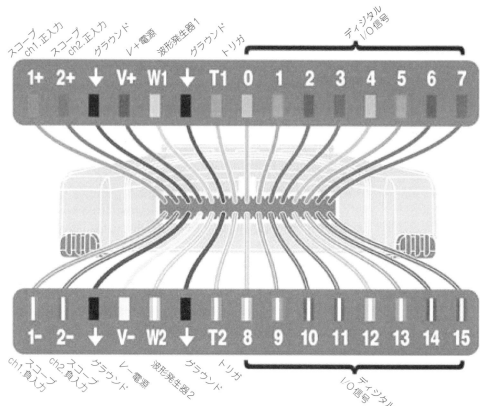

図0-1 Analog Discovery 2の端子配置図

を深く理解していただけるように解説しています．

なお，Analog Discovery 2は，すでに非常にポピュラーになっているAnalog Discoveryの後継製品です．主な改良点は次の通りです．

- 外部電源を使用可能にすることで，より大きな電力を供給できる．ただし，USBを電源とした場合はAnalog Discoveryと同等
- 改良された新しい筐体と信頼性を向上したコネクタを採用している
- オシロスコープと波形発生器のS/Nおよびクロストーク性能が向上している
- オシロスコープと波形発生器の周波数帯域が拡大している

図0-1に，Analog Discovery 2の端子配置を示します．

2. アーキテクチャとブロック図

Analog Discovery 2のブロック図を図0-2に示します．Analog Discovery 2の中核になるのは，ザイリンクス社の Spartan-6 FPGA（型名XC6SLX16-1L）です．

WaveFormsソフトウェアは，多くの測定機能を実装するコンフィギュレーション・ファイルを使用して，起動時にFPGAを自動的にプログラムします．いったんプログラムされると，Analog Discovery 2内部のFPGAはUSB2.0接続を介して，PC側のWaveFormsアプリケーションと通信します．WaveFormsソフトウェアはFPGAと連携して，パラメータの設定やデータの取得，データ通信と保存を含むAnalog Discovery 2のすべての機能ブロックをコントロールします．

なお，以降の説明図や回路図では，命名規則を設けてあります．アナログ入力ブロック（SCOPEとも呼ぶ）の信号名称には，オシロスコープ（SCOPE）・ブロックに関連する信号であることを示すために"SC"の文字を最初に付けるようにします．同様に，アナログ出力ブロック（AWGとも呼ぶ）の信号名称には"AWG"を付け，ディジタル・ブロックの信号名称には"D"を付けることにします．Analog Discovery 2とWaveFormsソフトウェアが提供する測定機能は，すべてこれら3つのブロックの回路を使用しています．

信号や数式にも同様に命名規則を使います．アナログ電圧信号名では"V"を最初に付けることにします．さらに，信号パス（IN，MUX，BUF，ADCなど）内での位置を指定したり，関連する測定機能ブロック（SC，AWGなど）やチャネル番号（1または2），信号の種類（P，N，または差動）などのように，語尾やインデックスにもさまざまな規則を用いています．

Analog Discovery 2 和訳マニュアル

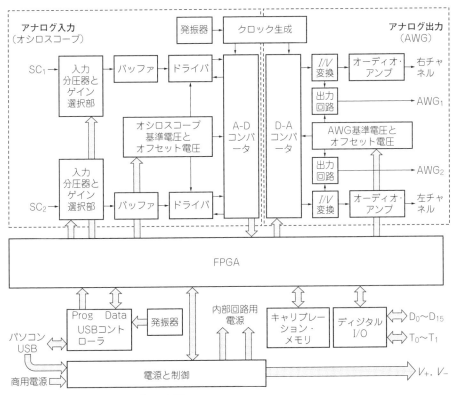

図0-2 Analog Discovery 2のブロック図

次に，図0-2の各ブロックについて説明します．

▶アナログ入力(オシロスコープ)ブロックの構成
- 入力分圧器とゲイン・コントロール：広帯域入力アダプタ／分圧器．FPGAによりハイ・ゲインまたはロー・ゲインが選択される
- バッファ：高入力インピーダンス・バッファ
- ドライバ：適切なレベルの信号をA-Dコンバータに供給し保護する．また，波形の垂直表示位置設定のためにオフセット電圧を付加する
- オシロスコープ基準電圧とオフセット電圧：基準電圧およびオフセット電圧を生成しバッファ増幅する
- ADC：2つのオシロスコープ・チャネル用A-Dコンバータ

▶任意出力(AWG；任意波形発生器)ブロックの構成
- DAC：2つのAWGチャネル用D-Aコンバータ
- I/V：電流-両極性電圧コンバータ
- 出力：出力部
- オーディオ：ヘッドホン用オーディオ・アンプ

▶高精度発振回路およびクロック生成回路
　高品質のクロック信号をA-DコンバータおよびD-Aコンバータに供給する．

▶ディジタルI/Oブロック
　ディジタル・パターン発生回路およびロジック・アナライザに割り当てられたFPGAのピンへの保護機能を含む接続を提供する．

▶電源と制御ブロック
　内部回路とユーザ用プログラマブル電源への電圧を生成する．さらに制御ブロックは，Analog Discovery 2がUSBから電源が供給されている場合に，消費電力がUSBの制限を超えないかをモニタする．Analog Discovery 2の電源が商用電源の場合は，制御ブロックからユーザ用電源へより大きな電力供給が可能となる．使用しない機能ブロックの電源は，FPGAの制御によりオフになる．

▶USBコントローラ
　起動時あるいは新たなコンフィグレーションが要求されたときに，FPGAの揮発性メモリをプログラミングするためのPCとのインターフェースとなり，PCとFPGA間のデータ通信を行う．

▶キャリブレーション・メモリ
　すべてのキャリブレーション・パラメータを保持する．オシロスコープ入力分圧器の"Probe Calibration"トリマを除いて，Analog Discovery 2はアナログ・キャリブレーション回路を持たない．その代わりに，キャリブレーションは工場出荷時またはユーザにより行われ，そのパラメータがメモリに格納される．WaveFormsソフトウェアは，これらのパラメータを使用して取得したデータと生成された信号の補正を行う．

以降の章では，同じ構成のブロックについては回路図の掲載は省略します．例えば，チャネル2の回路図はチャネル1と同じであるため，チャネル1のオシロスコープ入力分圧器およびゲイン・コントロール回路図のみを掲載します．

また，重要度の低いインデックスについても省略します．例として，第1章の式(4)では$V_{in\ diff}$はオシロスコープ関係であることが自明なので，機器インデックスまたはチャネル・インデックスは表記していません(チャネル1およびチャネル2の両方に適用されるため)．また，式(3)では信号の種類を示すインデックスを表記していません．これは，V_{mux}およびV_{in}は，P(正)，N(負)，または$V_{in\ diff}$値のいずれかを参照しているためです．

第1章 オシロスコープ

● 重要な注意事項

Analog Discovery 2の入力は，従来の安価なオシロスコープとは異なり完全な差動入力となっています．しかし，安定した同相モード電圧を供給するためには被試験回路をGNDに接続する必要があります．Analog Discovery 2のGNDリファレンスは，USB GNDに接続されています．PCの電源供給方式やその他のPCの外部接続(イーサネット，オーディオなどもGNDに接続されている可能性がある)によっては，Analog Discovery 2のGNDリファレンスは，GNDシステム全体に接続され，最終的に電源保護回路(大地アース)に接続されるかもしれません．

また，被試験回路がアースに接続されているか，あるいはフローティング状態である可能性もあります．安全上の理由から，電力供給や接地の仕組みを理解し，Analog Discovery 2と被試験回路間で共通のGND基準があるか，また同相モード電圧と差動電圧が式(1)で示した制限を超えていないかはユーザ自身が確認してください．

さらに，歪みのない測定をするには，同相モード電圧と差動電圧は図1-9および図1-10で示した回路の線形動作の範囲内に収める必要があります．オシロスコープのGNDをUSBグラウンドに接続できないアプリケーションの場合は，アナログ・デバイセズ社のCN-0160に記載されているようなUSB絶縁ソリューションを使用してください．

ただし，これはUSBのフルスピード(12 Mbps)動作に制限されるので，Analog Discovery 2の更新レート(サンプル・レートではなく，表示のリフレッシュ・レート)が影響を受けます．

1. オシロスコープの入力分圧器とゲイン選択部

図1-1に，オシロスコープの入力分圧器とゲイン選択部の回路を示します．2つの対称的なR-C分圧器には，以下のような働きがあります．

- オシロスコープ入力インピーダンス＝1MΩ//24pF
- ハイ・ゲイン，ロー・ゲイン用の2通りの減衰比(10：1)
- 静電容量値の決定(後段の寄生容量よりもはるかに大きい値を使っている)
- 広帯域におよぶ一定の減衰量と高い$CMRR$(トリマ調整)
- 過電圧保護(ADG612入力のESDダイオードによる)

オシロスコープの最大入力電圧定格は，$C_1 \sim C_{24}$のコンデンサにより次式のように制限されます．

$$-50\ V < V_{inP},\ V_{inN} < 50\ V \quad \cdots\cdots\cdots\cdots (1)$$

入力信号の最大振幅は，ADG621入力のESDダイオードの導通による信号歪を避けるために(ロー・ゲインおよびハイ・ゲイン双方で)以下のようになります．

$$-26\ V < V_{inP},\ V_{inN} < 26\ V \quad \cdots\cdots\cdots\cdots (2)$$

アナログ・スイッチ(ADG612)はFPGAにより制御され(EN_HG_SC1，EN_LG_SC1)，ハイ・ゲイン信号とロー・ゲイン信号を選択します．差動パスのP端子とN端子は，一緒に切り替わります．ADG612は次のような仕様を持ち，インピーダンスや帯域の性能が優れているため採用されています．

- 1 pCの電荷注入量
- ±2.7～±5.5 Vの両電源動作
- 漏れ電流は25℃で最大100 pA
- 85 Ωのオン抵抗
- レール・ツー・レール・スイッチング動作
- 標準消費電力：＜0.1 μW
- TTL/CMOS互換入力
- -3 dB帯域幅680 MHz
- CS，CDの端子容量各5 pF(ONまたはOFF)

Analog Discovery 2 和訳マニュアル

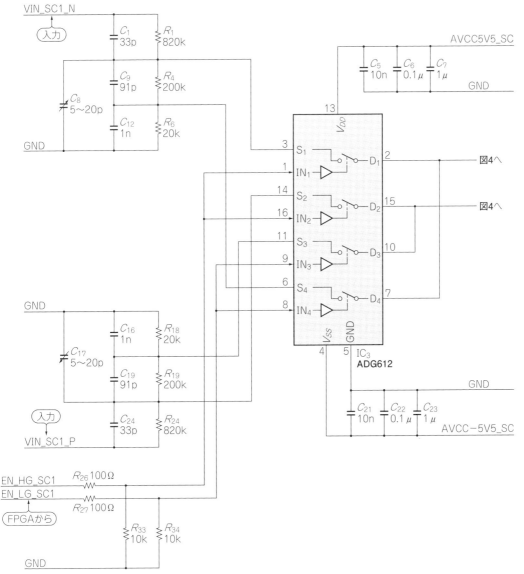

図1-1 入力分圧器およびゲイン選択部

ロー・ゲインは，次式で与えられます．

$$\frac{V_{mux}}{V_{in}} = \frac{R_6}{R_1 + R_4 + R_6} = 0.019 \cdots\cdots\cdots (3)$$

ロー・ゲイン使用時の入力電圧範囲は，次式で与えられます．

$$|V_{in\ diff}| = |V_{in\ P} - V_{in\ N}| < 50\,\text{V} \cdots\cdots (4)$$

ハイ・ゲインは，次式で与えられます．

$$\frac{V_{mux}}{V_{in}} = \frac{R_4 + R_6}{R_1 + R_4 + R_6} = 0.212 \cdots\cdots (5)$$

ハイ・ゲイン使用時の入力電圧範囲は次式で与えられます．

$$|V_{in\ diff}| = |V_{in\ P} - V_{in\ N}| < 7\,\text{V} \cdots\cdots\cdots (6)$$

2. オシロスコープのバッファ回路

非反転OPアンプ部は，入力分圧器に対して非常に高いインピーダンスの負荷となります(図1-2)．

AD8066は，低コストで優れた低歪仕様を持つ2回路構成のFET入力OPアンプです．主な仕様は次のとおりです．

- 入力バイアス電流：1 pA
- 高速：145 MHz，-3 dB帯域幅($G = +1$)
- スルー・レート：180 V/μs($G = +2$)

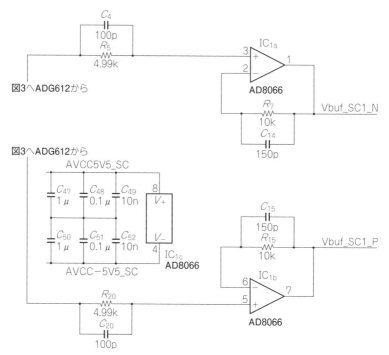

図1-2 オシロスコープのバッファ・アンプ

- 低ノイズ：$7\,nV/\sqrt{Hz}\,(f=10\,kHz)$，$0.6\,fA/\sqrt{Hz}\,(f=10\,kHz)$
- 供給電圧：$+5 \sim +24\,V$
- レール・ツー・レール出力
- 低オフセット電圧：最大$1.5\,mV$
- $SFDR$：$-88\,dBc$（$1\,MHz$あたり）
- 低消費電力：$6.4\,mA$（代表電流値）
- 省スペース：MSOP-8パッケージ

図1-2の回路図中に使用した抵抗とコンデンサは帯域を最大にする効果があり，ピーキング（ユニティ・ゲイン動作では顕著になりうる）を減らします．

AD8066には，±$5.5\,V$が供給されています．
入力電圧の最大振幅は，次式で与えられます．

$$-5.5\,V < V_{mux\,P},\ V_{mux\,N} < 2.2\,V \quad \cdots\cdots\cdots (7)$$

出力電圧の最大振幅は，次式で与えられます．

$$-5.38\,V < V_{buf\,P},\ V_{buf\,N} < 5.4\,V \quad \cdots\cdots (8)$$

ゲインは，次式で与えられます．

$$\text{ゲイン}:\frac{V_{buf}}{V_{mux}} = 1 \quad \cdots\cdots\cdots\cdots\cdots\cdots (9)$$

3. オシロスコープ用の基準電圧とオフセット電圧

図1-3は，オシロスコープの基準電圧源とオフセット電圧コントロール部の回路を示しています．

低ノイズの基準電圧源ICを使用して，オシロスコープ回路の各部に対する基準電圧を生成しています．基準電圧は，バッファを介してスケーリングされてバッファ段に供給されますが，クロストークが最小になるようにオシロスコープの各チャネルに独立して供給しています．

デュアル・チャネルD-Aコンバータが生成するオフセット電圧は，オシロスコープの波形表示の垂直位置を決めるために入力信号に加算されます．バッファは，電圧源の出力インピーダンスを下げるために使用しています．

使われているデバイスの仕様は，以下の通りです．
▶ ADR3412ARJZ（マイクロ・パワー高精度基準電圧源）
- 初期精度：±0.1%（最大）
- 低い温度係数：$8\,ppm/℃$
- 低い無信号時電流：$100\,\mu A$（最大）
- 出力ノイズ（$0.1 \sim 10\,Hz$）：$1.2\,V$出力に対して<$10\,\mu VP$-P以下（標準）

▶ AD5643（デュアル14ビット分解能D-Aコンバータ）
- ロー・パワー，極小サイズのデュアル・チャネル
- 電源電圧範囲：$2.7 \sim 5.5\,V$
- 最大$50\,MHz$のシリアル・インターフェース

▶ ADA4051-2（マイクロパワー，ゼロ・ドリフト，レール・ツー・レール入出力OPアンプ）
- 非常に低い消費電流：$13\,\mu A$（標準）
- 低いオフセット電圧：最大$15\,\mu V$

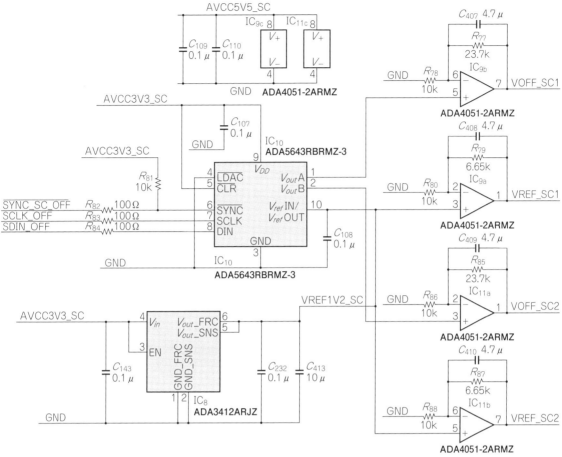

図1-3 オシロスコープ用の基準電圧源とオフセット電圧源

- オフセット電圧ドリフト：20 nV/℃
- 高いPSRR：最小110 dB
- レール・ツー・レール入出力
- 安定なユニティ・ゲイン動作

オシロスコープ回路用に生成される基準電圧は，次式で与えられます．

$$V_{ref\,SC} = V_{ref\,1V2} \times \left(1 + \frac{R_{79}}{R_{80}}\right) = 2\text{V} \cdots\cdots (10)$$

オシロスコープ回路用に生成されるオフセット電圧は，次式で与えられます．

$$0 \leq V_{off\,SC} = V_{out\,AD5643} \times \left(1 + \frac{R_{77}}{R_{78}}\right) < 4.044\text{ V} \cdots (11)$$

4. オシロスコープ用ドライバ回路

図1-4にオシロスコープのドライバ回路を示します．使用されているドライバICはADA4940で，次のような仕様です．

▶ADA4940（A-Dコンバータ・ドライバ）
- 小信号帯域幅：260 MHz
- 非常に低い高調波ひずみ：-122 dB THD（50 Hz時），-96 dB THD（1 MHz時）
- 低い入力電圧ノイズ：3.9 nV/$\sqrt{\text{Hz}}$
- 最大0.35 mVのオフセット電圧
- 0.1%のセトリング時間：34 ns
- レール・ツー・レール出力
- 調整可能な出力コモン・モード電圧
- 広範囲に対応する電源電圧：3〜7 V（LFCSP）
- 非常に低い消費電力：1.25 mA

図1-4の回路においてIC_2は，次のような働きをします．

- A-Dコンバータの差動入力の低出力インピーダンスによるドライブ
- A-Dコンバータ入力信号へのコモン・モード電圧の付加
- A-Dコンバータの入力信号へのオフセット電圧の付加（オシロスコープの波形の垂直表示位置の調整用）．$V_{ref\,SC1}$は，$V_{off\,SC1}$の可変範囲内の中点電位で一定値になっている．これにより，加えられるオフセット電圧は相対的に正または負極性になる

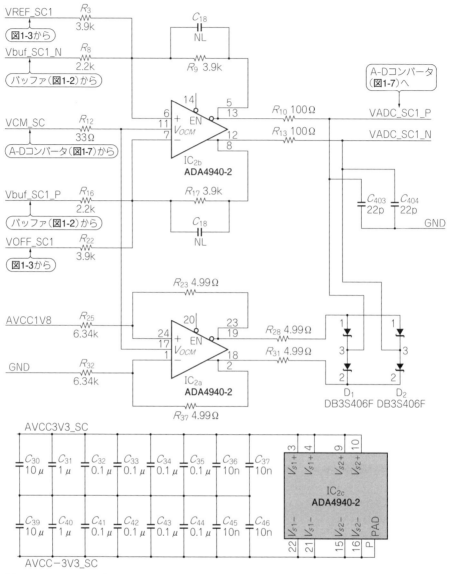

図1-4 オシロスコープ用ドライバ回路

- 出力信号のクランプによるA-Dコンバータ入力の過電圧保護．A-Dコンバータの許容入力範囲-0.1〜2.1Vに対して，IC_2には±3.3Vが供給されているので保護が重要である．IC_{2a}は一定電圧を出力し，それがショットキー・バリア・ダイオードD_1，D_2のクランプ電圧になる

ADA4940には，±3.3Vが供給されます．コモン・モード電圧範囲は，次式で与えられます．

$$-3.5\,\text{V} < V_{+ADA4940} = V_{-ADA4940} < 2.1\,\text{V} \cdots (12)$$

信号ゲインは，次式で与えられます．

$$\frac{V_{ADC\,diff}}{V_{buf\,diff}} = \frac{R_9}{R_8} = \frac{R_{17}}{R_{16}} = 1.77 \cdots\cdots\cdots\cdots (13)$$

オフセット・ゲインは，次式で与えられます．

$$\frac{V_{ADC\,diff}}{V_{off\,SC} - V_{ref\,SC}} = \frac{R_9}{R_3} = \frac{R_{17}}{R_{22}} = 1 \cdots\cdots\cdots (14)$$

コモン・モード・ゲインは，次式で与えられます．

$$\frac{V_{CM}}{\frac{V_{ADC\,P} + V_{ADC\,N}}{2}} = 1 \cdots\cdots\cdots\cdots\cdots\cdots (15)$$

クランプ電圧は，次式で与えられます．

$$V_{out-IC2A} = V_{CM} - \frac{AV_{CC1V8}}{2} \times \frac{R_{23}}{R_{25}}$$

$$= 0.9\,\text{V} - \frac{1.8\,\text{V}}{2} \times \frac{4.99\text{k}}{6.34\text{k}} = 0.2\,\text{V} \cdots (16)$$

Analog Discovery 2 和訳マニュアル

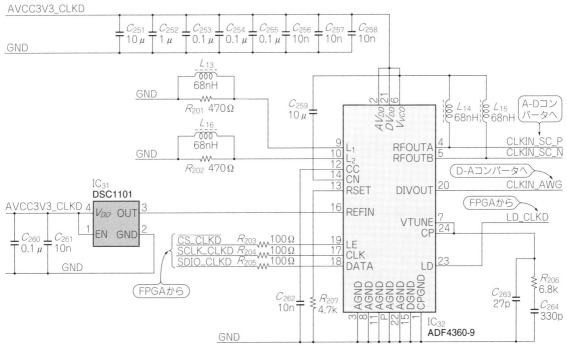

図1-5 クロック生成回路

$$V_{out+IC2A} = V_{CM} + \frac{AV_{CC1V8}}{2} \times \frac{R_{23}}{R_{25}}$$

$$= 0.9\,\mathrm{V} + \frac{1.8\,\mathrm{V}}{2} \times \frac{4.99\mathrm{k}}{6.34\mathrm{k}} = 1.6\,\mathrm{V} \cdots (17)$$

A-Dコンバータへの入力信号 V_{ADC} を D_1, D_2 がクランプする保護レベルは，次式で与えられます．

$$-0.1\mathrm{V} < V_{+ADA4940} = V_{-ADA4940} < 1.9\mathrm{V} \cdots (18)$$

5. クロック生成回路

図1-5に示す回路において，高精度発振器(IC_{31})は低ジッタの20 MHzクロックを生成します．そして，ADF4360-9のクロック生成PLLと内蔵VCOは，A-Dコンバータ用の200 MHz差動クロックおよびDAC用の100 MHzシングルエンド・クロックを生成するように設定されています．

クロック生成には，アナログ・デバイセズ社のADIsimPLLソフトウェアを使用しました．PLLのフィルタは固定周波数用(ループ周波数帯域幅が50kHzと低く，位相マージンは60°)に最適化されています．シミュレーション結果を図1-6に示します．ブリック・ウォール・フィルタ(通過帯域幅10 Hz～100 kHz)使用時の位相ジッタは，$0.04°_{RMS}$でした．

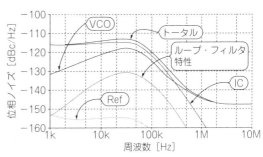

図1-6 クロック生成回路の位相ノイズ

6. オシロスコープ用A-Dコンバータ

6.1 アナログ回路部分

Analog Discovery 2は，2チャネル/高速/低消費電力/14ビット分解能/105MSPS A-Dコンバータ(アナログ・デバイセズ社AD9648)を使用しています(図1-7)．

▶AD9648の主な特長
- SNR = 74.5 dBFS (70 MHz時)
- $SFDR$ = 91 dBc (70 MHz時)
- 低消費電力：78mW/1チャネルあたり．ただし，A-Dコンバータのコア周波数125 MSPS時
- 帯域幅650MHzの差動アナログ入力

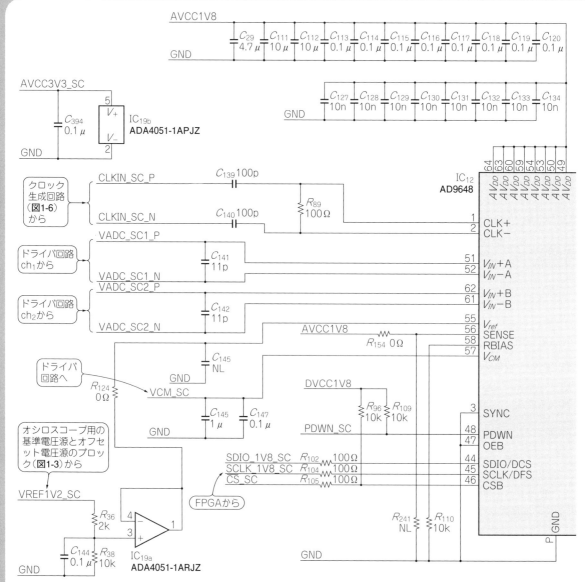

図1-7 A-Dコンバータのアナログ回路部分

- IFサンプリングの周波数上限は200 MHz
- オンチップ電圧リファレンスおよびサンプル&ホールド回路を搭載
- $2V_{P-P}$差動アナログ入力
- $DNL = \pm 0.35$ LSB
- シリアル・ポート制御オプション
- オフセット・バイナリ,グレイ・コード,または2の補数形式のデータ・フォーマットを出力
- オプションのクロック・デューティ・サイクル・スタビライザ
- 整数比1~8で設定される入力クロック分周器
- データ出力マルチプレクス・オプション
- 選択可能なディジタル・テスト・パターン生成器を内蔵
- 省電力パワー・ダウン・モード
- プログラマブル・クロックとデータ・アライメントを備えたデータ・クロック出力

差動入力は,C_{141}とR_{10}~R_{13}で構成されるロー・パス・フィルタを介して,前述のバッファ回路でドライブされます.差動クロックはACカップリングされていて,基板パターンはインピーダンス・マッチングをとっています.クロックはA-Dコンバータ内部で2分周されて,100 MHzの固定サンプリング・レートで動作します.外部基準電圧源を使用していて,IC_{19}はそのバッファです.バッファ回路が使用するコモン・モード基準電圧(V_{CM_SC})はA-Dコンバータが生

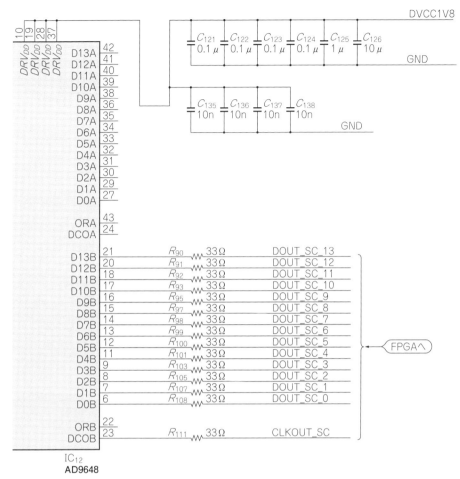

図1-8 A-Dコンバータのディジタル回路部分

成しています．

差動入力電圧範囲は，次式で与えられます．

$$-1V < V_{ADC\ diff} < 1V \cdots\cdots\cdots\cdots (19)$$

6.2 ディジタル回路部分

図1-8に示すA-Dコンバータのディジタル回路部と，それに対応する各FPGAには，電源電圧として1.8Vが供給されています．

使用するFPGAのピン数をできるだけ減らすために，マルチプレクスさせて2つのチャネルを同じデータ・パスにつないでいます．データの同期をとるために，FPGAにはCLKOUT_SCを供給しています．

7. オシロスコープ信号の スケーリング

前述の式(3)，(5)，(9)，(13)，(14)，(15)のゲインの式を合算した，オシロスコープ回路全体のゲインは次のようになります．

ロー・ゲイン：$\frac{V_{ADC\ diff}}{V_{in\ diff}} = 0.034$

ハイ・ゲイン：$\frac{V_{ADC\ diff}}{V_{in\ diff}} = 0.375 \cdots\cdots\cdots (20)$

式(19)で示すA-Dコンバータの入力電圧範囲レンジとV_{offsc}の中点電位(つまり，オシロスコープの波形の垂直表示位置が0のとき)を合計すると，V_{in}の電圧範囲は次式のようになります．

ロー・ゲイン時：$-30\ V < V_{in\ diff} < 28.6\ V$

ハイ・ゲイン時：$-2.7\ V < V_{in\ diff} < 2.6\ V\ \cdot\cdot (21)$

各項目値の許容誤差分およびソフトウェアによるキャリブレーションを可能にすることを考慮すると，規定できる入力範囲は次式の範囲に収まります．

ロー・ゲイン時：$-25\ V < V_{in\ diff} < 25\ V$

ハイ・ゲイン時：$-2.5\ V < V_{in\ diff} < 2.5\ V\ \cdot\cdot (22)$

オフセット設定(オシロスコープの波形の垂直表示位置)による影響は，式(10)，(11)，(14)により計算

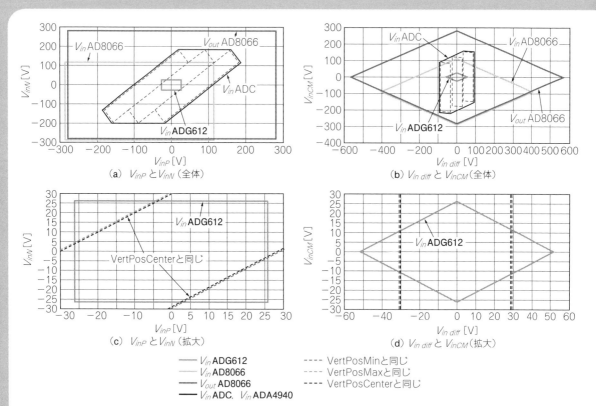

図1-9 オシロスコープの入力信号電圧範囲（ロー・ゲイン）

できます．

$$-2V < V_{off\,SC} - V_{ref\,SC} < 2.044\,V \cdots\cdots\cdots\cdots (23)$$

垂直位置を調整すると，信号波形の表示位置がオシロスコープ画面の中心線に対して相対的に $V_{off\,eq\,in}$ だけ上下に移動します．

ロー・ゲイン時：$-59.3V < V_{off\,eq\,in} < 59.3V$

ハイ・ゲイン時：$-5.39V < V_{off\,eq\,in} < 5.39V\cdot\cdot (24)$

上式のように，$V_{in\,diff}$ に対して等価的なオフセット電圧 $V_{off\,eq\,in}$ が加わるので，式(21)および(22)が与える入力電圧範囲は，式(24)の制限範囲に変換されます．

式(2)，(7)，(8)，(12)，(19)は，各ICの入出力電圧が許容範囲に収まる信号の範囲を示しています．これらの式とゲインの式を合わせると，図1-9および図1-10のグラフに示されるようにオシロスコープ全体としての線形動作範囲が得られます．それぞれの式で表される範囲は，閉じた多角形で表せます．それぞれの図は，フル・レンジと拡大レンジの場合について示しています．ロー・ゲインとハイ・ゲインでは，異なる数値になります．右側の図では $V_{in\,diff}$ と V_{inCM} を座標軸としていて，左側の図では V_{inP} と V_{inN} を座標軸としています．

オシロスコープの画面上に信号波形を歪みなく表示するには，信号電圧をすべての図の実線範囲内に収める必要があります（回路の線形動作領域は，すべての多角形形状が重なる範囲になる）．

オシロスコープの画面には，差動入力電圧のみが表示されます．コモン・モード電圧はAnalog Discovery 2のオシロスコープの差動入力により除去されます．オシロスコープの線形動作範囲を超えた信号は画面上でひずんで，クランプされた表示になってしまいます．図1-10では，線形動作範囲を超えた信号は，その境界の近傍の値にクランプされています．以下で説明するように，クランプされる点は必ずしもオシロスコープの画面の最上部または最下部になるというわけではありません．

図1-9や図1-10において，破線で表した多角形はオシロスコープ画面の表示エリアを示しています．それぞれの図には破線の多角形が3つあり，中央部分にある多角形は垂直方向の位置設定が0に対応します〔式(11)で $V_{off\,SC} = 2.022V$ の場合〕．左側は垂直方向の位置設定が最大（$V_{off\,SC} = 4.044V$）の場合，右側は垂直方向の位置設定が最小（負）（$V_{off\,SC} = 0V$）の場合になります．任意に垂直位置を設定することは，表示範囲（仮想的な破線の四角形で示される）を任意の位置に移動することになります．破線の四角形の長辺を超えた信号電圧は，表示可能な入力電圧範囲を超えて，A-D

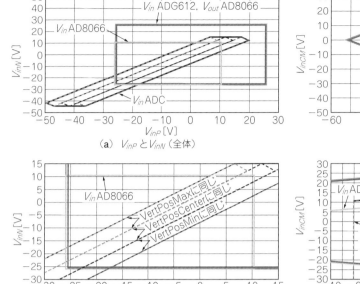
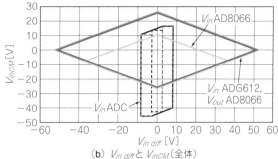

図1-10 オシロスコープ入力信号電圧範囲（ハイ・ゲイン）

コンバータが(0またはフル・スケールで)飽和します．このとき，オシロスコープ画面の波形は破線表示され，ユーザに警告を発します．

破線の四角形内に収まっていても，いずれかの実線を超える信号は，信号パスの途中にある回路の電気的制限を超えることになります(図の凡例を参照)．この結果，A-Dコンバータが飽和しなくても信号がひずむことになります．ソフトウェアはこの状態を感知しないので，ユーザに警告できません．このような状況を理解して回避するのは，ユーザの責任になります．

ロー・ゲイン時，回路を線形動作範囲内に留めるための簡単な条件は，正/負の入力V_{inP}，V_{inN}の両方を±26Vレンジ〔式(2)〕に保つことです．

ハイ・ゲイン時は，式(7)と式(5)を組み合わせることより，正/負入力の両方が次の範囲内になければなりません．

$$-26V < V_{inP}, V_{inN} < 10V \quad \cdots\cdots\cdots\cdots (25)$$

さらに，（波形の垂直位置に対応した等価的なオフセット電圧が加わる）差動入力信号は，以下の範囲のみが画面に表示されます．

$$-7.5V < V_{in\,diff} < 7.5V \quad \cdots\cdots\cdots\cdots (26)$$

各図式から検討された代表値と，各式で使われてい

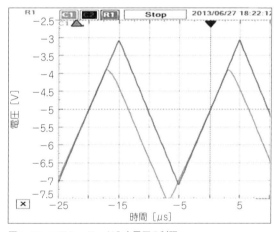

図1-11 コモン・モード入力電圧の制限

る安全マージンを考慮した最小値/最大値の間には違いがあることに注意が必要です．

図1-11は，コモン・モード入力電圧が大きすぎたために信号がひずんだ例です．灰色の線は，歪んでいない信号で参照用です．-5VのDC成分の上に$4V_{P-P}$の三角波が載った波形が差動入力されています．ここでコモン・モード入力電圧は10Vあります．波形の垂直表示位置は-5Vに設定され，ハイ・ゲインが選択されています．歪んでいる黄色の線の波形ですが，コモン・モード入力電圧が15Vになった点を除けば，同一の信号を表示させたものです．

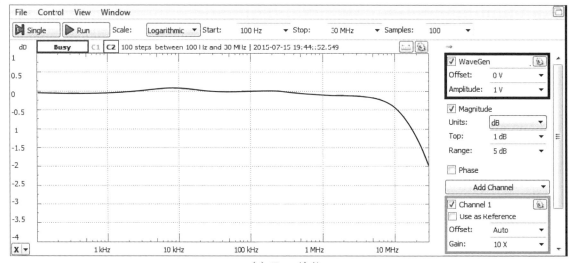

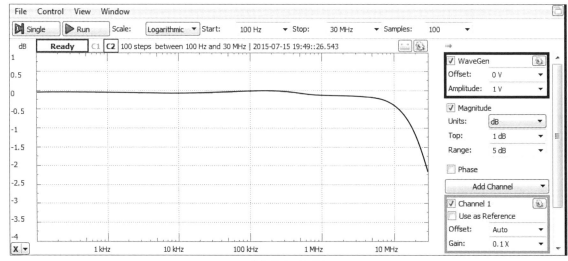

図1-12 オシロスコープの周波数特性
ロー・ゲイン(上),ハイ・ゲイン(下)

8. オシロスコープの周波数特性

図1-12は,オシロスコープの代表的な周波数特性を示します.$1V_{RMS}$の入力信号はアジレント社の3320A 20MHzファンクション/任意波形発生器で生成しています.信号は,100Hzから30MHzまでの周波数掃引をかけています.入力信号は,同軸ケーブルとBNCアダプタを使用してAnalog Discovery 2の入力に接続しました.

ネットワーク・アナライザ機能を使用して,WaveGenは外部(External)に設定し,ゲインは**図1-12(a)**の×10(ハイ・ゲイン),**図1-12(b)**の×0.1(ロー・ゲイン)にそれぞれ設定します.どちらの図でも3dB帯域は30MHzを超え,0.5dB帯域は10MHz,0.1dB帯域は5MHzとなっています.

標準的な-3dB帯域の定義は,フィルタ理論により導かれます.遮断周波数においてオシロスコープは周波数成分を0.707に減衰しますが,30%あまりの測定誤差では測定器として大きすぎます.代わりに,平坦性を指定した帯域幅のほうが,オシロスコープの周波数性能を定義するうえで有用です.Analog Discovery 2は,0.5dBダウンで10MHzの帯域を示しているので,10MHzの正弦波信号では平坦部に対する誤差が最大で5.6%あるということです.同様に,0.1dBダウンで5MHzの帯域とは,5MHzの正弦波が最大1.5%の誤差で示されることになります.

図1-12の測定は,同軸ケーブルとDiscovery BNC

Analog Discovery 2 和訳マニュアル

アダプタを使用して行いました．これはAnalog Discovery 2の周波数性能を最大限に活かすことができる最適なセットアップです．一方で，Analog Discovery 2に同梱されているワイヤ・キットは，安価で簡単なプロービング方法と言えます．しかし，ワイヤ・キットを使用した場合，オシロスコープの帯域低下および隣接する回路からのノイズやクロストークが発生する可能性があります．

第2章 任意波形発生器(AWG)

1. AWG用D-Aコンバータ

任意波形発生器(AWG)は，アナログ・デバイセズ社の低消費電力デュアルTxDAC D-Aコンバータ AD9717を使用して，波形を生成します(図2-1)．

▶AD9717の特長
- 消費電力：86 mW(3.3 V, 2 mA出力/125MSPS時)，スリープ・モード：<3 mW(3.3 V時)
- 電源電圧範囲：1.8～3.3V
- ナイキスト周波数までのSFDR(スプリアス・フリー・ダイナミック・レンジ)：1 MHz出力で84 dBc，10 MHz出力で75 dBc
- AD9717の雑音電力密度：-151dBc/Hz(1MHz出力，125 MSPS，2mA時)
- 差動電流出力：1～4mA
- シングル・ポート動作のCMOS入力
- 出力コモン・モード：0～1.2V
- 小面積の40ピン LFCSP RoHS準拠パッケージ

パラレル・データ・バスとコンフィギュレーション用SPIバスは，FPGAにより駆動されます．シングル・エンドの100 MHzクロックは，クロック・ジェネレータにより供給されます．また，V_{ref1V_AWG}は，外付けの基準電圧入力として使用しています．出力電流($I_{out\_AWGx\_P}$および$I_{out\_AWGx\_N}$)は，I/Vコンバータ部で電圧に変換されます．D-Aコンバータのフルスケールは，FSADJxピンで設定されます(図2-2参照)．このために，ADG787を使用して，FSADJxピンとGNDの間にR_{set}として8kΩ(訳注：回路図では8.06 kΩ)または32kΩ(訳注：回路図では8.06 kΩ+24 kΩ)を接続します．ADG787は，2個の個別に選択できる単極双投(SPDT)スイッチで構成されるアナログ/ディジタル・スイッチです．

▶ADG787の特長
- 150MHzで-3dBの帯域幅
- 1.8～5.5Vの単電源動作
- 低オン抵抗：2.5Ω(代表値)

2. AWGの基準電圧とオフセット電圧

図2-3に示すようにAWGの基準電圧はIC42(ADR3412ARJZ)により生成され，分圧されてD-Aコンバータに供給されます．

$$V_{ref1V\_AWG} = V_{ref1V2\_AWG} \times \frac{R_{41}}{R_{39}+R_{41}} = 1V \cdots (27)$$

クロストークを最小限に抑えるために，AWGチャネルごとに個別にバッファされた基準電圧をI/Vコンバータ部に加えます．

DACのフルスケール電流値は次式で与えられます．

$$I_{outAWGFS} = 32 \times \frac{V_{ref1V\_AWG}}{R_{set}} \cdots (28)$$

したがって，ハイ・ゲイン時のフルスケール電流値は次の値になります．

$$I_{outAWGFS\_HG} = 32 \times \frac{1V}{8k\Omega} = 4mA \cdots (29)$$

同様に，ロー・ゲイン時では次の値になります．

$$I_{outAWGFS\_LG} = 32 \times \frac{1V}{32k\Omega} = 1mA \cdots (30)$$

AD5645R クワッド14ビット nanoDACが，AWGの出力信号にDC成分を加えるためにオフセット電圧を生成します(図2-4)．同様の回路はV_{SET+_USR}およびV_{SET-_USR}も生成し，±ユーザ供給電圧を設定します．

▶AD5645Rの特長
- 低消費電力，最小サイズのクワッド14ビット nanoDAC
- 電源動作範囲：2.7～5.5V
- 設計により単調増加性を保証
- パワーオン・リセットによりD-Aコンバータの出力をゼロ・スケールまたは中間値に設定(DC成分を発生させずにAWGを起動するためには重要)

ここで，IC_{43}(AD5645R)のフルスケール電圧は次式で与えられます．

$$V_{offAWGFS} = V_{SET\_USRFS} = V_{ref1V2AWG} = 1.2V$$
$$\cdots (31)$$

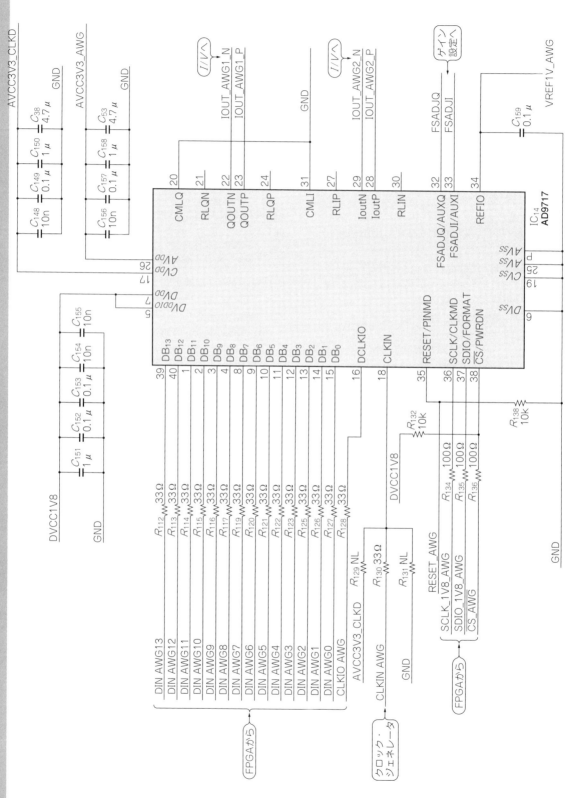

図2-1 D-Aコンバータの周辺回路

Analog Discovery 2 和訳マニュアル

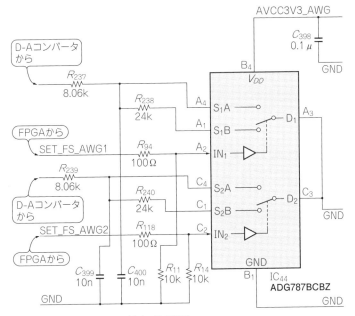

図2-2 D-Aコンバータのゲイン設定回路

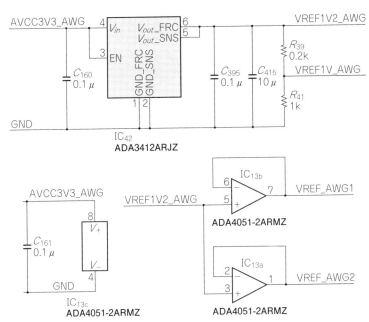

図2-3 D-Aコンバータの基準電圧源

3. AWGのI/Vコンバータ部

AWGのI/Vコンバータには高速OPアンプAD8058を使用しています。

▶ AD8058の重要な特長
- 低コスト
- -3dB帯域幅：325MHz$(G=+1)$
- 高スルー・レート：1000V/μs
- ゲイン平坦度：28MHzまで0.1dB
- 低ノイズ：7nV/$\sqrt{Hz}$
- 低消費電力：アンプあたり5.4mA(5V標準)
- 低ひずみ：-85dBc$(5\,Mz,\,R_L=1k\Omega)$
- 3〜12Vの広い電源電圧範囲
- 小型パッケージ

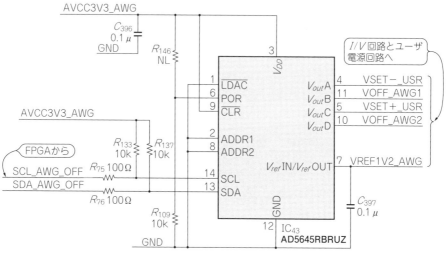

図2-4 D-Aコンバータのオフセット電圧生成回路

$$V_{Audio} = I_{outAWGP} \cdot R_{148} - I_{outAWGN} \cdot R_{142}$$
$$= (1 - 2 \cdot |A_U|) \cdot I_{outAWGFS} \cdot R_{142}$$
$$= |A_B| \cdot I_{outAWGFS} \cdot R_{142} \cdots\cdots (32)$$

ここで,

$$\left. \begin{array}{l} |A_U| = \dfrac{D}{2^N} \in [0 ... 1] \\ \quad : 正規化されたユニポーラD-A \\ \quad \ \ コンバータへの入力値 \\ \\ |A_B| = (1 - 2 \times |A_U|) \in [-1 ... 1] \\ \quad : 正規化されたバイポーラD-Aコ \\ \quad \ \ ンバータへの入力値(オフセッ \\ \quad \ \ ト・バイナリ形式) \\ \\ D \in [0 ... 2^{14}] = [0 ... 2^{14} - 1] \\ \quad : ユニポーラD-Aコンバータへの \\ \quad \ \ 入力整数値 \end{array} \right\} \cdots (33)$$

また,出力電圧範囲は,回路により次の範囲に拡張されています.

$$-V_{AudioFS} \leq V_{Audio} < V_{AudioFS} \cdots\cdots\cdots (34)$$

したがって,ハイ・ゲイン時とロー・ゲイン時のフルスケールは,それぞれ次の値になります.

$$\left. \begin{array}{l} V_{AudioFS\_HG} = I_{outAWGFS\_HG} \times R_{142} = 496\text{mV} \\ \\ V_{AutioFS\_LG} = I_{outAWGFS\_LG} \times R_{142} = 124\text{mV} \end{array} \right\} \cdots (35)$$

4. AWGの出力段

図2-5の回路の残りはAWGの出力段です.ここでは,FET入力高精度OPアンプAD8067を使用していま

す.

▶AD8067の特長
- FET入力:0.6 pA 入力バイアス電流
- 高容量性負荷に対して≧8のゲインで安定
- 高速:54MHz(-3dB時,$G = + 10$)
- スルー・レート:640V/μs
- 低ノイズ:6.6 nV/$\sqrt{\text{Hz}}$,0.6 fA/$\sqrt{\text{Hz}}$
- 低いオフセット電圧:最大1.0 mV
- レール・ツー・レール出力
- 低ひずみ:$SFDR$ 95 dBc(1MHz時)
- 低消費電力:6.5 mAの標準消費電流
- 低価格,小型パッケージ:SOT-23-5

IC_{16}(AD8067)の反転入力と非反転入力の合成抵抗値は,次式のように一致させてあります.

$$\frac{1}{R_{140}} + \frac{1}{R_{141}} + \frac{1}{R_{144}} = \frac{1}{R_{147}} + \frac{1}{R_{149}} \cdots\cdots (36)$$

$$V_{outAWG} = -V_{Audio} \times \frac{R_{141}}{R_{144}}$$
$$+ (2 \times V_{offAWG} - V_{ref1V2\_AWG}) \times \frac{R_{141}}{R_{144}} \cdots (37)$$

式(37)の第1項は,以下のように各レンジにおける波形の実際の振幅を表しています.

$$-5.45\text{ V} < -5\text{ V} < V_{ACoutAWG\_HG} < 5\text{ V} < 5.45\text{ V}$$
$$-1.36\text{ V} < -1.25\text{ V} < V_{ACoutAWG\_LG} < 1.25\text{ V} < 1.36\text{ V}$$
$$\cdots\cdots\cdots\cdots\cdots\cdots\cdots\cdots\cdots (38)$$

低振幅信号をより正確に生成するためには,ロー・ゲインを使います.ロー・ゲイン/ハイ・ゲインの選択による大まかな設定と,詳細なディジタル信号振幅設定を組み合わせることで,どのような振幅の出力信号も生成できるようになっています.

Analog Discovery 2 和訳マニュアル

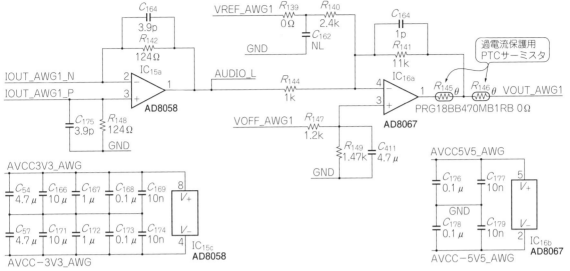

図2-5 AWGのI/Vコンバータと出力回路

式(37)の第2項は，各レンジ（ロー・ゲイン，ハイ・ゲインいずれか）におけるDC成分（AWG出力のオフセット電圧）を表しています．

$$-5.5\,\text{V} < -5\,\text{V} < V_{DCoutAWG} < 5\,\text{V} < 5.5\,\text{V} \cdot (39)$$

AD8067の電源には±5.5Vが供給されています．したがって，出力の飽和を避けるためには，ユーザは式(37)のACとDC成分の和を次式の電圧範囲内に保つ必要があります．

$$-5.5\,\text{V} < -5\,\text{V} < V_{outAWG} < 5\,\text{V} < 5.5\,\text{V} \cdots (40)$$

なお，誤差に対するマージンを確保するために，実際には式(38)，(39)，(40)においては太字で表記されている電圧値を回路で設定しています．

回路においてR_{145}のPTCサーミスタは，出力がショートした場合に温度保護として働きます．

5. オーディオ部

2チャネルあるAWGの各出力をステレオ・オーディオ部に接続することができます（図2-6）．この回路では，AD8592が次の特長により採用されています．

▶AD8592の特長
- 単一電源動作：2.5～6V
- 高出力電流：±250 mA
- シャット・ダウン電源電流が小さい：100 nA
- 低消費電流：750μA／アンプ
- 超低入力バイアス電流

ここでは，3.3V単一電源を採用しています．

$$V_{outIC18} = -2 \times V_{Audio} + 1.5\,\text{V} \cdots\cdots\cdots\cdots (41)$$

式(41)の第1項は，オーディオ信号分を表しています．また第2項は，回路のACカップリングにより除去されるコモン・モードDC成分を表しています．

オーディオ信号の出力電圧範囲は，次の値のようになります．

$$V_{Audiojack} = -2 \times V_{Audio}$$
$$-992\,\text{mV} < V_{Audiojack} < 992\,\text{mV}（ハイ・ゲイン）$$
$$-248\,\text{mV} < V_{Autiojack} < 248\,\text{mV}（ロー・ゲイン）\cdot\cdot(42)$$

6. AWGの周波数特性

図2-7は，AWGの典型的な周波数特性を示しています．上側のグラフは，同軸ケーブルとDiscovery BNCアダプタを使用してAWGの出力信号をスコープ入力に接続したものです．また，下側のグラフは，AWGをAnalog Discovery 2同梱のワイヤ・キットを介してスコープに接続しました．Analog Discovery ScopeはAWGに適した周波数特性を備えているため，これらの実験での基準としています．

WaveFormsソフトウェアの仮想ネットワーク・アナライザ機能が，同期した信号の合成および取得に使用され，AWGと両スコープ・チャネルのチャネル1を制御します．スタート／ストップ周波数は，それぞれ10 kHz／10 MHzに設定しました．信号の振幅は1Vです．特性は1000ポイントの周波数ステップで取得しています．0.5 dBダウンの周波数帯域は，接続に同

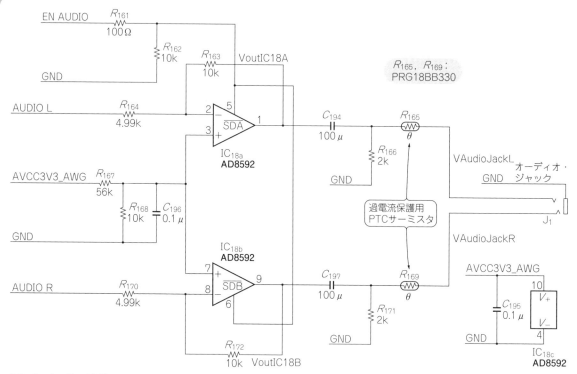

図2-6 オーディオ回路

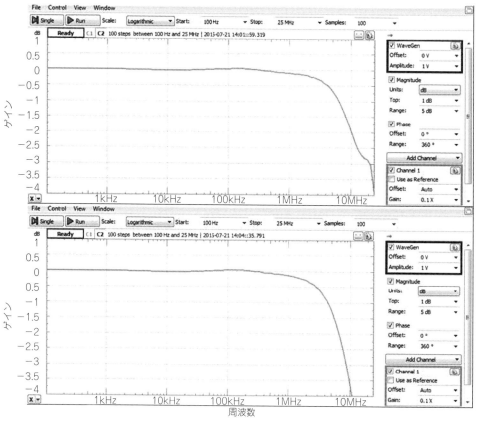

図2-7 AWGのゲイン-周波数特性

軸ケーブルを使用した場合で5.5 MHz，ワイヤ・キットを使用した場合で3.6 MHzになりました．

スコープ段と同様に，AWGの周波数特性は仕様である5 MHzを上回っています．

第3章 キャリブレーション・メモリ，ディジタルI/O，USBコントローラ，FPGA

1. キャリブレーション・メモリ

前章で説明したアナログ回路には，パッシブおよびアクティブな電子部品が使われています．データシートの仕様では，各パラメータ（抵抗，容量，オフセット，バイアス電流など）の代表値と許容誤差を示します．前章で示した各式はその代表値に基づいています．各部品の許容誤差は，Analog Discovery 2のDC，AC，およびCMMR性能に影響を与えますが，それらを最小にするために次のような設計上の工夫をしています．

- すべての重要な信号パスには，0.1％精度の抵抗および1％精度のコンデンサを使用
- オシロスコープの入力分圧器とゲイン選択回路のバランスをとるためにトリマ・コンデンサを使用
- 上記以外ではメカニカルな可変素子は使用しない（それらは大きくて高価なうえに信頼性が低く，振動や経年変化，温度変化による影響を受けるため）
- 工場出荷時にソフトウェア・キャリブレーションを実施
- オプションとしてユーザによるソフトウェア・キャリブレーションを実施可能

ソフトウェア・キャリブレーションは，工場出荷時テストの一部として1台ごとに実施されます．そのためには，AWG信号を基準信号としてスコープ入力に接続します．一連の測定を実行することにより，各アナログ回路部のすべてのDCエラー（ゲイン，オフセット）を検出します．補正（キャリブレーション）パラメータを計算して，Analog Discovery 2内のキャリブレーション・メモリに工場出荷時のキャリブレーション・データとして格納します．また，WaveFormsソフトウェアを使用すると，ユーザ自身でキャリブレーションを行い，キャリブレーション・データを更新することができます．その場合でも，メモリの内容を工場出荷時のデータに戻すことはいつでもできます．WaveFormsソフトウェアは，接続したAnalog Discovery 2からキャリブレーション・パラメータを読み出し，それを利用して生成する信号と取得する信号のそれぞれに補正をかけます．

2. ディジタルI/O

図3-1は，半分のディジタルI/Oピン回路を示しています（残りの半分も同様で対称的な構成になっている）．J_3はAnalog Discovery 2のユーザ信号コネクタになります．

汎用FPGAのI/Oピンをディジタル I/Oとして使用しています．FPGAピンは，内部プルアップなし，スルー・レートSLOW，駆動能力4 mAに設定されています．

PTCサーミスタは，出力ショート時のFPGAの温度保護をするものです．ショットキー・バリア・ダイオードは，過電圧時の許容電流を増やすためにFPGA内蔵のESD保護ダイオードに対し2重にしています．PTCサーミスタの公称抵抗（220 Ω）とショットキー・バリア・ダイオード（2.2 pF）およびFPGAピン（10 pF）の寄生容量により，入力ピンの周波数帯域が制限されます．出力ピンについては，PTCサーミスタと負荷のインピーダンスが周波数帯域と出力電力を制限します．

入力および出力ピンは，LVCMOS3V3です．許容最大入力電圧は5 Vで，最大±20 Vの過電圧に対応しています．

3. USBコントローラ

USBインターフェースは，以下の2項目を実行します．

▶FPGAのプログラミング

Analog Discovery 2のハードウェアは，FPGA用に不揮発性のコンフィギュレーション・メモリは持っていません．その代わりにWaveFormsソフトウェアが起動したときにデバイスの接続を認識すると，適切な.bitファイルをDigilent USB-JTAGインターフェースを介してダウンロードします．ロー・レベルのプロトコルには，Adeptランタイムが使用されます．

▶データ交換

機能実現用のコンフィギュレーション・データや取得したデータ，ステータス情報などはすべて，Digilent同期パラレル・バスおよびUSBインターフェースを介してやり取りされます．USBポートのタイ

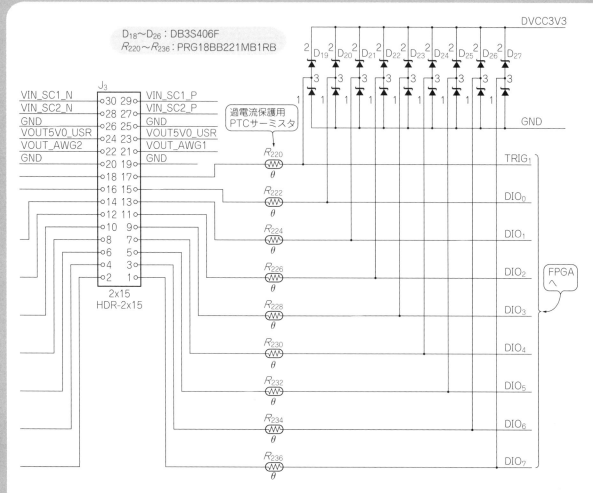

図3-1 ディジタルI/O回路

プや負荷，PCの性能などにも依存しますが，送信スピードは最大20MB/sに達します．

4. FPGA

Analog Discovery 2のコアとなるのは，ザイリンクス社のSpartan-6 FPGA（型名XC6SLX16-1L）です．このロジック・デバイスは，次のことを実行します．

- クロック・マネージメント（USB通信用の12MHzおよび60MHz，データ・サンプリング用の100MHz）
- アクイジション制御とデータの格納（オシロスコープおよびロジック・アナライザ）
- アナログ信号生成（ルックアップ・テーブル，AWGのAM/FM変調）
- ディジタル信号生成（パターン発生器用）
- トリガ・システム（すべての計測器のためのトリガ検出とトリガ送出）
- 電源制御と機器のイネーブリング
- 電源と温度の監視
- キャリブレーション・メモリの管理
- PCとの通信（設定，ステータス・データ）

このFPGAのブロックRAMと分散されたRAMを使用して信号の生成とアクイジションを行います．アプリケーションごとにRAMリソースを割り当てるために，WaveFormsソフトウェアは複数のコンフィギュレーション・ファイルを持っています．

トリガ・システムの詳細を図3-2に示します．トリガ条件が成立すると，各機能ブロックはトリガ信号を生成します．各トリガ信号は，（外部トリガを含め）他の機能ブロックにトリガをかけたり，外部トリガ出力をドライブできます．このようにして，各機能ブロックは相互に同期をとることができます．

Analog Discovery 2 和訳マニュアル

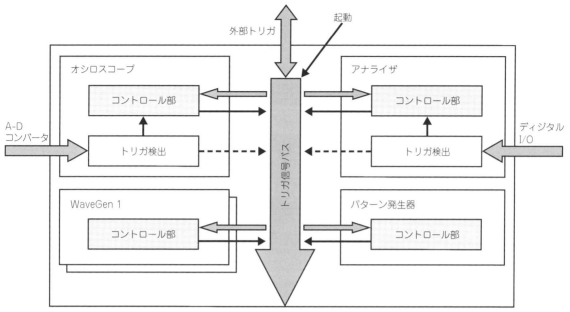

図3-2 コンフィギュレーションされたFPGAによるトリガ回路のブロック図

第4章 電源とその制御

本回路には，電源監視や制御回路，内部電源，およびユーザ電源が含まれます．

1. USB電源制御

Analog Discovery 2は，図4-1に示すように，USBポート(VBUS)または外部電源(J_4コネクタ)のどちらからでも電源を受けることができます．

外部電源入力は，逆極性の電圧を印加しても保護されています．フローティング電源の負極がJ_4の中心ピンに接続されるとQ_4がOFFになります．しかしながら可能性は低いものの，次のような状況では保護は働きません．

- GNDがアースに接続されているPCのUSBポートにAnalog Discovery 2を接続した場合
- 外部電源の負極がJ_4の中心ピンに接続され，J_4の外側ピンがアースに接続された場合

このようなときは，装置の外部にできるアース・ループによりQ_4が短絡されてしまいます．

USB電源制御回路で使用しているADCMP671は，次のような特長を持つウィンドウ・コンパレータです．

▶ADCMP671
- 最小限のプロセッサI/Oの使用で済む電圧ウィンドウ・モニタリング
- $N+1$個のプロセッサI/Oを使用するだけで，N個の電圧の個別モニタリングが可能
- V_{DD} = 3.3V，25℃で400mV ± 0.275%のスレッショルド電圧
- 電源電圧範囲：1.7～5.5V
- 低い静止時電流：8.55μA(最大)
- グラウンドを含む入力電圧範囲
- 内部ヒステリシス：9.2mV(代表値)
- 低い入力バイアス電流：± 2.5nA(最大)
- オープン・ドレイン出力
- パワー・グッド出力
- 過電圧表示出力
- 低プロファイル(1mm厚)の6ピンTSOTパッケージ

V_{ext}の電圧が以下のような検出範囲内にある場合，IC_{48}(ADCMP671)のPWRGD出力がHIGH(IC_{26}がON)になります．

$$4.11V = 400mV \times \frac{R_{248} + R_{249} + R_{273}}{R_{249}} + R_{273} < V_{ext}$$

$$< 400mV \times \frac{R_{248} + R_{249} + R_{273}}{R_{273}} = 5.76V \cdots\cdots (43)$$

Analog Discovery 2には，主な電源モードが2つあります．USBとExternal(外部)です．ここでは設計の解説のために，これ以外の一時的な電源モード(レ

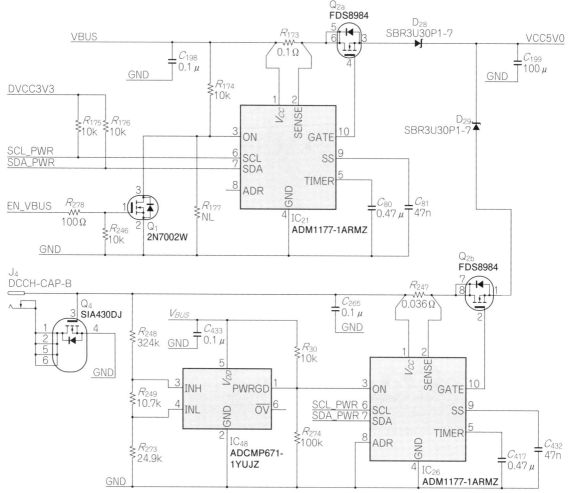

図4-1 USB電源制御

ーシングOFF，USB OFF，レーシング)についても説明しますが，それらはユーザから見る機器の挙動からは重要ではありません．

▶レーシングOFF

リセット直後のFPGAがプログラムされる前で，外部電源が接続されて適正な電圧範囲内(PWRGD = HIGH)にある場合．

▶USB OFF

リセット直後のFPGAがプログラムされる前で，外部電源が接続されていないか電圧範囲外(PWRGD = LOW)にある場合．

▶USB

すべての電力はV_{BUS}(IC_{21} = ON，IC_{26} = OFF)から供給されていて，外部電源は未接続あるいは適正電圧範囲外である場合のモード．両方のユーザ用電源への供給電力は0.7Wに制限される．

▶レーシング

WaveFormsがUSB電源コントローラを停止しておらず，外部電源が適正電圧範囲(PWRGD = HIGH)の場合．このレーシング・モードでは，USB電源コントローラ(IC_{21})と外部電源コントローラ(IC_{26})の両方がONになり，デバイスはより電圧の高いほうの電源から(D_{28}およびD_{29}がより高い電圧を検出)電力供給を受ける．これは一時的なモードで，FPGAが設定され，WaveFormsソフトウェアとの通信が成立した時点で終了する．レーシング・モードでは，ユーザ用電源から利用できる電力が制限される．

▶External

デバイスは，外部電源(5V DCコネクタおよびIC_{26}を経由して)から電力供給を受けていて，V_{ext}の電圧は式(43)で示される範囲内にあり(PWRGD = HIGH)，WaveFormsソフトウェアによりUSB電源コントローラ(IC_{21})が停止する．ユーザ用電源の供給電流および電力の制限値はそれぞれ700 mA，2.1Wに増加する．このとき，USB VBUSから電源を供給される回路はUSBコントローラ(IC_{41})のみとなる．

Analog Discovery 2 和訳マニュアル

電源ON時，FPGAはプログラムされていないのでEN_VBUSはHiZ状態であり，プルダウン抵抗R_{246}によりQ₁はOFFになり，IC₂₁はR_{174}によりONになっています．Analog Discovery 2は，USB OFFモード（PWRGD = LOWの場合）またはレーシングOFFモード（PWRGD = HIGH）で起動します．WaveFormsソフトウェアは，まずFPGAをコンフィギュレーションし，次に正しい外部電源電圧がかかっているかどうかにより，USBまたはレーシング・モードにします．FPGAは5V DCコネクタの電圧を継続してモニタします．レーシング・モード（PWRGD = HIGH）が検出されるとWaveFormsソフトウェアはEN_VBUSをHIGHにするコマンドを送り，USB電源コントローラ（IC₂₁）をOFFにします．その結果，Externalモードに切り替わります．

WaveFormsソフトウェアが起動していくつかの機能が実行中に外部電源が接続されると，デバイスはUSB→レーシング→Externalとシームレスに電源モードが切り替わります．このとき，ユーザ用電源の供給可能な電力が増えるだけで，実行中の機能の動作は影響を受けません．

しかし，Externalモード中に外部電源を切り離した場合は，中断が生じます．USBコントローラのみが（USBポートから電力を受けて）動作を続けます．FPGAは電源断によりコンフィギュレーション・データを失います．したがって，すべての機能は停止し，EN_VBUSはHiZになり，電源はUSB OFFモードになります．WaveFormsソフトウェアはユーザに機能の選択を促し，FPGAを再プログラムします．その後，すべての機能がUSBモードで実行可能になります．

ソフト・スタート・ピン付きADM1177ホット・スワップ・コントローラおよびディジタル・パワー・モニタは，USBモードおよびレーシング・モード中におけるUSBパワー・コンプライアンスのために使用されます（図4-1のIC₂₁）．

▶ADM1177の特筆すべき特長
- 通電中のボードの安全な挿抜が可能
- 3.15～16.5Vの電源電圧に対応
- 高精度電流検出アンプ
- 電流および電圧読出し用12ビットA-Dコンバータ
- 回路ブレーカで調整可能なアナログ電流制限
- ±3%精度のホット・スワップ電流制限レベル
- 高速応答でピーク障害電流を制限
- 障害電流発生時の自動リトライまたはラッチ・オフ
- TIMERピンでプログラムできるホット・スワップ・タイミング
- リファレンス調整と初期電流ランプ・レートのプログラムのためのソフト・スタート・ピン
- I²C高速モード準拠のインターフェース（最大400kHz）

IC₂₁が有効になる（USBモードまたはレーシング・モード）と，IC₂₁はUSBポートからの電流消費を次のように制限します．

$$I_{limit} = \frac{100mV}{R_{173}} = \frac{100mV}{0.1\,\Omega} = 1A \cdots\cdots (44)$$

制限がかかるのに要する最大時間は，次のようになります．

$$t_{fault} = 21.7\,ms/\mu F \times C_{80} = 21.7\,ms/\mu F \times 0.47\,\mu F = 10.2\,ms \cdots\cdots (45)$$

消費電流がt_{fault}以内にI_{limit}以下にならなかった場合は，IC₂₁はQ$_{2a}$をオフにします．ホット・スワップのリトライが以下の時間経過後に行われます．

$$t_{cool} = 550ms/\mu F \times C_{80} = 550ms/\mu F \times 4.7\,\mu F = 258.5ms \cdots\cdots (46)$$

ホット・スワップ時の突入電流を避けるために，ソフト・スタート回路が電流増加率を次のように制限します．

$$\frac{dI_{limit}}{dt} = \frac{10\,\mu A}{C_{81}} \times \frac{1}{10 \cdot R_{173}} = 212mA/ms \cdots (47)$$

消費電流がt_{fault}時間内にI_{limit}以下になった場合は，通常動作が開始されます．

同様に，レーシング・モードまたはExternalモードでは，IC₂₆が外部電源からの電流消費を次のように制限します．

$$I_{limit} = \frac{100mV}{R_{247}} = \frac{100mV}{0.036\,\Omega} = 2.78A \cdots\cdots (48)$$

t_{fault}およびt_{cool}についてはIC₂₁の場合と同様で，電流増加率は次のように制限されます．

$$\frac{dI_{limit}}{dt} = \frac{10\,\mu A}{C_{432}} \times \frac{1}{10 \cdot R_{247}} = 591mA/ms \cdots (49)$$

Analog Discovery 2のユーザ・ピンは，過電圧に対して保護されています．ユーザ・ピンが，外部回路（テスト対象回路），バック・パワーのある入出力ブロック，および同じ内部電源を共有する回路によりオーバ・ドライブされると，過電圧防止（ESD）ダイオードが導通します．バック・パワーのエネルギーが消費エネルギーよりも大きい場合は，双方向性の電源がエネルギーの差分を吸収し，その分は電源チェーンの前段の回路に供給されます．その結果，バック・パワーのエネルギーがUSB VBUSに到達し，電圧が公称値5Vよりも高くなる可能性があります．そのような場合には，D₂₈がPCのUSBポートを保護します．

2. アナログ回路用電源制御

電源がUSBモード中，FPGAは常にR_{173}を流れる電流値をIC_{21}から読み込んでいます（オプション機能として，これはメイン画面またはStatusボタン上に表示される）．電流値が500 mA（Status：OC = Over Current）を超えると警告を出します．電流値が600 mAに達し，過電流保護が有効の場合（Main Window/Device/Settings/Overcurrent protection）は，WaveForms ソフトウェアは図4-2のIC_{20}（ADP197）と図4-3のIC_{27}をオフにし，アナログ・ブロックとユーザ用電源を無効にします．

▶ADP197の特長
- 12mΩの低$R_{DS(on)}$
- 広い入力電圧範囲：1.8〜5.5V
- 1.2Vロジック互換ディジタル入力可能
- 過熱保護回路内蔵
- 超小型 1.0mm×1.5mm，6ボール，0.5mmピッチ WLCSPパッケージ

3. ユーザ用電源制御

図4-3のIC_{27}は，ユーザ用電源から得られる電力を制御します．この回路には，以下の特長によりADM1270が採用されています．

▶ADM1270の特長
- 4〜60Vの電源電圧を制御
- 逆電圧防止用の低ドロップFETのゲート駆動
- PチャネルFET用のゲート駆動
- 突入電流制限の制御
- 調整可能な電流制限機能
- フォールドバック電流制限機能
- 電流障害時の自動リトライまたはラッチ・オフ
- SOA用プログラマブル電流制限タイマ
- パワー・グッド出力と故障出力
- アナログ低電圧（UV）保護と過電圧（OV）保護
- 16ピン 3×3mm LFCSPパッケージ
- 16ピン OSOPパッケージ

IC_{27}は，両方のユーザ用電源により消費される電流を制限します．WaveFormsソフトウェアは，FPGAにコマンドを送りパワー・モードごとに制限を変更します．

電源のUSBおよびレーシング・モードでは，SET_ILIMピンはFPGAによりLOWに設定されます．IC_{27}のISETピンの電圧は，次のようになります．

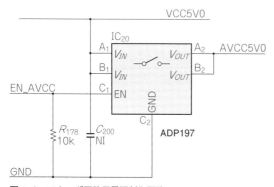

図4-2 アナログ回路用電源制御回路

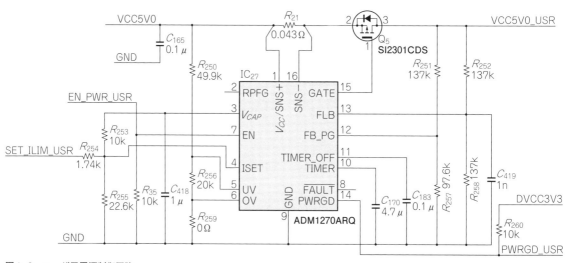

図4-3 ユーザ用電源制御回路

$$V_{Iset} = \frac{\dfrac{V_{cap}}{R_{253}}}{\dfrac{1}{R_{253}} + \dfrac{1}{R_{254}} + \dfrac{1}{R_{255}}}$$

$$= \frac{\dfrac{3.6V}{10k\Omega}}{\dfrac{1}{10k\Omega} + \dfrac{1}{1.74k\Omega} + \dfrac{1}{22.6k\Omega}} = 0.5V \cdots\cdots (50)$$

また，電流制限は次式で与えられます．

$$I_{limit} = \frac{V_{Iset}}{40 \times R_{21}} = \frac{0.5V}{40 \times 0.043\Omega} = 290\text{mA} \cdots\cdots (51)$$

電源のExternalおよびOFFモードでは，SET_ILIMピンはFPGAによりHiZに設定されます．IC_{27}のISETピンの電圧は，次式で与えられます．

$$V_{Iset} = \frac{V_{cap} \times R_{255}}{R_{253} + R_{255}} = \frac{3.6\text{ V} \times 22.6\text{ k}\Omega}{10\text{ k}\Omega + 22.6\text{ k}\Omega} = 2.5V \cdots (52)$$

また，電流制限は以下の値に設定されます．

$$I_{limit} = \frac{V_{Iset}}{40 \times R_{21}} = \frac{2.5V}{40 \times 0.043\Omega} = 1.45A \cdots\cdots (53)$$

どちらのモードの場合も，I_{limit}値を許容する最大制限時間は次式になります．

$$t_{fault} = 21.7\text{ ms}/\mu\text{F} \times C_{170} = 21.7\text{ ms}/\mu\text{F} \times 47\mu\text{F}$$
$$= 102\text{ ms} \cdots\cdots\cdots\cdots\cdots (54)$$

消費電流がt_{fault}時間以内にI_{limit}以下にならない場合は，IC_{21}はQ_2をオフにします．以下の時間経過後にホット・スワップが再試行されます．

$$t_{cool} = 550\text{ms}/\mu\text{F} \times C_{80} = 550\text{ms}/\mu\text{F} \times 4.7\mu\text{F}$$
$$= 2.585\text{s} \cdots\cdots\cdots\cdots\cdots (55)$$

ソフト・スタートは使用しないので，C_{183}は非搭載です．

消費電流がt_{fault}時間以内にI_{limit}以下になった場合は，通常動作を開始します．

式(51)および(53)による電流制限値は，正負のユーザ用電源両方で共有されます．ユーザ用電源の効率を考慮して，USB Onlyモードでは両方のユーザ用電源合わせて約100 mAが利用可能です．Externalモードでは，ユーザ用電流・電力制限は次項での説明のようにユーザ用電圧源に設定されます．

4. ユーザ用電源

ユーザ用電源（図4-4）は，ADP1612スイッチング・コンバータを降圧/昇圧DC-DCトポロジで使用しています．

▶ADP1612の主な特長
- 1.4A電流制限
- 1.8Vの最小入力電圧
- ピン選択可能な650kHzまたは1.3MHzPWM周波数
- 20Vまでの可変出力電圧
- 調整可能なソフト・スタート機能
- 低電圧ロック・アウト機能

IC_{46}のOPアンプは，帰還ループにそれぞれV_{SET+_USR}およびV_{SET-_USR}コマンド電圧を加えます．さらに，IC_{46b}は負電源のために必要な位相反転を行います．

OPアンプは負帰還ループに含まれるため，入力ピンの電圧は等しくなります．

$$V_{+IC46a} = \frac{\dfrac{V_{OUT+\_USR}}{R_{188}} + \dfrac{V_{SET+\_USR}}{R_{193}}}{\dfrac{1}{R_{188}} + \dfrac{1}{R_{193}}}$$

$$= V_{-IC46a} = \frac{\dfrac{V_{FB}}{R_{266}}}{\dfrac{1}{R_{265}} + \dfrac{1}{R_{266}}} \cdots\cdots\cdots (56)$$

$$V_{+IC46b} = \frac{\dfrac{V_{OUT-\_USR}}{R_{187}} + \dfrac{V_{FB}}{R_{270}}}{\dfrac{1}{R_{187}} + \dfrac{1}{R_{270}}}$$

$$= V_{-IC46b} = \frac{\dfrac{V_{SET-\_USR}}{R_{190}}}{\dfrac{1}{R_{72}} + \dfrac{1}{R_{190}}} \cdots\cdots\cdots (57)$$

OPアンプの各入力につながっている抵抗の合成値は一致させてあります．

$$\frac{1}{R_{188}} + \frac{1}{R_{193}} = \frac{1}{R_{265}} + \frac{1}{R_{266}} \cdots\cdots\cdots\cdots (58)$$

$$\frac{1}{R_{187}} + \frac{1}{R_{270}} = \frac{1}{R_{72}} + \frac{1}{R_{190}} \cdots\cdots\cdots\cdots (59)$$

また，ユーザ電圧は次式のようになります．

$$V_{OUT+\_USR}$$
$$= V_{FB} \times \frac{R_{188}}{R_{266}} - V_{SET+USR} \times \frac{R_{188}}{R_{193}}$$
$$= 5.33\text{ V} - 4.87 \times V_{SET+\_USR} \cdots\cdots\cdots (60)$$

$$V_{OUT-\_USR}$$
$$= -V_{FB} \times \frac{R_{187}}{R_{270}} + V_{SET-\_USR} \times \frac{R_{187}}{R_{190}}$$
$$= -5.33\text{ V} + 4.87 \times V_{SET-\_USR} \cdots\cdots\cdots (61)$$

ここで，

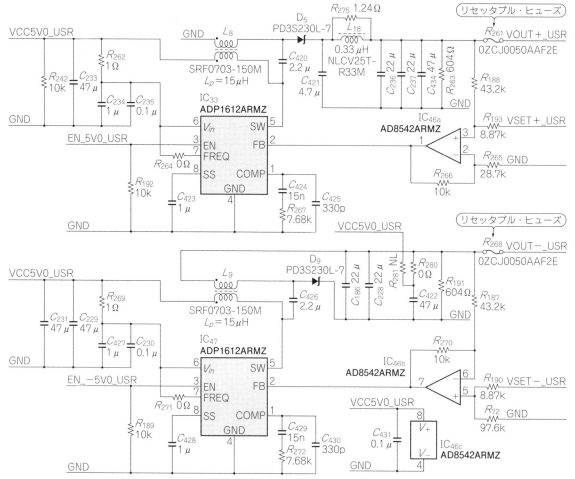

図4-4 ユーザ用電源

$$V_{FB} = 1.235 \text{ V}_{typ} \cdots\cdots\cdots\cdots\cdots\cdots (62)$$

IC₄₃(図2-4)は,以下の範囲の設定電圧を生成します.

$$0 < V_{SET+\_USR},\ V_{SET-\_USR} < 1.2 \text{ V} \cdots\cdots (63)$$

これにより,出力電圧は以下の範囲内で設定されます.

$$-0.51 \text{ V} \leq V_{OUT+\_USR} < 5.33 \text{ V} \cdots\cdots\cdots (64)$$

$$0.51 \text{ V} \geq V_{OUT-\_USR} > -5.33 \text{V} \cdots\cdots\cdots (65)$$

部品の許容誤差による影響を吸収するためにはマージンが必要です.キャリブレーション後,WaveFormsソフトウェアは0～±5Vの電圧範囲のみを許容します.さらに,絶対値が0.5Vを下回る出力電圧については保証されません.そのような電圧では,軽負荷のときに顕著なリプル(～15mV)が見られる可能性があります.

各電源はFPGAにより無効にできます.

5. 内部回路用電源

5.1 アナログ回路用電源

アナログ回路用電源は,アナログ信号にノイズが混入するのを防ぐためにリプルが非常に低いことが必要です.残留スイッチング・ノイズを除去するため,および電源をメインのアナログ回路と分離し,クロストークを防ぐためにフェライト・ビーズが使用されています.

3.3V(図4-5)と1.8V(図4-6)のアナログ回路用電源は,ADP2138固定出力電圧ステップダウンDC-DCコンバータ(800mA,3MHz)を中心に構成されています.低い出力電圧リプルを実現するために2次LCフィルタが追加され,強制PWMモードが選択されています.

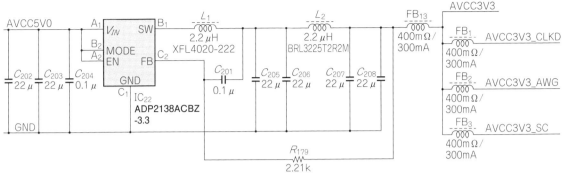

図4-5 3.3V内部アナログ回路用電源

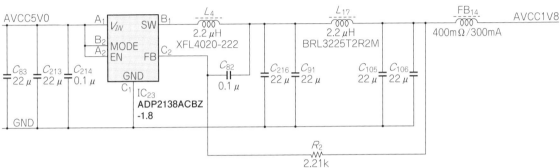

図4-6 1.8V内部アナログ回路用電源

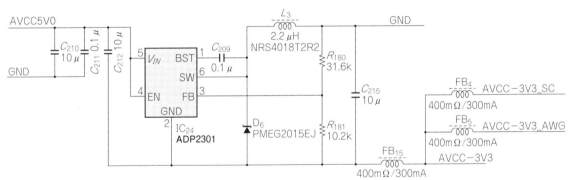

図4-7 3.3V内部アナログ回路用電源

▶ADP2138の主な特長
- 入力電圧：2.3〜5.5V
- ピーク効率：95%
- 固定周波数動作：3MHz
- WLCSPパッケージ：6ピン，1mm×1.5mm
- 高速な負荷応答およびラインの過渡現象からの応答特性
- 100%デューティ・サイクルの低ドロップ・モード
- 内部同期型整流回路，補償とソフト・スタート機能内蔵
- 過電流保護とサーマル・シャットダウン保護機能

- 強制PWM，自動PWM/PSMモード

3.3Vアナログ回路用電源（図4-7）は，反転降圧ブースト構成のADP2301ステップダウン・レギュレータを用いて実現しています．詳細は，アプリケーション・ノート「AN-1083：スイッチング・レギュレータADP2300とADP2301を使った反転降圧ブーストのデザイン」を参照してください．

▶ADP2301の特長
- 最大負荷電流：1.2A
- 全温度範囲での出力精度：±2%
- スイッチング周波数：1.4MHz
- 高い効率：〜91%
- 電流モード制御アーキテクチャ

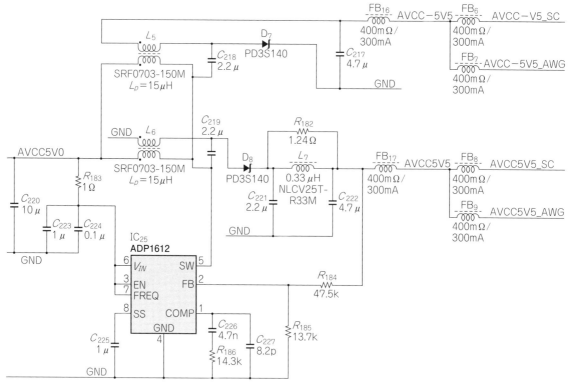

図4-8 ±5.5 V内部アナログ回路用電源

- 出力電圧範囲：0.8〜0.85×V_{IN}
- 自動PFM/PWMモード切替機能
- ハイサイドMOSFETおよびブートストラップ・ダイオード内蔵
- 内部補償およびソフト・スタート機能
- 低電圧ロックアウト(UVLO)機能，過電流保護(OCP)機能，サーマル・シャットダウン(TSD)機能
- 超小型6ピンTSOTパッケージ

出力電圧は，V_{out}をFBに分圧する外部抵抗により設定されます．

$$\frac{R_{180}}{R_{181}} = \frac{-V_{out} - V_{ref}}{V_{ref}} \quad \cdots\cdots (66)$$

R_{181}に10.2 kΩを選択します．

$$R_{180} = \frac{3.3V}{0.8V/0.8V} \times 10.2\text{k}\Omega = 31.87\text{k}\Omega \cdots (67)$$

一番近い標準抵抗からR_{180} = 31.6 kΩを採用します．

5.5 Vおよび−5.5 V電源(**図4-8**)は，SEPIC(Single Ended Primary Inductor Converter)-Cuk(チューク)トポロジにより，ADP1612ステップアップDC-DCコンバータを中心として構成されています．SEPICとCukコンバータはレギュレータの同じスイッチング・ピンに接続されています．正側のSEPIC出力のみが安定化され，負側出力は正側出力にトラッキングします．正側・負側の双方で同様の負荷電流が予想されるので，これは許容できる回路構成です．

SEPIC回路の出力電流は不連続モードであり，出力リプルが高めになります．これを下げるために正側の電源出力にはフィルタを追加してあります．

より詳細な情報は，アプリケーション・ノート「AN-1106：An Improved Topology for Creating Split Rails from a Single Input Voltage」を参照してください．

出力電圧の設定は，次のようになります．

$$\frac{R_{184}}{R_{185}} = \frac{V_{out} - V_{ref}}{V_{ref}} \quad \cdots\cdots\cdots (68)$$

R_{185}に13.7 kΩを選択すると，R_{184}は次式で与えられます．

$$R_{184} = \frac{5.5V - 1.235V}{1.235V} \times 13.7\text{k}\Omega = 47.31\text{k}\Omega \cdots (69)$$

一番近い標準抵抗からR_{184} = 47.5 kΩを採用しています．

5.2 ディジタル回路用電源

1Vディジタル回路用電源(**図4-9**)には，ADP2120-1を使用して実現しています．ADP2120-1は，1V固定出力電圧オプションと±1.5 %出力精度を持ち，

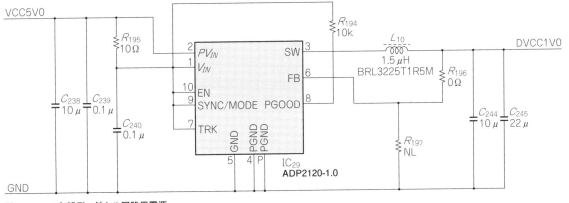

図4-9　1V内部ディジタル回路用電源

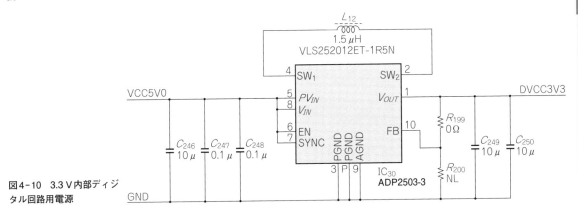

図4-10　3.3V内部ディジタル回路用電源

FPGAの内部回路用電源用として最適です．さらに以下のような特長があります．
▶ADP2120-1の特長
- 連続出力電流：1.25A
- 145mΩと70mΩのFETを内蔵
- 入力電圧範囲：2.3〜5.5V
- 出力電圧範囲：0.6V〜入力電圧(V_{IN})
- 固定スイッチング周波数：1.2MHz
- 選択可能動作モード：PWMまたはPFM
- 電流モード・アーキテクチャ
- ソフト・スタート機能内蔵，内部補償機能
- UVLO，OVP，OCPおよびサーマル・シャットダウン機能
- 10ピン，3mm×3mm LFCSP_WDパッケージ

3.3Vディジタル電源(図4-10)は，600mA，2.5MHzの昇降圧DC-DCコンバータADP2503-3.3を使用しています．

▶ADP2503-3.3の特長
- モード間のシームレスな遷移
- 38μA(代表値)静止電流
- 1.5μHインダクタで2.5MHz動作可能
- 入力電圧：2.3〜5.5V
- 固定出力電圧：3.3V
- 強制固定周波数
- 内部補償機能
- ソフト・スタート機能
- イネーブル/シャットダウン・ロジック入力
- 過大温度保護機能
- 短絡保護機能
- 逆電流制限
- 低電圧ロックアウト(UVLO)保護機能
- 小型10ピン，3mm×3mmパッケージ，高さ1mm
- PCBの小さい専有面積

3.3Vディジタル回路用電源に対する一番の要求事項は，逆電流に対する機能です．ユーザ・ピンがオーバドライブされると保護ダイオードがオープンになり，バック・パワーのある電力回路がこの電源に接続されます．バック・パワーのエネルギが消費電流よりも大きければ，レギュレータは電圧が3.3Vより上昇するのを防ぐためにエネルギを入力に注入します．

1.8Vディジタル回路用電源(図4-11)は，ADP2138-1.8固定出力電圧，800mA，3MHzステップダウンDC-DCコンバータを使用して構成されています．3MHzスイッチング周波数および1mm×1.5mmのWSCSPパッケージにより，超小型ソリューションを実現しています．

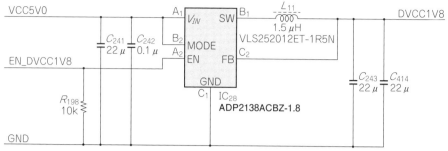

図4-11　1.8V内部ディジタル回路用電源

▶ADP2138-1.8のそのほかの特長
- 入力電圧：2.3～5.5V
- ピーク効率：95%
- 静止時電流代表値：24μA
- 高速な負荷応答およびラインの過渡現象からの応答特性
- 100%デューティ・サイクルの低ドロップ・モード
- 内部同期型整流回路，補償とソフト・スタート機能内蔵
- 過電流保護とサーマル・シャットダウン保護機能
- 超低シャットダウン電流：0.2μA（代表値）
- PWM強制，PWM/PSM自動切り替えモード

6. 温度測定

Analog Discovery 2は，AD7415ディジタル出力温度センサを搭載しています（図4-12）．

▶AD7415の主な特長
- 10ビット分解能の温度-ディジタル・コンバータ

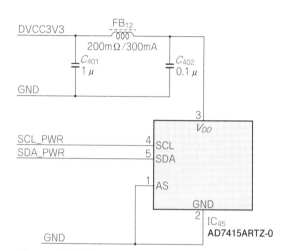

図4-12　温度測定

- 温度範囲：-40～+125℃
- 確度（参考値）：±0.5℃（+40℃時）
- SMBus/I²C互換のシリアル・インターフェース
- 温度変換時間：29μs（代表値）
- 省スペース：5ピンSOT-23パッケージ
- ASピンを使用したアドレッシング

第5章 Analog Discovery 2の特長と性能

本章では，Analog Discovery 2のデータシートに記載されている特長と性能を紹介します．後述の〈注〉では，より詳しい情報やハードウェアの説明をしています．

1. アナログ入力（オシロスコープ）

- 2チャネルの完全差動入力[1]，14ビットA-Dコンバータ，100MSPSリアルタイム・サンプル・レート
- 500μ～5V/div[2]，1MΩ，24pF入力容量で5MHzのアナログ帯域幅[3]
- 各入力チャネルで±25Vまでの最大入力電圧（差動入力では±50V），±50Vまでの過電圧保護[4]
- 最大16kサンプル/チャネルまでのバッファ長[5]
- アドバンスド・トリガ・モード（エッジ，パルス，トランジション・タイプ，ヒステリシスなど）[6]
- トリガ・イン/トリガ・アウトにより，複数の機能ブロックのリンクが可能[6]
- ロジック・アナライザ，波形発生器，パターン発生

Analog Discovery 2 和訳マニュアル

器，または外部トリガによる相互トリガ[6]
- 選択可能なチャネル・サンプリング・モード（アベレージ，間引き，min/max）[7]
- 信号のミックス表示機能（アナログ信号およびディジタル信号を同時に表示）[8]
- リアルタイムFFT，XYプロット，ヒストグラム，その他の機能を常時利用可能[9]
- 複数のMath（算術計算）チャネルにより複雑な関数処理を実現[9]
- すべてのチャネルでカーソルと高度なデータ測定機能が利用可能[9]
- すべての測定データ・ファイルは標準的なフォーマットでエクスポート可能[10]
- オシロスコープ設定の保存，エクスポート，インポートが可能[10]

2. アナログ出力（任意波形発生器）

- 2チャネル，14ビットA-Dコンバータ，100MSPSリアルタイム・サンプル・レート[11]
- オフセット・コントロール付きシングル・エンド波形，±5Vまでの最大振幅[12]
- 5MHzのアナログ周波数帯域幅，最大16kサンプル/チャネル[13]
- 簡単に定義可能な標準波形（サイン，三角波，ノコギリ波など）
- 簡単に定義可能な掃引，エンベロープ，AM，FM変調[14]
- ユーザ定義任意波形は，WaveFormsソフトウェア・インターフェースまたは標準ツール（Excelなど）を使用して定義可能[10]
- アナログ入力チャネル，ロジック・アナライザ，パターン発生器または外部トリガによる相互トリガ[10]

3. ロジック・アナライザ

- ロジック・アナライザ，パターン・ジェネレータおよびディスクリートI/O間で16の信号を共有[15]
- 100MSPS，ピンごとに16Kトランジションまでサポート可能なバッファ[16]
- LVCMOS(3.3V)ロジック・レベル入力
- ピン変更，バス・パターンなどを含む複数のトリガ・オプション[13]
- トリガ・イン/トリガ・アウトにより，複数の機器のリンクが可能[13]
- アナログ入力チャネル，ロジック・アナライザ，パターン発生器または外部トリガ間での相互トリガ[13]

- SPI，I^2C，UART，パラレル・バス用インタープリタ[17]
- 測定信号はセーブおよび標準フォーマットでのエクスポートが可能[10]

4. ディジタル・パターン発生器

- ロジック・アナライザ，パターン発生器，ディスクリートI/O間で16の信号を共有[15]
- 100MSPS
- アルゴリズム・パターン発生器（メモリ・バッファは不使用）[14]
- ピンごとに16Kトランジションまでサポート可能なバッファ機能を持ったカスタム・パターン・エディタ[18]
- 3.3V出力
- 標準フォーマットによるデータ・ファイルのインポート/エクスポート[19]
- 信号とバスのカスタマイズ表示オプション[10]

5. ディジタルI/O

- ロジック・アナライザ，パターン発生器，ディスクリートI/O間で16の信号を共有[15]
- LVCMOS(3.3V)ロジック・レベル入出力
- PCベースの仮想I/Oデバイス（ボタン，スイッチ，ディスプレイ）による物理ピンの駆動[10]
- カスタマイズ表示オプションを利用可能[10]

6. 電源

- USBポートから電力を引き出す2つの固定電源
- +5V（〜50mA）および-5V（〜50mA）（合計100mA）

7. ネットワーク・アナライザ[19]

- 波形発生器は最高10MHzまでサイン波を掃引して回路をドライブ
- 入力波形は，1Hzから10MHzまで5から1000ステップで設定可能[10]
- 入力振幅およびオフセットを設定可能
- アナログ入力は，各周波数に対する応答を記録[10]
- 応答の大きさと位相の遅れは，ボード線図，ニコルス線図，またはナイキスト線図で表示[10]

8. 電圧計[20]

- 2つの独立した電圧計（アナログ入力チャネルと共

用)
- DC値，AC RMS値，真のRMS値の自動測定[10]
- シングル・エンドおよび差動測定機能
- 各ピンで最大±25Vの入力電圧範囲(最大±50Vピーク-ピーク)
- 最適なゲイン・レンジを選択するオート・レンジ機能[10]

9. スペクトラム・アナライザ[21]

- アナログ入力チャネルでFFTまたはCZTアルゴリズムを実行し，パワー・スペクトルを表示[10]
- 周波数レンジ調整モード：center/spanまたはstart/stop[10]
- 周波数スケール：リニアあるいはログ表示[10]
- ピーク・トラッキング・オプション：ピーク・パワーを検出し，ピークがディスプレイの中央になるように表示を調整[10]
- 垂直軸：電圧ピーク，電圧RMS，dBV，dBμ表示オプション[10]
- 窓関数オプション：矩形窓，三角窓，ハミング窓，コサイン窓，その他多数[10]
- カーソルと自動測定機能(ノイズ・フロア，SFDR，SNR，THD，その他多数)[10]
- 標準的フォーマットを使用したデータ・ファイルのインポート/エクスポート[10]

10. その他の特長

- USB電源が可能(ケーブル同梱)
- 高速USB2インターフェースによる高速データ通信
- 任意波形発生器の出力をステレオ・オーディオ・ジャックより出力可能
- 2つの外部トリガ・ピンを使用した複数機能ブロック間のトリガのリンク[13]
- 機能ブロック間のクロス・トリガ[13]
- コンテキスト・ヘルプを含むヘルプ画面[10]
- MATLABおよびMATLABスチューデント版をサポート
- 機器およびワークスペースは独立して構成可能で，構成はエクスポート可能[10]

\<注\>

(1) オシロスコープの注記を参照．
(2) アナログ信号入力パスの荒いスケール調整のために，ハイ・ゲインまたはロー・ゲインを選択する．さらに細かいスケーリングには "Digital Zooming" を用いる．
(3) オシロスコープの周波数帯域は，使用するプローブに依存する．Analog Discovery 2 ワイヤ・キットは手頃で簡単に使用できるが，周波数帯域，ノイズ，クロストーク性能に限界がある．同軸ケーブルとDiscovery BNC アダプタを使用した場合，オシロスコープの0.5dBダウン周波数帯域幅は10MHzになる(図1-12参照)．
(4) 図1-9に示すように±50Vの差動入力信号はオシロスコープ表示画面範囲(ADCレンジ)に収まらないが，垂直位置を調整して+50Vまたは-50Vレベルの信号を観察することが可能．
(5) デフォルトでのオシロスコープ・バッファのメモリ・サイズは8kサンプル/チャネル．WaveFormsソフトウェアのデバイス・マネージャ(WaveForms メイン・ウィンドウ/Device/Manager)を使用して，異なったリソース配置を定義したFPGAのコンフィギュレーション・ファイルを扱うことができる．ディジタルI/Oへのメモリ割り当てをなくし，AWGへのメモリ割り当てを減らせば，オシロスコープ・バッファのサイズとして16kサンプル/チャネルが選択可能になる．
(6) トリガ検出器およびトリガ分配ネットワーク機能はFPGA内に実装されている．これにより，リアルタイム・トリガおよび異なる機器間のクロス・トリガを実現している．外部トリガ入力/出力機能を用いれば，複数のAnalog Discovery 2 のデバイス間でのクロス・トリガも可能．
(7) リアルタイム・サンプリング・モードはFPGA内に実装されている．A-Dコンバータは常に100Mサンプル/秒で動作する．より低いサンプリング・レート($108/N$ サンプル/秒)が要求された場合，N個のA-Dコンバータのサンプルから平均または間引きのどちらかを用いて，1個の記録用サンプルを作成する．Min/Maxモードでは，$2N$サンプルごとに計算して一組のMin/Max値を記録する．したがって，記録されるサンプリング・レートは半分に減少する．
(8) ミックスド・シグナル・モードでは，オシロスコープとディジタルI/Oのデータ取得ブロックは同期をとるために同じリファレンス・クロックを使用する．
(9) この機能は，PC上のWaveFormsソフトウェアがFPGAからのバッファされたデータを使用して実現している．FPGAレベルでデータ・バッファの取得が終了し，PCへアップロードした後にデータが処理され表示されるが，その処理中に新しいデータの取得が開始されている．
(10) この機能は，PC上のWaveFormsソフトウェアが実現している．
(11) AWGのD-Aコンバータは，常に100Mサンプル/秒で動作している．より低いサンプリング・レート($108/N$ サンプル/秒)が要求された場合，各サンプルはN回D-Aコンバータに送られる．
(12) AWGの出力電圧は±5Vに制限される．この制限は，AC信号とDCオフセット分の合計に対して適用される．

Analog Discovery 2 和訳マニュアル

(13) デフォルトのAWGバッファのサイズは4kサンプル/チャネル．WaveFormsソフトウェアのデバイス・マネージャ（WaveFormsメイン・ウィンドウ/Device/Manager）を使用して，異なったリソース配置を定義したFPGAのコンフィギュレーション・ファイルを扱うことができる．ディジタルI/Oへのメモリ割り当てをなくし，オシロスコープへのメモリ割り当てを減らせば，AWGバッファのサイズとして16kサンプル/チャネルが選択可能になる．

(14) FPGAのコンフィギュレーションでリアルタイムに設定されている．

(15) すべてのディジタルI/Oピンは，WaveFormsのロジック・アナライザやスタティックI/O機器においてデータの取得と表示をするために，常に入力として利用可能です．ユーザは，それらのピンをWaveFormsのパターン発生器やスタティックI/O機器での出力ピンとして選択することも可能．信号がWaveFormsのパターン発生器とスタティックI/O機器の両方でドライブされる場合，スタティックI/OがHiZを出力する場合を除き，スタティックI/O機器の方が優先される．

(16) デフォルトのロジック・アナライザ・バッファのサイズは4kサンプル/チャネル．WaveFormsソフトウェアのデバイス・マネージャ（WaveFormsメイン・ウィンドウ/Device/Manager）を使用して，異なったリソース配置を定義したFPGAのコンフィギュレーション・ファイルを扱うことができます．オシロスコープとAWGへのメモリ割り当てをなくせば，ロジック・アナライザ・バッファのサイズとして16kサンプル/チャネルが選択可能になる．

(17) この機能は，PC上のWaveFormsソフトウェアがFPGAからのバッファされたデータを使用して実現している．FPGAレベルでデータ・バッファの取得が終了し，PCへアップロード後データが処理され表示されるが，その処理中に新しいデータの取得が開始されている．

(18) デフォルトのパターン発生器バッファのサイズは1kサンプル/チャネル．WaveFormsソフトウェアのデバイス・マネージャ（WaveFormsメイン・ウィンドウ/Device/Manager）を使用して，異なったリソース配置を定義したFPGAのコンフィギュレーション・ファイルを扱うことができます．オシロスコープとAWGへのメモリ割り当てをなくせば，パターン発生器バッファのサイズとして16kサンプル/チャネルが選択可能になる．

(19) WaveFormsソフトウェアのネットワーク・アナライザは，アナログ出力（AWG）チャネル1とアナログ入力（オシロスコープ）のハードウェア・リソースを使用する．ネットワーク・アナライザを開始すると，同じハードウェア・リソース（競合する機能ブロック：AWGチャネル1，オシロスコープ，電圧計，スペクトラム・アナライザ）を使用するすべての機能ブロックはBUSYステートになる．競合する機能ブロックが実行されている場合は，ネットワーク・アナライザがBUSYステートになる．

(20) WaveFormsの電圧計は，アナログ入力（オシロスコープ）のハードウェア・リソースを使用し，他の機能ブロック（オシロスコープ，ネットワーク・アナライザ，スペクトラム・アナライザ）と競合する．電圧計を開始すると，競合する機器はBUSYステートになる．競合する機能ブロックが実行されている場合は，電圧計がBUSYステートになる．

(21) WaveFormsのスペクトラム・アナライザは，アナログ入力（オシロスコープ）のハードウェア・リソースを使用し，他のWaveForms機能ブロック（オシロスコープ，ネットワーク・アナライザ，電圧計）と競合する．スペクトラム・アナライザを開始すると，競合する機器はBUSYステートになる．競合する機器が実行されている場合は，スペクトラム・アナライザがBUSYステートになる．

第2部　WaveForms 2015　リファレンス・マニュアル

■ CONTENTS ■

イントロダクション ……………………………………………………………………… **175**
 1. WaveForms 2015 を使用するには ／ 2. Options ウィンドウ ／
 3. Device Manager ウィンドウ ／ 4. Device Calibration ウィンドウ ／
 5. 共通インターフェース ／ 6. ステート ／ 7. トリガ ／
 8. インストーラ

第1章　オシロスコープ ………………………………………………………………… **185**
 1. メニュー ／ 2. コントロール ／ 3. チャネル ／ 4. メイン・プロット ／
 5. 表示（View） ／ 6. エクスポート

第2章　波形発生器 ……………………………………………………………………… **200**
 1. メニュー ／ 2. コントロール ／ 3. プレビュー ／ 4. チャネル ／
 5. 設定モード ／ 6. ステート ／ 7. エディタ ／ 8. インポート

第3章　電源 ……………………………………………………………………………… **206**
 1. Analog Discovery ／ 2. Analog Discovery 2 ／ 3. Electronics Explorer

第4章　データ・ロガー ………………………………………………………………… **208**
 1. プロット ／ 2. エクスポート

第5章　ロジック・アナライザ ………………………………………………………… **209**
 1. メニュー ／ 2. コントロール ／ 3. 信号グリッド ／
 4. プロパティ・エディタ ／ 5. 表示（View） ／ 6. エクスポート

第6章　ディジタル・パターン・ジェネレータ ……………………………………… **215**
 1. メニュー ／ 2. コントロール ／ 3. 信号グリッド ／
 4. プロパティ・エディタ ／ 5. パラメータ・エディタ

第7章　スタティック I/O ……………………………………………………………… **220**
 1. グループ ／ 2. Bit I/O ／ 3. スライダ ／ 4. プログレス・バー ／
 5. 7セグメント

第8章　ネットワーク・アナライザ …………………………………………………… **222**
 1. メニュー ／ 2. コントロール ／ 3. チャネル ／ 4. ボード線図 ／
 5. 表示 ／ 6. エクスポート

第9章　スペクトラム・アナライザ …………………………………………………… **226**
 1. メニュー ／ 2. コントロール ／ 3. トレース ／ 4. プロット ／
 5. 表示 ／ 6. エクスポート

第10章　スクリプト …………………………………………………………………… **231**
 1. メニュー ／ 2. コントロール ／ 3. Output ／ 4. コード ／ 5. 例

WaveForms 2015 和訳マニュアル

イントロダクション

■ はじめに

　WaveForms 2015は，Digilent社が提供する無償のマルチ計測器ソフトウェア・アプリケーションです．Electronics ExplorerやAnalog Discovery，Analog Discovery 2，Analog Discovery 2 NIエディションなどのデバイスで使用することができます．

　WaveForms 2015の特長は，使いやすいグラフィカル・ユーザ・インターフェースを備えており，アナログ信号とディジタル信号を簡単に取得して視覚化し，保存，分析，生成，再利用ができることです．したがって，WaveForms 2015とハードウェア計測器と組み合わせることにより，パソコン上でアナログ回路とディジタル回路の設計を行う際の強力なツールになります．また，クロス・プラットフォームに対応しており，Windows，Mac，Linuxで動作します．アプリケーションの記述にはJavaScriptを使用しています．WaveForms 2015の主な仕様を表0-1に示します．

1. WaveForms 2015を使用するには

　まだインストールされていなければ，WaveForms 2015をパソコンにインストールしてください．詳細は，「8. インストーラ」を参照してください．

　Analog Discovery 2などのデバイスを，付属のUSBケーブルでパソコンに接続します．Windowsの場合，スタートメニューから［すべてのプログラム］を選び，Digilent > WaveForms 2015 > WaveFormsを選択して，WaveFormsアプリケーションを起動します．

　アプリケーションが起動すると，デバイスと接続されます．そして，WaveFormsのメイン・ウィンドウのステータス・バーに，デバイス名とそのシリアル番号が図0-1のように表示されます．

1.1 WaveForms 2015のトラブルシュートについて

　1つのデバイスに接続できるのは，1つのアプリケーションのみです．「The selected device is being used by another application（選択したデバイスが別のアプリケーションによって使用されています）」というメッセージが表示された場合は，使用中の他のアプリケーションのタスクバーを確認してみてください．

　アプリケーションの動作がおかしい場合は，Windowsのスタートメニューから［すべてのプログラム］→ Digilent → WaveForms 2015 を選んで，WaveFormsのセーフ・モードで起動するか，WaveFormsアプリケーションを"clear"パラメータで起動してみてください．

　デバイス固有のトラブルシュートについては，以下のWebページを参照してください．

- Analog Discovery
  https://reference.digilentinc.com/waveforms3/analogdiscovery
- Analog Discovery 2
  https://reference.digilentinc.com/

表0-1　WaveFormsの仕様

オシロスコープ	・トリガ（エッジ，パルス，トランジション，ヒステリシス，ホールドオフ） ・表示-XY，データ，ヒストグラム，測定ビュー，カーソル，ホットトラック ・カスタム・スクリプトによる測定 ・ストリーム・アクイジション ・ロジック・アナライザとの混合モード ・データ・ロギング ・標準チャネルおよびカスタムMath（算術計算）チャネル，リファレンス・チャネル ・ファイルからのリファレンス・データのインポートとMathチャネルでの使用
波形発生器	・ファンクション，カスタムおよび掃引ジェネレータ，AM/FMオプション，プレイ・モード
電圧源	-
データ・ロガー	-
ロジック・アナライザ	・シンプル（エッジ/レベル）トリガ ・信号，バス，SPI，I²C，UARTプロトコルの解析 ・CAN，I²S，カスタム・プロトコルの解析 ・データ・ロギング ・ストリーム・アクイジション ・良好なカーソル・ホットトラック
パターン・ジェネレータ	・クロック，パルス，バイナリ，グレイ，ジョンソン，カウンタ，…，カスタム
スタティックI/O	
ネットワーク・アナライザ	・ナイキスト，ニコルズ，時間軸表示 ・リファレンス・チャネル ・減衰設定 ・オート・レンジ/オフセット ・ゲインの単位
スペクトラム・アナライザ	・測定，時間軸表示 ・コンポーネント・リスト

```
waveforms3/analogdiscovery2
```
- Electronics Explore Board
```
https://reference.digilentinc.com/
waveforms3/explorerboard
```

1.2 計測器の選択

WaveFormsのメイン・ウィンドウのWelcomeタブ（図0-1）には，次のような各計測器のボタンがあります．

- Scope：オシロスコープ
- Wavegen：任意波形発生器
- Supplies：電源およびリファレンス電圧
- Logger：データ・ロガー
- Logic：ロジック・アナライザ
- Patterns：ディジタル・パターン発生器
- StaticIO：スタティック・ディジタルI/O
- Network：ネットワーク・アナライザ
- Spectrum：スペクトラム・アナライザ
- Script：カスタム・スクリプト測定

各計測器は，Welcomeタブの［＋］（追加）で開くこともできます．選択したデバイスあるいは構成がサポートしていない機器のボタンは無効となります．

Settingsメニューには，Options（「2. Optionsウィンドウ」参照），Device Manager（「3. Device Managerウィンドウ」参照），TriggerPCなどがあります．

ワークスペースのOpenボタン，Saveボタン，Save Asボタンを使用して，WaveForms 2015のワークスペースのロード，セーブを行います．

計測器をクローズする場合，その状態でセーブされ，再びオープンした時にはクローズする前の状態に戻ります．Newボタンは，新しいワークスペースを作成します．このとき，現在オープン中のすべての計測器はクローズされ，そのときの計測器の構成も破棄されます．

1.3 ワークスペースおよびプロジェクト

ワークスペースには，オープンしている計測器と現在のステートを表示します．ワークスペースは，WaveFormsのWelcomeタブのOpenボタン，Saveボタン，Save Asボタンでロードおよびセーブすることができます．

ワークスペースは，セーブ・フィルタで選択した次のモードのいずれかで保存できます．

▶All data

すべてのデータが保存されます．

バッファに入っているオシロスコープとロジック・アナライザのアクイジション・データ，オシロスコープのリファレンス・チャネルのサンプル・データ，AWGカスタム波形，およびパターン発生器のカスタム・データなどが保存されます．このオプションを選択すると，ファイル・サイズは数メガ・バイトになります．

▶Reduced size

オシロスコープのリファレンス・チャネルと選択したバッファのデータ，ロジック・アナライザの選択したバッファのデータ，AWGの選択したカスタム波形，

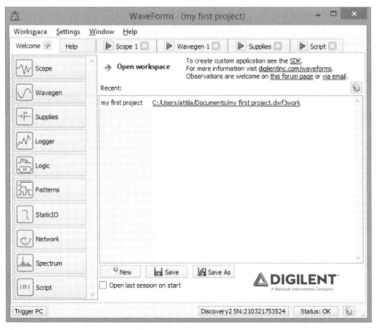

図0-1 WaveFormsのメイン・ウィンドウ

WaveForms 2015 和訳マニュアル

およびパターン発生器のカスタム・データのみがセーブされます．

ワークスペース・ファイルは，WaveFormsに関連付けられています．WaveFormsが実行されているときに，*.dwf3scope，*.dwf3wavegen，*.dwf3analyzerなどのファイルをダブル・クリックすると，ワークスペースは直前に使用されたアプリケーション・インスタンス状態で開きます．WaveFormsが実行されていない場合は，ワークスペースは新しいアプリケーション・インスタンスで開きます．

2. Optionsウィンドウ

Optionsウィンドウでは，各種の表示および設定プリファレンスを選択できます．Optionsウィンドウ（図0-2）を開くには，WaveFormsウィンドウのSettings/Optionsメニューを選択します．

▶ Instrument windows
計測器のウィンドウの開き方を指定します．次のようなオプションがあります．
- Separate：独立したウィンドウとして開く
- Tabs：メイン・ウィンドウのタブとして開く
- MID：親ウィンドウ内の子ウィンドウとして開く

▶ Style
GUIスタイルを選択します．使用しているOSにより，選択できるスタイルが異なります．変更した後に，アプリケーションを再起動することをおすすめします．

▶ Analog color/Digital color
アナログ機器やディジタル機器のプロットの色を選択します．

▶ Graphics optimization
表示の解像度と速度のバランスを調整します．指定するオプションは，選択している計測器に依存します．

▶ Trigger #
トリガ・ピンは，トリガが入力（デフォルト）によるのか，または計測器のトリガ信号によるのかを設定できます．

3. Device Managerウィンドウ

Device Managerウィンドウでは，WaveFormsアプリケーションで使用するデバイスの設定を選択できます．

Device Manager（図0-3）を開くには，SettingsからDevice Managerメニューを選択するか，WaveFormsウィンドウのステータス・バーのデバイス・ボタンをクリックします．

▶ デバイス・リスト
使用するデバイスを選択します．DEMOデバイス

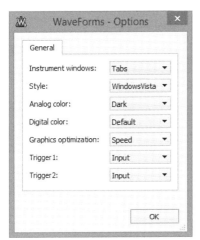

図0-2 WaveForms 2015のOptionsウィンドウ

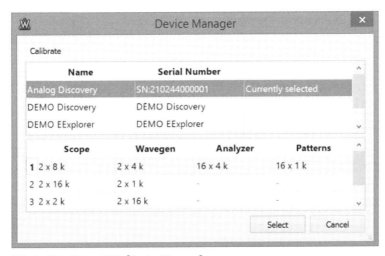

図0-3 WaveForms 2015 ［Device Manager］

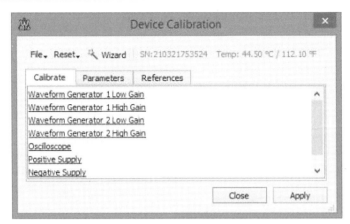

図0-4　WaveForms 2015のDevice Calibrationウィンドウ

を選択すると，パソコンに接続されている物理的なデバイスがなくてもWaveFormsの機能を試すことができます．

▶コンフィグレーション

選択されているデバイスの設定を選択します．コンフィグレーションには，計測器のための異なるデバイスのバッファ・メモリの配置やピン数やチャネル数のような他の仕様が用意されています．

▶キャリブレート・リスト

CalibrateボタンでDevice Calibrationウィンドウを開きます．

4. Device Calibrationウィンドウ

Device Calibrationウィンドウでは，オシロスコープや電圧計の電圧レベル，Electronics Explorerボードの波形発生器や可変電圧源，またはAnalog Discoveryのオシロスコープや波形発生器の出力レベルのようなデバイスのアナログ部分のキャリブレート調整を行います．

WaveFormsのメイン・ウィンドウのSettingsからDevice Managerを選択してDevice Managerウィンドウを開き，CalibrateボタンでDevice Calibrationウィンドウを開きます．

すると，図0-4のウィンドウが開きます．Calibrationリストの項目は選択されているデバイスの種類によって異なります．

▶File
- Open：セーブされているキャリブレーション・パラメータ・ファイルを開く
- Save：現在のキャリブレーション・パラメータをファイルにセーブする

▶Reset
- Discard changes：Device Calibrationウィンドウを開いたとき，またはApplyボタンを押したとき以降に行われた変更をすべてキャンセルする
- Load Factory：デフォルト・キャリブレーション・パラメータをロードする
- Reset to Zero：キャリブレーション・パラメータをゼロにリセットする

▶Apply

デバイスに対するキャリブレーションの変更を適用します．

▶Calibrationタブ

リストにある項目をダブル・クリックすると，そのキャリブレーションを開始します．

▶Parametersタブ

キャリブレーション・パラメータを確認できます．

▶Referencesタブ

測定されたキャリブレーションおよびリファレンス値を確認できます．

5. 共通インターフェース

5.1　メニュー

計測器ウィンドウのメニューは，次のとおりです．

▶File

Fileメニュー（図0-5）では，プロジェクトのオープン／セーブができます．

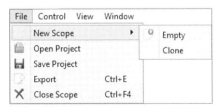

図0-5　Fileメニュー

WaveForms 2015 和訳マニュアル

▶New
- Empty：新規の未設定の計測器をオープンする
- Clone：現在の計測器と同じ構成の新しい計測器をオープンする

▶Open Project
計測器プロジェクトをオープンします．

▶Save Project
計測器プロジェクトをファイルにセーブします．

▶Export
データまたは開いている表示のいずれか1つのスクリーン・ショットをエクスポートします．詳細は，「5.5 エクスポート」を参照してください．

▶Close
機器をクローズします．

▶Control メニュー
Control メニュー（図0-6）では，Single，Run，Stop 制御を行います．

図0-6　Control メニュー

- Single：単発のアクイジションを実行する
- Run：繰り返しのアクイジションまたは連続生成を実行する
- Stop：機器を停止する

▶View メニュー
View メニューでは，子ウィンドウ，ツールバー，その他の表示オプションを選択できます．

▶Window メニュー
Window メニュー（図0-7）では，メイン・ウィンドウおよびすべての計測器のウィンドウを開くことができます．

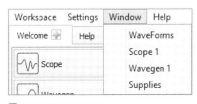

図0-7　Window メニュー

▶Help メニュー
Help メニューには，次のような機能があります．
- Browse：デフォルトのブラウザ上にヘルプを開く
- Home Page：Digilent の Web ページを開く
- About：About ダイアログが開き，ソフトウェアのバージョンとサポートのコンタクト情報を表示する

5.2　リスト

リスト上で，次のようなマウス操作が可能です．
- マウスの左ボタンをクリック：項目の選択（図0-8）
- ［Shift］＋マウスの左ボタンをクリック：連続した複数項目の範囲選択
- ［Control］＋マウスの左ボタンをクリック：項目を選択リストに追加（図0-9）
- 行頭で左ボタンを押したままマウスを移動：選択した項目の移動（図0-10）
- Delete ボタン：選択した項目の削除

図0-8　項目の選択

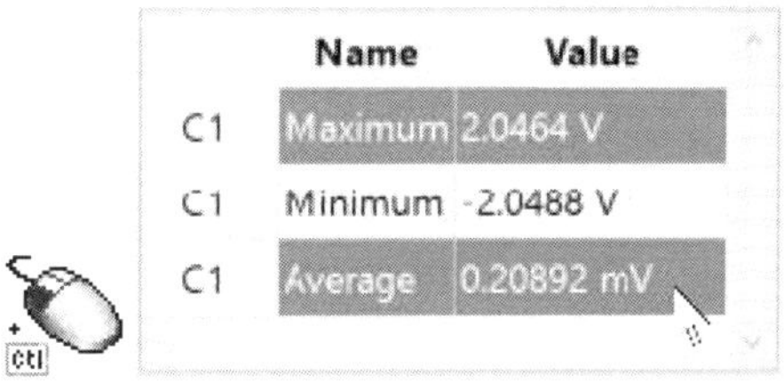

図0-9　項目を選択リストに追加

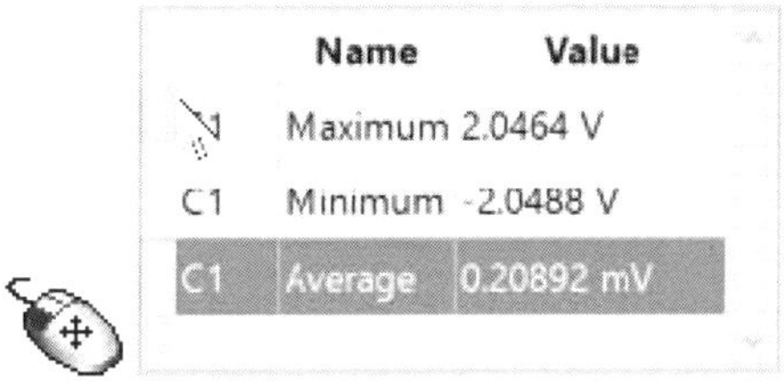

図0-10　選択した項目の移動

5.3　プロット

プロット・エリアの中心は，目盛り線で示されています．垂直線および水平線で大まかな区分がされています．リニア・スケールの場合は，10×10に区分されています．プロット・エリアの縁において主区分線の間にある目盛りは，詳細区分と呼びます．対数スケールの場合は，主目盛りが各減衰値を表し，詳細目盛りが2，3，4，…を示します．

プロット・エリアの端ではスケール調整が可能で，左マウス・ボタンを押してドラッグすると，オフセ

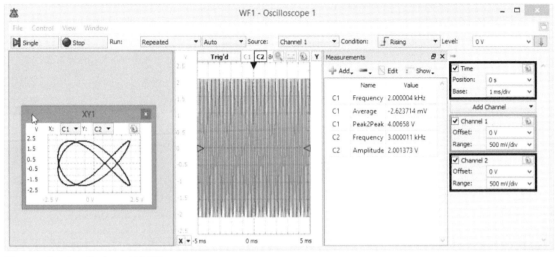

図0-11 ドッキング・ウィンドウ機能

トや位置の変更ができ，右マウス・ボタンやマウス・ホイールまたは［Alt］＋左マウス・ボタンでレンジの変更ができます．Ctrlキーを併用すると各操作のスピードアップ，Shiftキーを併用すると各操作のスローダウンができます．

各プロットの右上にあるドロップダウン・ボタンまたはマウスの右クリックで，以下のオプション・メニューが表示されます．

- Color：プロットのカラー・テーマを選択する
- Plot Width：点として表示される波形プロットの線の太さを設定できる

ホットトラック(HotTrack)機能は，マウス・カーソルを移動した測定を行います．この機能では垂直カーソルが表示され，波形との交点の値が表示されます．この機能の有効/無効は，右上のトグル・ボタンまたはプロット上でのマウスのダブル・クリックで行います．プロット上でクリックすると，ホットトラックが現在の位置でロック/アンロックします．

カーソルは，振幅を測ったり，例えば帯域またはチャネルのリミットのような波形のある点を表示するために使用します．差分カーソルを使用すると，周波数や時間変化にともなう電力の変化を見る測定ができます．これらのカーソルは，プロットの左下にあるXボタンを押すことで追加できます．スコープのメイン時間をプロットするYカーソルは，右上のYボタンで追加します．最初のカーソルは，ノーマル・カーソルとしてデフォルトで追加されており，続けて追加するカーソルは差分カーソルとして最初のカーソルとの差分を表示します．カーソルの位置は，マウス・ドラッグやキーボードの矢印キー，またはカーソルのドロップ・ダウン・メニューの調整機能を使用して変更します．

マウスのミドル・ボタンをクリックすると，カーソルを削除することができます．カーソルの選択は，チャネル番号ショートカット1, 2, …を押すことで行います．

計測器のViewメニューで有効になっているカーソル・ビューでは，テーブル内の位置と測定値が表示されます．カーソルのドロップ・ダウン・メニューおよびテーブルでは，リファレンス・カーソルの選択，カーソル位置，リファレンス・カーソルからの差分値，削除ボタンなどの機能があります．水平カーソルでは，その位置の垂直軸の値で表されます．

5.4 ドッキング・ウィンドウ

ドッキング・ウィンドウ機能は，親ウィンドウ内でウィンドウをドッキングさせてフレキシブルに配置できます(図0-11)．

ウィンドウは，その上縁部をドラッグして移動できます．親ウィンドウの空スペースにドラッグすると，ドロップ領域が表示されます．マウス・ボタンをそこで離せば子ウィンドウとしてその領域に配置されます．もし子ウィンドウを親ウィンドウの別の子ウィンドウ上に配置すると，タブ切替モードで配置されます．子ウィンドウを親ウィンドウの外に配置すると別ウィンドウになります．

5.5 エクスポート

Exportダイアログは，データまたはスクリーン・ショットのセーブを行います(図0-12)．データは，CSVコンマ区切りデータ形式またはTXTタブ区切りデータ形式でセーブできます(図0-13)．セーブのオプションを選択することで，以下の情報もセーブする

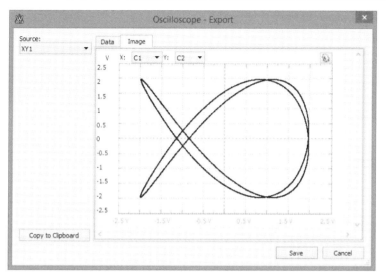

図0-12　スクリーン・ショットのエクスポート

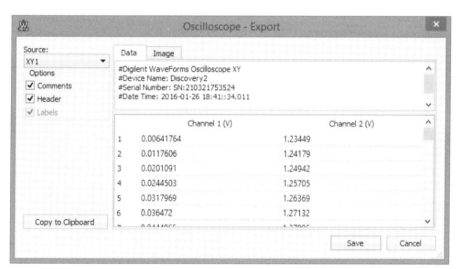

図0-13　データのエクスポート

ことができます．
- Comments：タイトル，デバイス名，シリアル番号，ソフトウェア・バージョン
- Header：カラム・ヘッダ名，例えばTimes，C1Vなど
- Label：第1カラムは選択されたソースによって時間または周波数になる

スクリーン・ショットのイメージは，各種のイメージ・フォーマットでセーブできます．

5.6　スクリプト

スクリプト・エディタは，javascript言語を使ってスコープのカスタムMath算術計算チャネル，任意波形発生器およびMeterチャネルでカスタム波形パターンを作成します．これらは，入力値（データまたはX）を変換するために各サンプルに対して呼び出される算術関数です．

各算術関数で利用できる独自オブジェクトおよび変数は，InsertメニューのLocalsグループで確認できます．また，標準スクリプト要素の他に，次のようなものがあります．

- 算術操作：加算"＋"，引算"－"，乗算"＊"，割り算"/"，コメント"％"
- 括弧：丸括弧，角括弧 [ ]
- 定数：Math.E，Math.PI，Math.LN2，Math.LN10
- 関数：Math.log ログ，Math.pow 電力，Math.min 最小値，Math.max 最大値，Math.sqrt 平方根，Math.sine，Math.cos，Math.tan，Math.

acos，Math.atan，Math.atan2，Math.abs絶対値，Math.round，Math.floor，Math.ceil

スコープのカスタム測定では，より複雑なスクリプトが必要になり，最終行の値が結果になります．アクイジション・データを処理するには，ループを導入する必要があります．

詳細は，「第10章　スクリプト」の「4. コード」を参照してください．

5.7 ロギング

ロギング・ツールを使用すると，各アクイジションまたはカスタム・スクリプト・コードを実行したときにデータをセーブできます（図0-14，図0-15）．この機能は，オシロスコープおよび各アナライザで使用できます．

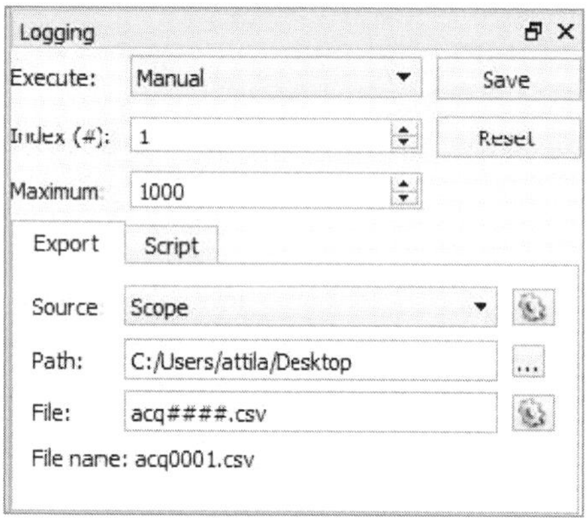

図0-14　Logging Exportタブ

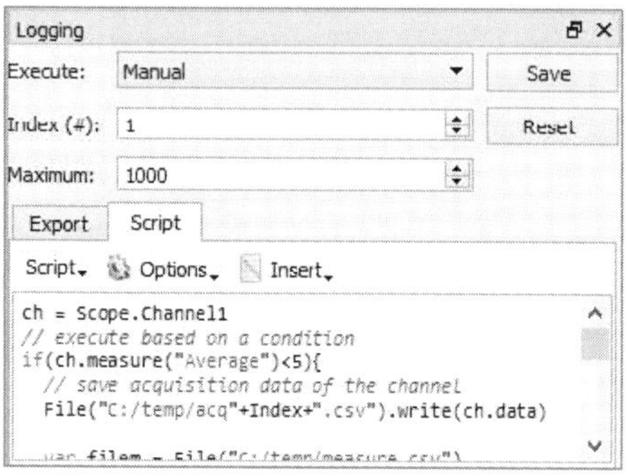

図0-15　Logging Scriptタブ

表0-2　日付や時刻に使用できる正規表現

書式	出力
d	先行ゼロがない日（1～31）
dd	先行ゼロを持つ数字としての日（01～31）
ddd	ローカライズされた省略形の曜日（例："Mon"，"Sun"）．システム・ロケールのローカライズ名を使用
dddd	ローカライズされた省略しない曜日（例："Monday"，"Sunday"）．システム・ロケールのローカライズ名を使用
M	先行ゼロがない月（1～12）
MM	先行ゼロを持つ数字としての月（01～12）
MMM	ローカライズされた省略形の月名（例："Jan"，"Dec"）．システム・ロケールのローカライズ名を使用
MMMM	ローカライズされた省略しない月名（例："January"，"December"）．システム・ロケールのローカライズ名を使用
yy	年の2桁表現（00～99）
yyyy	年の4桁表現
h	先行ゼロがない時間（AM/PM表示の場合は0～23または1～12）
hh	先行ゼロがある時間（AM/PM表示の場合は0～23または1～12）
H	先行ゼロがない時間（AM/PM表示でも00～23）
HH	先行ゼロがある時間（AM/PM表示でも00～23）
m	先行ゼロがない分（0～59）
mm	先行ゼロがある分（00～59）
s	先行ゼロがない秒（0～59）
ss	先行ゼロがある秒（00～59）
z	先行ゼロがないミリ秒（0～999）
zz	先行ゼロがあるミリ秒（000～999）
APまたはA	AM/PM表示を使用．A/APは"AM"または"PM"で置換される
apまたはa	am/pm表示を使用．a/apは"am"または"pm"で置換される
t	タイムゾーン（例 "CEST"）

とができます．
▶Maximum

シンプル・モードによるセーブ動作時のIndex値の最大値を指定します．

▶Export
- Source：アクイジションまたは開いているビューのセーブする項目を選択する．以下のオプションを利用できる

  Comments：タイトル，デバイス名，シリアル番号，日付時間

  Header：カラム・ヘッダ名．例えばTimes，C1Vなど

  Label：第1カラム．選択されているものによるが時間または周波数

- Path：ファイルをセーブするフォルダの指定

▶Execute

ロギングを実行するタイミングを選択します．
- Manual：Saveボタンを押したときのみ
- Each acquisition：各アクイジション時
- Each triggered acquisition：各トリガ時

▶Index

各セーブ操作後に自動的にインクリメントされる変数で，シンプル・モードではファイル名に使用するこ

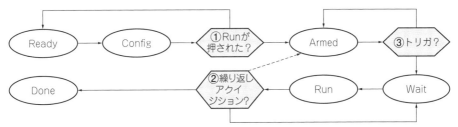

図0-16 任意波形発生器またはディジタル・パターン発生器のステート

- File：ファイル名の指定．Fileフィールド右のオプションで，ファイル名の生成に利用できる標準式が確認できる．#はインデックスで置き換えられ，複数の#はゼロ詰めを表す．角括弧間の式は，日付および時間で置き換わる（表0-2）
▶Script
　Scriptは，スコープまたはロジックの機器オブジェクトでカスタム・セーブ動作を可能にします．詳細は，「5.6　スクリプト」を参照してください．

6. ステート

　アクティブな計測器（オシロスコープ，任意波形発生器，ロジック・アナライザ，パターン・ジェネレータ）は，アクイジションまたは信号生成をしながら状態を変化させます．

　これらの各計測器は，同時に複数のインスタンスを開くことができますが，アクティブなのはそのうちの1つのインスタンスのみです．同型の複数の計測器が開かれている場合，RunまたはStopを押した後，最後に使用したインスタンスがデバイスの制御をします．その他は，Busyステータスを表示します．

6.1　アクイジションのステート

- Ready：計測器は動作していない
- Config：計測器はコンフィグ中であるか，アクイジション・バッファを準備中
- Armed：計測器は準備が完了し，トリガ・イベントの発生を待機中
- Trig'd：アクイジションのトリガを受信する．これは，繰り返しアクイジションの実行中に，トリガ条件が成立したのか自動アクイジションなのかを判別するのに有効
- Auto：アクイジションは，トリガ条件によらず自動でスタートする
- Done：単発アクイジションが完了した
- Stop：計測器は動作を停止している
- Scan：計測器はスキャン画面で，またはシフト・モードで動作している

- Error：パソコンからデバイスが外れた瞬間に表示される

6.2　信号発生器ステート

　図0-16は，任意波形発生器またはディジタル・パターン発生器のステートを示しています．
▶計測器がRunボタンまたはRun Allボタンで開始された場合や何らかの変更がなされた場合は，Readyステートになります．
▶計測器の新しいコンフィグが適用された場合，短時間だけ計測器はConfigステートになります．その後，計測器が開始されるか，または実行中に変更された場合はArmedステートに遷移します．その他の場合は，Readyステートに戻ります．
▶Armedステートでは，トリガを待機します．トリガは他の計測器または外部トリガ源から受けることができます．トリガ源の指定がない場合は，信号生成をただちに開始します．
▶Waitステート中は，計測器は指定時間が経つまで停止します．
▶Runステート中は，計測器は指定した実行時間だけ信号生成を行います．連続生成オプションが指定された場合は，停止するまでRunステートを持続します．
▶Trigger-Wait-Runサイクルは，Repeatパラメータで指定した回数が繰り返され，その後Doneステートになります．無限オプションが指定された場合は，停止されるまでWaitステートに戻ります．
　Repeatサイクルは，トリガを含むか含まないかのいずれかのコンフィグを指定できます．
- Wait-Runモード：トリガを受けるとWait-Runサイクルを指定した回数分繰り返す
- Trigger-Wait-Runモード：Wait-Runステートに入る前に，毎回トリガ・イベントを待つ

　どのステート中でも設定周波数やデューティ，信号の種類などが変更された場合，どの状態からでもConfigステートになります．計測器が稼働していた場合は，再稼働されます．

7. トリガ

トリガ・イベントは，トリガ信号の立ち上がりエッジで起動します．Electronics Explorerボードは，4つのトリガ入力ピンを持っています．これらの入力ピンは，オシロスコープ，任意波形発生器，ロジック・アナライザ，およびディジタル・パターン発生器で使用されます．これらの計測器は，RunステートゥÞにトリガ信号を出力し続けます．

これらの計測器は，外部ピンや他の機器からのあらゆるトリガ信号でトリガすることができます（図0-17）．

波形発生器のチャネルは，独自のコントローラを持つ独立した計測器として，または選択したチャネルが1つのステート・コントローラで制御されているときに，同期モードで機能します．

入力機器であるオシロスコープやロジック・アナライザは，入力チャネルにトリガ検出器を持っています．

トリガPCイベントは，メイン・ウィンドウのデバイス・メニューにあるボタンを押すことで生成します．同様に，Electronics Exploreボードでは，ボード上のスイッチをONにすることでトリガ・イベントを生成します．

計測器を「トリガなし」モードに設定すると，トリガを待たずにアクイジションや信号生成をただちに開始します．

入力機器が自動トリガ・モードは，約2秒間トリガがないときにアクイジションを自動的に開始します．

複数アクイジション・モードでは，計測器が自動トリガに切り替わるとトリガ・イベントが発生せず，コンフィグの変更がされない限り，タイムアウトを待つことなく次のアクイジションを実行します．新しいトリガ・イベントが発生するかコンフィグが変更されると，現在のアクイジションが終了し，次のアクイジションはトリガを待ちます．このモードは，多くの信号を観察していて毎回トリガ設定をしたくないような場合に最適なモードです．

8. インストーラ

Mac OS Xでは，インストーラはAppleディスク・イメージにパッケージ化されています．例えば，`digilent.waveforms_3.0.0.dmg`アプリケーションをインストールするには，ディスク・イメージからアプリケーション・フォルダにコピーします．

Linuxでは，アプリケーションは32ビットおよび64ビット・システム向けにDEBまたはRPMパッケージで提供されます．必要なDigilent Adept Runtimeは，個別にインストールする必要があります．

`digilent.waveforms_v3.0.0.exe` のような Microsoft Windows用インストーラには，以下のコマンド・ライン引数が用意されています．

▶/s（サイレント・モード）

WaveFormsをインスタレーション・ウィザードなしで，インストールまたはアップデートします．WaveForms実行中にこのオプションを使用すると，インスタレーションは失敗する可能性があります．

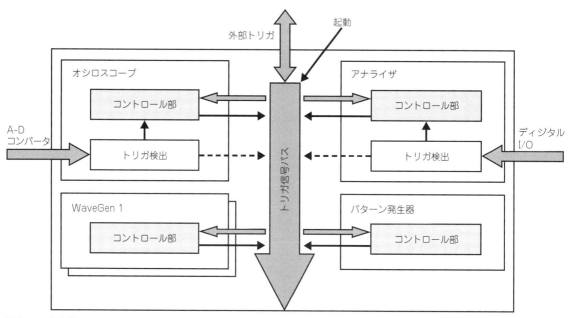

図0-17 トリガ・ステート

WaveForms 2015 和訳マニュアル

▶ /CurrentUser または /AllUsers

ショートカットの作成とインストールを，現在のユーザのみに対して行うか，全ユーザに対して行うかを選択します．このオプションは，WaveFormsの新規インストールにのみ有効です．アップデートやコンポーネントの追加インストールは，最初のインストール時にこのオプションを使用します．このオプションを変更する場合は，WaveFormsをいったんアンインストールしてから再インストールしなければなりません．

▶ /QuickLaunch

クイック起動ツールバーのショートカットを作成します(Windows XPのみ)．

▶ /Update

すでにインストールされているコンポーネントのみが選択されます．

WaveFormsアプリケーションでは，以下のコマンド・ライン引数が用意されています．

- -safe-mode：セーブされているオプションや最新ワークスペース・リストをロードせずに，セーフ・モードでアプリケーションを起動する
- *.dwf3work：ワークスペースをロードします．プロジェクト用に計測器をオープンしてプロジェクトをロードする
- *.dwf3scope：Scope - オシロスコープ
- *.dwf3wavegen：Wavegen - 任意波形発生器
- *.dwf3logic：ロジック・アナライザ
- *.dwf3patterns：パターン発生器
- *.dwf3supplies：電源
- *.dwf3logger：データ・ロガー
- *.dwf3static：スタティックI/O
- *.dwf3network：ネットワーク・アナライザ
- *.dwf3spectrum：スペクトラム・アナライザ
- *.dwf3script：スクリプト

オプションの指定順に実行されます．アプリケーションがインストールされているパスは，コマンド・ラインで指定します．

第1章　オシロスコープ

オシロスコープ(またはスコープ)は，信号の電圧を2次元グラフで観察することができます．(垂直軸上の)1つまたは2つ以上の電位差を，(水平軸上の)時間または他の電圧の関数としてプロットします(図1-1)．

ほとんどの場合，オシロスコープは変化がないか，ゆっくり変化する繰り返しのイベントを観察するために使用します．

1. メニュー

メニューの共通インターフェースの詳細は，「イントロダクション」の「5.1　メニュー」を参照してください．

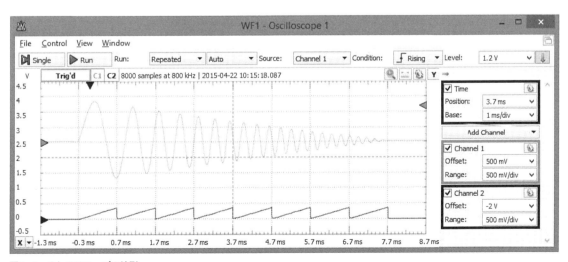

図1-1　オシロスコープの波形

1.1 Viewメニュー

図1-2に，オシロスコープのViewメニューのドロップボックスを示します．次のようなメニューがあります．

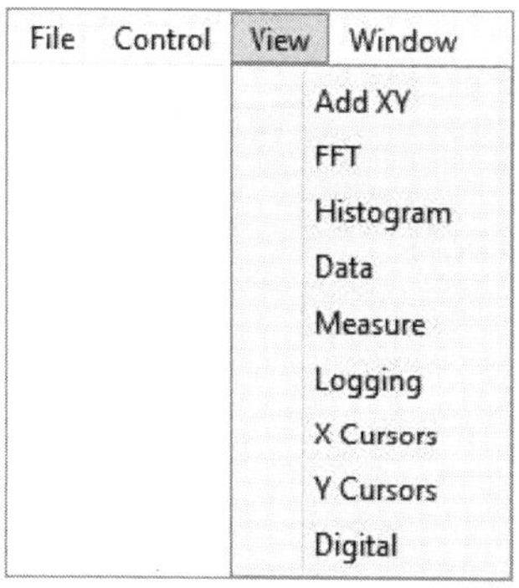

図1-2 Viewタブ

- Add Zoom：新規のZoom表示を追加する
- Add XY：新規のXY表示を追加する
- FFT：FFT表示をオープン/クローズする
- Hitogram：Histogram表示をオープン/クローズする
- Persistence：Persistence表示をオープン/クローズする
- Data：Data表示をオープン/クローズする
- Measurements：Measurements表示をオープン/クローズする
- Logging：Loggingツールをオープン/クローズする
- Audio：Audioツールをオープン/クローズする
- X Cursors：X Cursors表示をオープン/クローズする
- Y Cursors：Y Cursors表示をオープン/クローズする
- Digital：ディジタル・チャネルを有効/無効にする

2. コントロール

図1-3に示すコントロール・ツールバーは，繰り返し波形を安定化させたり単発波形のキャプチャをします．デフォルトでは，重要なオプションのみ表示されています．右上角の上下矢印で，他の機能の表示/非表示を切り替えます．

▶ Singleボタン
　単発アクイジションを開始します．
▶ Run/Stopボタン
　繰り返し，連続，またはストリーム（「ラン・モード」参照）アクイジションを開始します．アクイジションが進行中は，RunボタンはStopボタンに変わります．
▶ Run
　ラン・モードのオプションでRunボタンの動作を以下から選択します．
- Repeated：Runボタンで繰り返しアクイジションを開始する
- スキャン・スクリーン：サンプルしたデータが左から右に描かれるようにアクイジションをスキャンする．右端に到達すると再び左から信号カーブをプロットする
- スキャンShift：スキャン・スクリーン・モードと類似しているが，信号プロットが右端に到達するとカーブ・プロットを左に移動する
- Stream：低いレートで大量のサンプルをキャプチャする．このモードでは，サンプルは（システムや他の接続デバイスに依存するが）約1Mサンプル/秒のUSBの限界レートでキャプチャされる

スキャン・モード（ScreenおよびShift）の選択は，時間軸を最低1秒スパン，100ms/ディビジョンに変更します．時間軸をこれよりも低い値へ調整すると，Repeatedモードに切り替わります．

▶ Buffer
　実行したアクイジションは，時間順にPCのバッファにセーブされます．これは一連のアクイジションを検証するときに有用です．新規のアクイジションは，現在選択しているバッファ位置の後にセーブされます．バッファ中の位置を変更してアクイジションを開始すると，選択位置より後ろのデータは失われます．

▶ Mode
　3つのトリガ・モードがあります．
- Normal：指定した条件でのみアクイジションのトリガがかかる．オシロスコープの場合，入力信号が設定したトリガ・ポイントに達した場合のみ掃引する
- Auto：2秒以内にトリガ条件が満たされない場合は，自動的にアクイジションが開始される．繰り返しアクイジション・モードの場合，計測器がオート・トリガに変更されると，トリガ・

図1-3 コントロール・ツールバー

イベントが起きずコンフィグが変更されなければ，タイムアウトを待つことなく次のアクイジションが実行される
- None：アクイジションはトリガを待たずに開始される

▶ Auto Setボタン

有効なRealチャネルおよびMathチャネル，およびトリガ構成を，入力信号に合わせて自動的に調整します．Realチャネルのオフセットおよびレンジは，1秒間の最小または最大入力レベルにより決定します．トリガは，入力信号の最低周波数と最大振幅でチャネルの立ち上がりエッジに設定されます．

▶ Source

トリガとして使用するオシロスコープ・チャネルを選択します．他の計測器または外部トリガ信号もオシロスコープのトリガとして使用することができます．

▶ Type

トリガの種類をエッジ，パルス，トランジションから選択します．
- Edge：エッジ・トリガは，基本かつ最も一般的である．エッジ・トリガでは，トリガ・レベルと信号スロープ判定により基本的なトリガ・ポイントの定義が行われる．トリガ回路はコンパレータのように動作する．コンパレータの片側のスロープと電圧レベルを選択する．トリガ信号が設定と合致したときに，オシロスコープはトリガを生成する

スロープ状態の制御は，トリガ・ポイントが信号の立ち上がりエッジまたは立ち下がりエッジのどちら側にあるかで決定します．立ち上がりエッジは上昇スロープで，立ち下がりエッジは下降スロープです．レベル判定は，エッジ上でトリガ・ポイントに達したかどうかで行います．図1-4は，トリガ・スロープおよびレベル設定により波形の表示がどうなるかを示します．
- Pulse：パルスをトリガ・タイプに選択すると，正/負パルスがユーザが設定したものより長い/短いときにオシロスコープはトリガを出す．例えば，パルスが指定した長さより短く，トリガ条件は指定値より長いと設定されていた場合は，オシロスコープはトリガを出さない

図1-5は，200μs未満で構成された正パルス・トリガを示しています．また，図1-6は，200μsのタイムアウトに設定された正パルス・トリガを示しています．そして，図1-7は，200μs以上に設定された正パルス・トリガです．
- Transition：トランジション・トリガはパルス・トリガに似ているが，信号の遷移時間を指定した長さと比較する．ヒステリシス・ウィンドウで，遷移レベルの下側と上側を指定する

図1-8は，200μs未満に設定された−3V～+3Vの立ち上がりトランジション・トリガを示しています．図1-9は，200μsのタイムアウトに設定された−3V

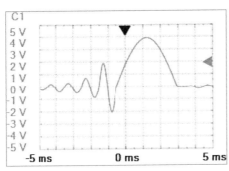
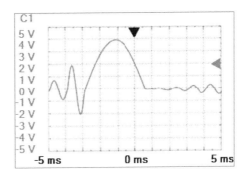

図1-4 波形の表示

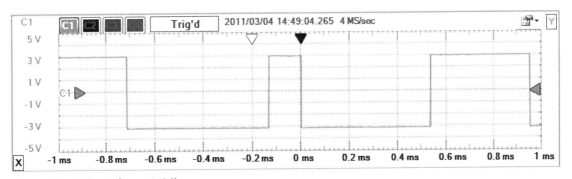

図1-5 200μs未満の正パルス・トリガ

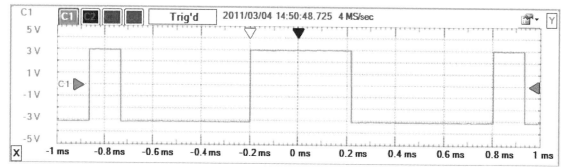
図1-6 200μsでタイムアウトするように設定された正パルス・トリガ

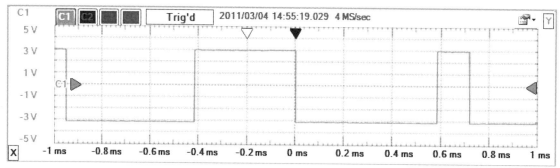
図1-7 200μs以上に設定された正パルス・トリガ

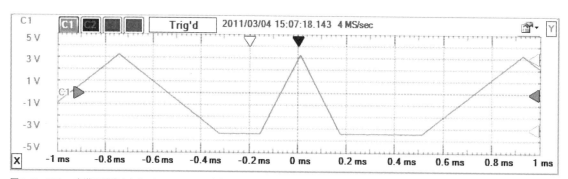
図1-8 200μs未満に設定された-3V～+3Vの立ち上がりトランジション・トリガ

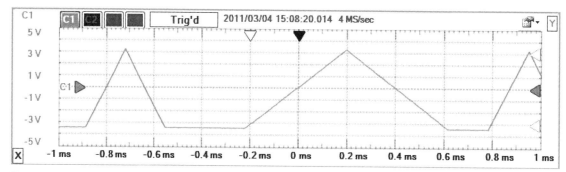
図1-9 200μsのタイムアウトに設定された-3V～+3Vの立ち上がりトランジション・トリガ

～+3Vの立ち上がりトランジション・トリガです．

▶ Condition

エッジのトリガ条件と遷移方向を，立ち上がりエッジにするか立ち下がりエッジにするかを選択します．

パルス・トリガの場合は，正または負のパルスを選択します．

▶ Level

トリガ・レベルは，トリガ入力がこの値を超えたと

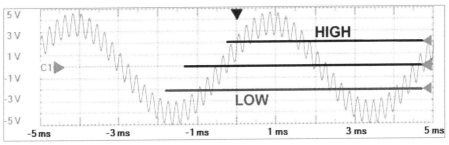

図1-10 ヒステリシスを使用して上/下限値を決める

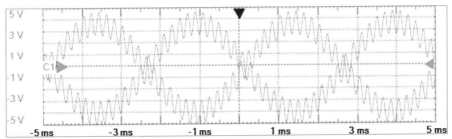

図1-11 ヒステリシスがないと,信号ノイズによりトリガ・イベントが入力信号の立ち下がりエッジでも発生する

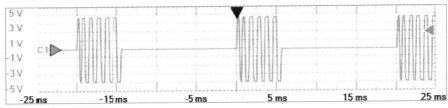

図1-12 10msのホールド・オフでトリガをかける場合

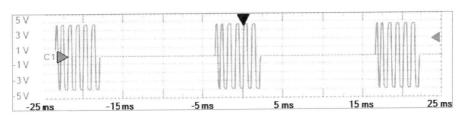

図1-13 ホールド・オフなしでトリガをかける場合

きにスコープがトリガする調整可能な電圧レベルです。HysteresisとTypeも参照してください。

▶ Hysteresis

図1-10に示すように,ヒステリシスを使用すると下限値と上限値が決まります(トリガ・レベルに合わせてヒステリシス値を+/-します)。信号レベルが上限値を超えると,ハイ・レベルとみなされ下限値を下回るまでハイ・レベルを維持します。これは信号ノイズによる揺れを避けたり,遷移トリガ条件を指定したりするときに使用します。オート・オプションでは,選択したトリガ・チャネルのレンジ値の1%が指定されます。

図1-11は,ヒステリシスがない場合,信号ノイズによりトリガ・イベントが入力信号の立ち下がりエッジでも発生することを示しています。

▶ Length Condition

トリガ条件として,パルス長がless(指定値より短い),more(指定値より長い),またはtime out(タイムアウト)を選択するか,トランジション時間を選択します。パルスと遷移トリガを参照してください。

▶ Trigger Length

トリガ時間として,パルス長の最小値/最大値または遷移時間を指定します。パルスと遷移トリガを参照してください。

▶ Holdoff:トリガ・ホールド・オフは,オシロスコープがトリガを出力しない調整可能な期間です。この

機能は，複雑な波形に対して最初の望ましいポイントのみでトリガをかけるときに有効です．

図1-12と図1-13は，便利な表示結果を得るためにトリガ・ホールド・オフがいかに役立つかを示しています．

ホールド・オフの長さは信号バースト部の長さの最大値程度で，できれば少しだけ大きくし，あまり小さくない値に設定してください．前述の例では，ホールド・オフ値は約6msですが，6～15msでも大丈夫です．

▶歯車アイコン

- Buffers：バッファの数を指定する
- Filter：トリガ検出で使用するサンプル・モードを選択する．アクイジションされたデータでトリガ・イベントが表示されない可能性があるため，アクイジションされたものとは異なる場合がある．オート・オプションは，選択されているトリガ源チャネルのサンプル・モードに基づきフィルタを使用する

3. チャネル

このツール・バーには，時間とチャネルのコンフィグレーション・グループが含まれています（図1-14）．左上のトグル・ボタンでツール・バーの自動隠蔽機能の有効/無効を切り替えます．

［Add Channel］ボタンをクリックすると，次のオプションを開きます．

- Math：新規のシンプルまたはカスタムMath（算術計算）チャネルを作成する
- Reference：選択したチャネル波形は，リファレンス・チャネルとしてセーブされます．あるいはファイルから波形データをインポートする
- Digital：新規のディジタル・チャネルを作成し，ディジタル・チャネルを有効化する

グループ名の前にあるチェック・ボックスで対応するチャネルの有効/無効を切り替えます．右上のドロップダウン・ボタンでチャネル・プロパティの設定ができます．Mathチャネルおよびリファレンス・チャネルには，クローズ・ボタンも用意されています．

3.1 Timeグループ

Timeグループは時間軸と水平方向トリガの位置調整を行うもので，スケールと波形の水平方向の位置設定をします（図1-15）．

▶Position

水平方向の位置調整を行い，波形を左右に移動させてスクリーン上の希望の位置にします．これは，実際には波形を記録するトリガの水平方向位置を表しています．水平方向トリガ位置を変更することで，トリガ・イベント前の信号の振舞いをキャプチャすることができます（"プレトリガ表示"と呼びます）．

ディジタル・オシロスコープはプレトリガ表示ができますが，これはトリガの有無にかかわらず入力信号の処理を常に行っているからです．プレトリガ表示は，トラブルシュートを行う有用なツールです．例えば，問題部分でトリガしたときに，問題が断続的に発生する場合，その部分までのイベントを記録しておけば原因を解明できる可能性があります．

▶Base

時間軸(秒/ディビジョン)設定は，チャネル・コンフィグレーション・ツール・バーで行い，スクリーン上の波形描画レートを選択します．この設定は，スケール・ファクタです．例えば，設定が1msの場合，それぞれの水平ディビジョンは1msに相当し，全スクリーン幅は10ms(10ディビジョン)になります．秒/ディビジョン設定を変更することで，入力信号をより長いあるいは短い間隔で描画します．

プロパティ・ドロップダウンでは，以下の設定ができます．

- Position as division：Positionパラメータの単位，ディビジョンまたは秒を選択する

図1-14　チャネル・ツールバー

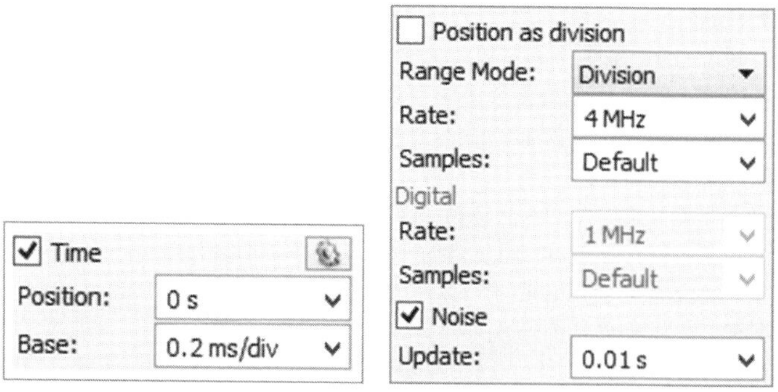

図1-15　Timeグループ

- Range Mode：時間軸の表示モードを選択する（Division：ディビジョン単位，PlusMinus：中心からみた左右端差分，Full：時間軸フルスケール）
- Rate：サンプル・レートを変更する
- Samples：アクイジションするサンプル数を変更する

Digitalの項目では，以下の設定ができます．

- Rate：ディジタル・チャネルのサンプル・レートを変更する
- Samples：ディジタル・チャネルの取得するサンプル数を変更する
- Noise：ディジタル・バッファの半分のディジタル・ノイズ・サンプルをアクイジションすることを選択する
- Update：アプリケーションがオシロスコープのデバイスの状態を確認し，繰り返し実行モードで取得したデータを読み込む時間帯を指定する．更新速度を遅くする時間を増やす

3.2 Realチャネル

図1-16に示すRealチャネル・ツール・バーにより，各Realチャネルのオフセットとレンジを指定し，波形の垂直方向の位置とスケールの設定を行います．

▶ Offset

オフセット（垂直位置）の調整を行い，波形を上下に移動させてスクリーン上の希望の位置にします．オフセットは，オシロスコープ画面の中心線と実際のグラウンドとの電位差です．この差分は，内部オフセット電圧源により作られます．

▶ Range

レンジ（電圧／ディビジョン）調整は，オシロスコープ画面に描かれるグラフの垂直方向のスケールを設定します．電圧／ディビジョン設定は，スケール・ファクタです．例えば，電圧／ディビジョン設定が2Vの場合，10個の垂直区画はそれぞれは2Vを表し，画面全体は下から上に20Vを表示できます．設定が0.5V/divの場合，画面は下から上までで5Vを表示できます．画面に表示できる最大電圧は，V/div設定に垂直ディビジョンの数を掛けたものです．

プロパティをドロップダウンすると，以下の設定ができます．

▶ Color

チャネル波形の色を設定します．

▶ Offset as divisions

オフセット・パラメータ，ディビジョンまたは電圧の単位を選択します．

▶ Noise

ノイズ・バンド（最小値／最大値）の表示／非表示を選択します．

▶ Range mode

チャネルのレンジ（Division：ディビジョン単位，PlusMinus：中心からみた上下端差分，Full：垂直軸フルスケール）の表示モードを選択します．

▶ Attenuation

使用しているプローブの減衰率を指定します．

▶ Sample Mode

アクイジション・サンプル・モードを設定します．オシロスコープのA-Dコンバータは，固定周波数で動作します．時間軸の設定とオシロスコープ・バッファのサイズにより，サンプリング周波数はA-D変換周波数よりも低くすることができます．例えば，A-D変換周波数が100MHz（10ns）の場合，バッファ・サイズが8000サンプルで時間軸が200μs/divだとすると，2つのサンプル間では25回A-D変換されます．以下のフィルタは，余分な変換分について適用できます．

- Decimate：N番目のA-D変換のみ記録する
- Average：各サンプルは，A-D変換の平均値
- Min/Max：各2サンプルは，変換結果の最小値と最大値

▶ Export

該当するチャネル・データに対してエクスポート・ウィンドウを開きます．Exportの共通インターフェースの詳細は，「イントロダクション」の「5.5 エクスポート」を参照してください．

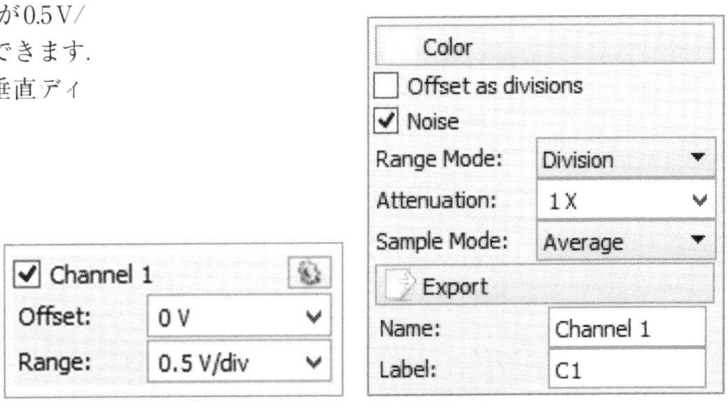

図1-16 Realチャネル・ツールバー

- Name：チャネル名を指定する
- Label：チャネル・ラベルを指定する

● 入力カップリング

カップリングは，ある回路から別の回路に電気信号を伝達するときに使用する手法です．ここでの入力カップリングは，テスト回路とオシロスコープの接続になります．

Electronics Explorerボードでは，AC入力カップリングとDC入力カップリングが，ボード上のAC表記とDC表記された個別のコネクタで用意されています．Analog Discovery BNCアダプタの場合は，ジャンパーでACカップリングとDCカップリングの選択をします．DCカップリングは，すべての入力信号を見ることができます．ACカップリングは，信号のDC成分を阻止することで波形の中心が0Vとして観察できます．

図1-17の波形は，この違いを示しています．ACカップリング設定は，（変動部分と一定部分を含めた）信号全体がV/div設定に対して大きすぎるときに有用です．

3.3 Mathチャネル

図1-18は，Mathチャネル・ツール・バーです．WaveFormsに内蔵されている演算機能を使用すると，オシロスコープの入力信号に対してさまざまな演算を行うことができます（図1-19）．シンプルまたはカス

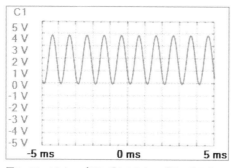

図1-17 ACカップリングとDCカップリングの違い
2VのDC成分を持った2Vピーク・ツー・ピークのサイン波

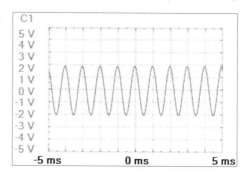

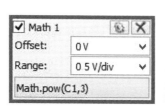

図1-18 Mathチャネル・ツール・バー

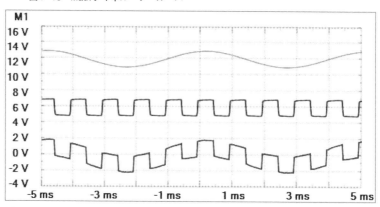

図1-19 オシロスコープの2つの波形を演算してプロット

タムMathチャネルは，Add Channelボタンで追加します．

シンプルMathチャネルは，2つのチャネルの加算，減算，乗算，または除算を行うように設定することができます．数学的演算はパソコンが行うため，オシロスコープ・デバイスはこれらのチャネルにトリガをかけることはできません．Mathチャネルの単位は，例えばA，Wのように指定することができます．

プロパティ・ドロップダウンで，以下の設定ができます．他のオプションについてはRealチャネルを参照してください．

- Units：チャネルの単位を指定する
- Custom：カスタム演算機能の有効化/無効化を選択する

● カスタムMathチャネル

図1-20は，カスタムMathチャネル・ツール・バーです．カスタムまたはシンプルMath（演算）チャネルの選択は，チャネル・プロパティで選択できます．

カスタムMath関数エディタは，数式を表示している一番下のボタンで起動します．

Enter Functionのテキスト・ボックスにカスタム関数を入力します．入力した関数が有効ならば，あるサンプルに対する結果の値が表示され，それ以外の場合はエラーの説明が表示されます．

Applyボタンをクリックすると，変更が適用されます．OKボタンをクリックすると最新の有効な関数がセーブされます．エディタを開く前にセーブした関数を使用するには，Cancelボタンをクリックします．

「イントロダクション」の「5.6 スクリプト」を参照してください．ローカル変数は実数で，リファレンスおよびMathチャネルは昇順のインデックス（例えば：C_1，C_2，R_1，M_1）を持ちます．M_1関数には，他の数学関数は使用できません．M_2にはM_1が使用でき，M_3にはM_1とM_2が使用できます．

▶ 関数例

- M_1：$(C_1 - C_2)/0.01$
  C_1およびC_2は10mΩのシャント抵抗に接続していると仮定すると，M_1は流れる電流を表します．
- M_2：$M_1 * C_2$
  M_2には，被測定物の消費電力が表示されます．

3.4 リファレンス・チャネル

図1-21は，リファレンス・チャネル・ツールバーです．リファレンス・チャネルは，チャネル・ツー

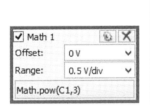

図1-20 カスタムMathチャネル

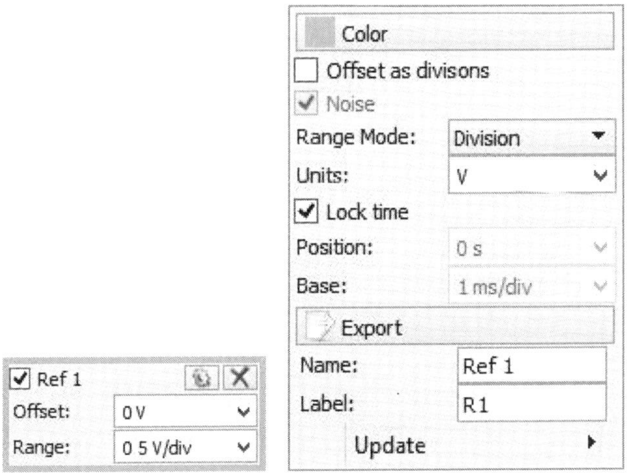

図1-21 リファレンス・チャネル

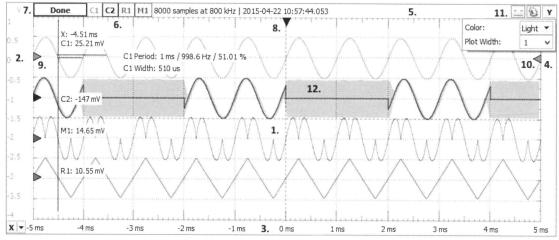

図1-22 メイン・プロットの表示とラベル

バーのAdd Channelボタンで追加できます．

プロパティ・ドロップダウンでは，以下の設定ができます．他のオプションについてはRealチャネルを参照してください．

- Units：チャネルの単位を指定する
- Lock time：チェックを入れると，リファレンス・チャネルの時間設定はメインの設定に従う．チェックを外すと，チャネルのカスタム設定が可能になる
- Position：リファレンス波形の位置を調整する
- Base：リファレンス波形のスケール・ファクタを調整する
- Update：選択したチャネルかまたはファイルからインポートしたデータで，リファレンス・チャネルを更新する

4. メイン・プロット

図1-22に，メイン・プロットの表示とラベルの例を示します．ディスプレイの中心は，目盛線で示されています．垂直および水平線で大まかな区分がされており，10×10に区分されています．ディスプレイの縁でこの主区分線の間にある目盛りは詳細区分と呼びます．オシロスコープ・コントロール（V/divおよびsec/div）上のラベルは，常にこの主区分を参照しています．

表示領域の左縁には，アクティブ・チャネルのための電圧の水平区分線が表示されます．左マウス・ドラッグでオフセットの変更，右マウス・ドラッグでアクティブ・チャネルのレンジ調整が可能です．

垂直区分線の時間表示が下縁に表示されます．左マウス・ドラッグで時間（トリガの水平）位置の変更，右マウス・ドラッグで時間軸の変更が可能です．

表示領域の右縁で，左マウス・ドラッグすると垂直方向のトリガ・レベルの変更ができ，右マウス・ドラッグでヒステリシス・レベルの変更ができます．

表示領域の上端には表示されているアクイジションについてのサンプル数，レート，およびキャプチャ・タイムの情報が表示されます．

チャネル・リストの色により，チャネルの区別が容易につきます．矩形を左マウス・クリックするとチャネルがアクティブになります．マウスを右クリックすると，そのチャネルを無効/非表示にします．

ステータス・ラベルでオシロスコープのステートを示します．詳細は，「イントロダクション」の「6.1 アクイジションのステート」を参照してください．

トリガの水平方向位置矢印は，マウスで移動できます．各チャネルのゼロ位置矢印をマウスで移動することで，垂直位置（オフセット）を変更できます．トリガの垂直方向位置矢印をマウスで移動することで，トリガ・レベルを変更できます．2つの小さい矢印は，（ヒステリシスの）上下レベルを表します．プロットの共通インターフェースの詳細は，「イントロダクション」の「5.3 プロット」も参照してください．

ノイズ・バンドは，異常またはサンプリング周波数よりも高い成分を示します．「Realチャネル」のオプションを参照してください．

4.1 HotTrack

HotTrackの例を図1-23に示します．HotTrackの共通インターフェースの詳細は，「イントロダクション」の「5.3 プロット」を参照してください．

マウス・カーソルが信号行にあると，パルス幅とパルス周期を測定して，右に2つ並んだ垂直カーソルを配置します．それ以外の場合は，垂直カーソルとの交

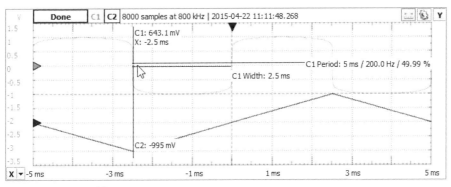

図1-23 HotTrack の例

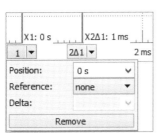

図1-24 Xカーソルのドロップダウン・メニュー・オプション

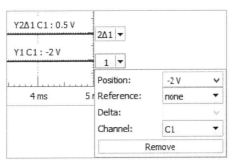

図1-25 Yカーソルのドロップダウン・メニュー・オプション

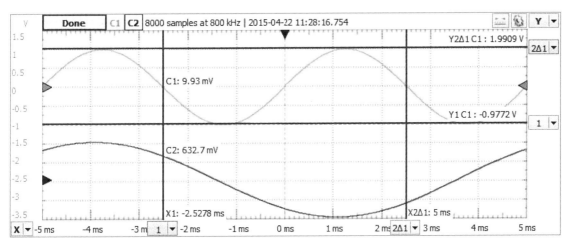

図1-26 メイン・タイム表示のXおよびYカーソル

点に時間軸と波形のレベルを示す1つの垂直カーソルが配置されます.

4.2 カーソル

メイン・タイム表示ではXおよびYカーソルが利用できます.詳細は,「イントロダクション」の「5.3 プロット」を参照してください.

図1-24に示すXカーソルのドロップダウン・メニューで,位置,リファレンス・カーソル,X差分値,削除ボタンの変更・機能設定が行えます.

図1-25に示すYカーソルのドロップダウン・メニューで,チャネル,位置,リファレンス・カーソル,差分値,削除ボタンの変更・機能設定が行えます.

図1-26に,メイン・タイム表示でXカーソルとYカーソルを利用する例を示します.

4.3 ディジタル・チャネル

ロジック・アナライザは,ディジタル・チャネルを追加するか,表示メニューから有効にすることで,オシロスコープ・インターフェース内で有効にすることができます.

図1-27は,抵抗ネットワークのディジタル入力とアナログ出力を示しています.

5. 表示(View)

5.1 FFT

FFT viewは,周波数に対する振幅をプロットします(図1-28).言い換えれば,信号を時間ドメインで表示(時間に対する振幅)するTime viewに対して,信号を周波数ドメインで表示します.これは,測定信号中のノイズまたはひずみの発生を追跡するときに特に有用です.

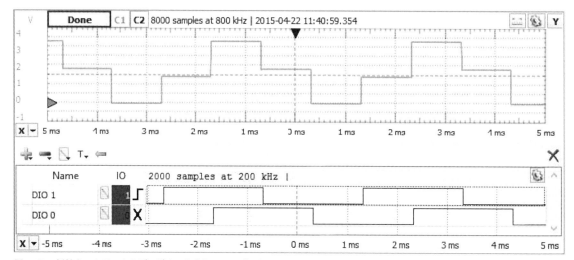

図1-27 抵抗ネットワークのディジタル入力とアナログ出力

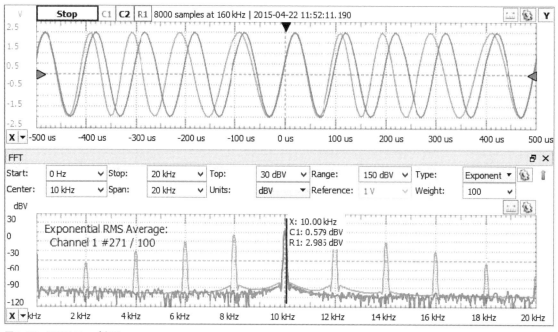

図1-28 FFTスコープ表示

FFTには，スペクトラム・アナライザの計測器機能のサブセットが含まれています．より多くのオプションを使用するには，この計測器を使用してください．

FFTツールバーは，デフォルトでは重要なオプションしか表示されていません．右上端の上下矢印により，他のオプションの表示/非表示が切り替わります．このツールバーは，以下の設定ができます．

- Center/Span または Start/Stop：表示する周波数レンジを指定する
- Top：振幅スケールの最大値を指定する
- Range：振幅スケールのレンジを指定する
- Units および Reference：「第9章　スペクトラム・アナライザ」の「3.1　Magnitude」を参照してください．
- Type および Count/Weight：「第9章　スペクトラム・アナライザ」の「3.3　Trace」を参照してください．

歯車アイコンのドロップダウンで，以下のオプションの指定ができます．

- Scale：リニア表示または対数表示による周波数スケールの選択
- Window および Beta：スペクトル・トレース・オプション

5.2　XY

XY表示は，あるチャネルと別のチャネルの関係をプロットします（図1-29）．このプロットの例は，キャパシタ，インダクタ，ダイオードの*I-V*カーブや2つの周期的な波形の位相差を示すリサージュ図形です．XY表示では，さらに基準波形に対するMathチャネルをプロットするなど，より高度な操作も可能です．

XとYの表示チャネルは，上側と他のプロット・オプションの横にある右上隅のプロパティボタンで選択できます．

5.3　ヒストグラム

ヒストグラム表示は，信号波形の電圧分布をグラフで表したものです．これは，各電圧値に対する値の分布をプロットし，信号のパーセンテージとして表される特定の電圧値を有する回数を示します．図1-30は，サイン波と別の信号のヒストグラム表示です．

Auto scaleオプションは，各チャネル個別に最大値を基にしてスケールを調整します．共通のスケール最大値を指定することもできます．

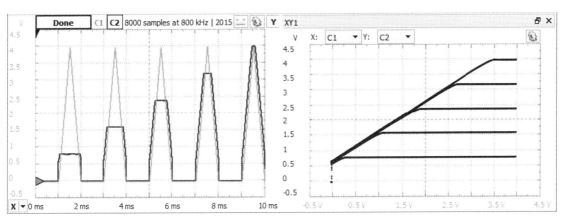

図1-29　XYスコープ表示

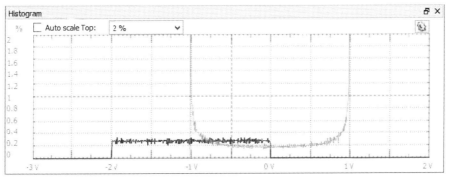

図1-30　サイン波および別の信号のヒストグラム表示

5.4 データ

データ表示は、アクイジション・サンプルの値とその時間スタンプを表示します(図1-31)。カラム・ヘッダはサンプルのインデックスを表しており、最初のカラムは時間スタンプを表示し、他のカラムには各チャネルのアクイジション・サンプルの値を表示しています。

Data	Time (s)	C1 (V)	C2 (V)
1	0.00399975	-0.0164274	-0.00351636
2	0.004	-0.0140908	-0.0028474
3	0.00400025	-0.0137569	-0.00217845
4	0.0040005	-0.0120879	-0.00217845
5	0.00400075	-0.0104189	0.000162896
6	0.004001	-0.00874985	0.00116633
7	0.00400125	-0.00607939	0.00216976

図1-31 アクイジション・サンプルとその時間スタンプを表示するData表示

選択したセルの値は、他のアプリケーションへコピー&ペーストすることができます。

5.5 測定

測定表示は、選択した測定のリストを表示します(図1-32)。最初のカラムはチャネル、2番目のカラムは項目タイプ、3番目のカラムは値を表示します。マウス操作については「イントロダクション」の「5.2 リスト」を参照してください。

Addドロップダウン・メニューで[Default Measurement]を選択するとAdd Measurementウィンドウが開きます(図1-33)。左側はチャネル・リストで、右側は測定タイプのグループのツリー表示です。選択した測定をAddボタンで(または項目をダブル・クリックする)測定リストに追加することができます。

Showメニューのオプションで、アクイジション中の測定から統計を作成することができます。統計値は、Resetボタンでクリアします。

▶各チャネルの垂直軸測定
- Maximum：絶対最大値
- Minimum：絶対最小値
- Average：MaximumとMinimumの平均値
- Peak2Peak：最大値と最小値の差分
- High：ヒストグラムを基にした、パルス・トップのセトリング値
- Low：ヒストグラムを基にした、パルス・ボトムのセトリング値
- Middle：パルスのトップとボトムのセトリング値の中点値
- Overshoot：(ピーク・ツー・ピーク/2 − 振幅)/振幅
- Rise Overshoot：(最大 − 高)/振幅
- Fall Overshoot：(最小 − 低)/振幅
- Amplitude：パルスのトップとボトムのセトリング値(High, Low)の差分の半分の値
- DC RMS：直流実効値．AC成分およびDC成分を含む信号中の全電力である
- AC RMS：交流実効値．DC電力を除いてAC電力成分のみを残すことでAC信号の特性を見るために用いる

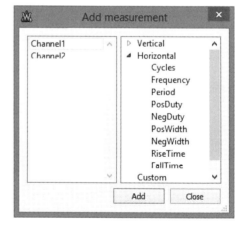

図1-33 Add measurementウィンドウ

	Name	Value	Count	Average	Min	Max
C2	Peak2Peak	1.995161 V	253	1.994842 V	1.993823 V	1.996164 V
C1	Average	-0.015054 V	253	-0.01506 V	-0.015238 V	-0.014888 V
C1	Frequency	999.995765 Hz	253	999.990538 Hz	999.614302 Hz	1.000306 kHz
C1	Cycles	10	253	10	10	10
C1	RiseTime	0.295046 ms	253	0.295022 ms	0.294494 ms	0.295545 ms
C1	Amplitude	0.998643 V	162	0.998643 V	0.998643 V	0.998643 V

図1-32 測定表示

▶各チャネルの水平軸測定
- Cycles：アクイジション・データの完全サイクル数
- Frequency：信号の周波数
- Period：信号の周期
- PosDuty：信号の正側デューティ
- NegDuty：信号の負側デューティ
- PosWidth：信号の正側のパルス幅
- NegWidth：信号の負側のパルス幅
- RiseTime：信号の立ち上がり時間
- FallTime：信号の立ち下がり時間

Addドロップダウン・メニューで［Custom Channel measurement］を選択すると，平均を計算するサンプル・スクリプトを含むスクリプト・エディタが開きます．ここでは，1つのチャネルのデータを持つカスタム測定を作成できます．これは，他のチャネルで使用されるDefined Measurement Customカテゴリ・リストに追加されます．読み取り専用の例として，編集で開くことができる事前定義の水平測定値を参照してください．

「イントロダクション」の「5.6 スクリプト」を参照してください．Localsは，現在の測定のために選択されたチャネルであるTime and Channelオブジェクトです．

▶平均値の計算

```
// ローカル変数を初期化する
var value = 0
// 各サンプルにアクセスするためのループ
Channel.data.
forEach(function(sample){
// サンプルを合計する
 value+=sample
})
// 合計をサンプル数で割って平均を求める
value /= Channel.data.length
// コードの最後の行は測定値
value
```

▶他の測定値へのアクセス，ピーク・ツー・ピーク値の計算

```
Channel.measure("Maximum") -
         Channel.measure("Maximum")
```

Add/Custom Global測定は，位相計算サンプル・スクリプトを含むスクリプト・エディタを開きます．ここでは，複数のチャネルにアクセスするカスタム測定を作成できます．ローカルは，スコープと呼ばれる計測器オブジェクトです．

▶位相計算

```
// ローカル変数を初期化する
var sum1 = 0
var sum2 = 0
var sum12 = 0
// パフォーマンスを向上させるために，データ
    配列のローカル・コピーを取得して使用する
var d1 = Scope.Channel1.data
var d2 = Scope.Channel2.data
var c = d1.length
for(var i = 0; i < c; i++){
    sum1 += d1[i]*d1[i]
    sum2 += d2[i]*d2[i]
    sum12 += d1[i]*d2[i]
}
sum1 /= c
sum2 /= c
sum12 /= c
// コードの最後の行は測定値
Math.acos(sum12/Math.
  sqrt(sum1*sum2))*180/Math.PI
```

▶他の測定値にアクセスし利得をdBで計算

パフォーマンス上の理由から，事前に定義された垂直および水平測定値はハードウェア・コード化されており，一部はエディタに読み取り専用のサンプル・スクリプトとして表示されます．

5.6 ロギング

ロギングの共通インターフェースの詳細は，「イントロダクション」の「5.7 ロギング」を参照してください．

スクリプトは，データの保存，ロギング，または処理された情報のカスタム保存を可能にします．LocalはScopeという計測器オブジェクトです．IndexおよびMaximumはスクリプト上に表示される値です．

```
// ローカル変数
var ch = Scope.Channel1
// 保存条件，平均測定値が5v未満
if(ch.measure("Average")<5)
{
// 取得のためにファイル・オブジェクトをインスタンス化し，チャネル・データを書き込む
File("C:/temp/acq"+Index+".csv"
              ).write(ch.data)
// 測定のためのファイル
var filem = File("C:/temp/measure.
                     csv")
// ファイルが存在しない場合
if(!filem.exist())
{
    // ヘッダ行を書き込む（前の内容を消去
```

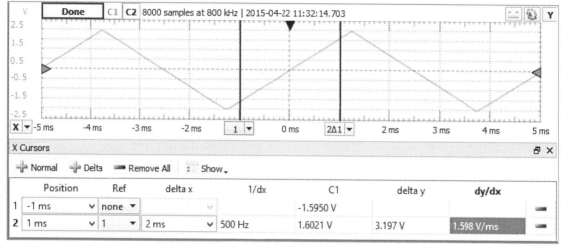

図1-34 Xカーソルの補足情報

```
する)
    filem.writeLine("Time,Average,
                              Peak2Peak")
}
// 保存したい測定値の行を追加する
var textm = Date()+","+ch.measure(
        "Average")+","+ch.measure(
                         "Peak2Peak")
filem.appendLine(textm)
// インクリメント・インデックス
Index++
}
```

5.7 Xカーソル

Xカーソルは，カーソル情報をテーブル形式で表示します．カーソルの詳細は，「4.2 カーソル」を参照してください．

図1-34の表は，カーソルの1/デルタx周波数，デルタy垂直差，およびデルタy/デルタxのカーソル補足への追加情報を示しています．

5.8 Yカーソル

Yカーソルは，カーソル情報を表形式で表示します．カーソルの詳細は，「4.2 カーソル」を参照してください．

6. エクスポート

エクスポートの共通インターフェースの詳細は，「イントロダクション」の「5.5 エクスポート」を参照してください．

第2章 波形発生器

波形発生器(Wavegen)は，電気的な波形を生成します．生成できる波形は，繰り返し波形でも単発の波形でも可能です．内部の他のデバイスから，または外部からの異なるトリガ源を使用することができます．

生成した波形を被測定デバイスに入力して，オシロスコープを通して被測定デバイスの分析を行うことができます．これにより，そのデバイスが正常な動作をしているかを確かめたり，デバイスの故障を突き止めたりする際に便利です．

メイン・ウィンドウには，上部にコントロール・ツールバー，左側にコンフィグ欄，右側に信号プレビュー・プロットの3つのエリアがあります(図2-1).

1. メニュー

メニューの詳細は，「イントロダクション」の「5.1 メニュー」を参照してください．

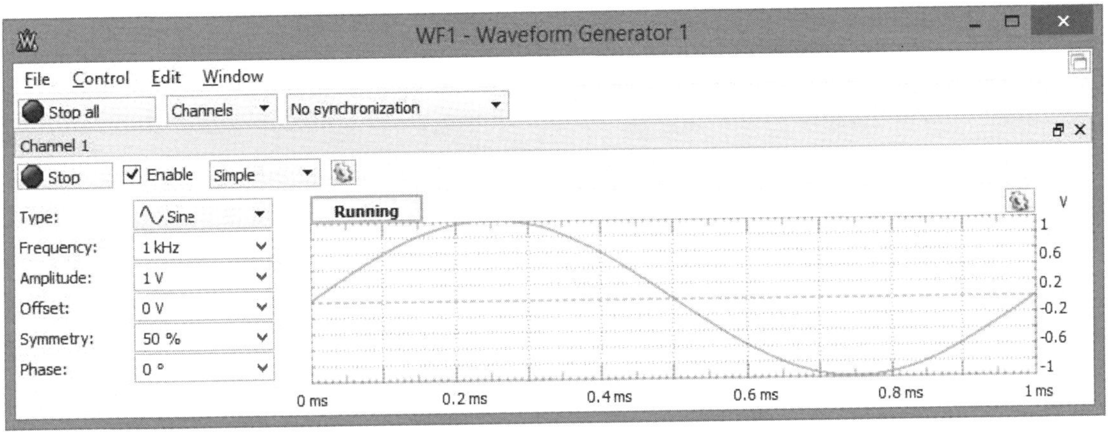

WaveForms 2015 和訳マニュアル

図2-1 波形発生器のメイン・ウィンドウ

1.1 Edit

Editメニューは，チャネルのコンフィグレーションのコピーまたはスワップを行います．

2. コントロール

波形発生器のコントロール・ツールバーにあるControlの機能は，次のようになっています．

▶ Run All/Stop Allボタン
　選択した信号の生成を開始または停止します．

▶ Channels
　コントロールするチャネルを選択します．選択したすべてのチャネルについて，コンフィグ形式と信号プレビュー・プロットが表示されます．
- Channel 1：波形発生器のチャネル1
- Channel 2：波形発生器のチャネル2
- Channel 3*：正電源（V_P+）
- Channel 4*：負電源（V_P-）
  　*：Electronics Explorerボードで利用可能．

▶ 同期モード
- 非同期（No synchronization）モード：同期パラメータは無効
- 独立（Independent）モード：各チャネルは独立して動作する．Trigger, Wait, Run, Repeat設定は，チャネルごとに構成できる．あるチャネルの設定を変更すると，そのチャネルの信号の生成は最初からやり直されて，他のチャネルとの同期は失われる
- 同期（Synchronized）モード：Trigger, Wait, Run, Repeat設定は，同一計測器インスタンスのすべての選択されているチャネルで共通となる．1つのチャネルの設定を変更すると両チャネルとも再設定されるので，不連続なランタイム値を使用して，チャネルを定期的に再同期化する必要がある．これは，実際の周波数が期待する値の近似値であり，数サイクル後にチャネルの位相がずれるまで，小さな誤差が累積するためである
- 自動同期（Auto synchronization）モード：信号周波数やスイープ／ダンプ時間，AM/FM変調器周波数などに応じて，すべてのチャネル設定から実行時間が自動的に最長の時間に調整される同期モードと似ている

3. プレビュー

選択したすべてのチャネルに対して，信号のプレビュー・プロットが表示されます．

右上の端にあるプロット・オプション・メニュー（一般のプロット・オプションの隣）には，波形プロットを拡大したり縮小したりするコントロールがあります．フルモードでスケールオプションを使用すると，時間を手動で調整できます．手動モードで垂直スケーリングも調整できます．

プロット上で水平方向に，マウスを左クリックしながらドラッグすると，プレビューのスタート位置を変更でき，マウスを右クリックしながらドラッグすると水平方向のレンジの拡大や縮小をします．左右の端でマウスを左クリックしながら垂直方向にドラッグすると振幅／電圧スケールの位置を変更し，マウスを右クリックしながらドラッグすると，垂直方向のレンジの拡大や縮小をします．

実際の出力は，特に高周波では外部負荷に依存するため，プレビューとは異なる可能性があります．

4. チャネル

ここでは，次のような設定ができます(図2-2)．

図2-2 チャネル・ツール・バー

▶ Run/Stopボタン

指定したチャネルの信号生成を開始または停止します．波形生成チャネルは，個別にスタートできます．

▶ Enableボタン

出力の有効化または無効化を行います．

チャネル・オプション(歯車のアイコン)では，以下の選択ができます．

▶ Idle output

ウェイト，レディ，停止，または完了など，実行していないときの出力状態を選択します．

- Initial：アイドル時，出力電圧レベルは現在の設定における波形の初期波形値になる．これは，選択した信号タイプ(オフセット，振幅，振幅変調器)の設定によって異なる
- Offset：アイドル出力(Idle output)は，設定したオフセット・レベルになる
- Disabled*：アイドル時の出力は無効になる．チャネル1, 2の出力は0 Vである．チャネル3(正電源)，チャネル4(負電源)はGNDに接続した1 kΩの抵抗とダイオードに接続する

▶ Supply *

電圧波形発生器と電流波形発生器の選択をします．

▶ Limitation *

電流または電圧の制限値を指定します．

*：Electronics Exploreボードで選択可能．

5. 設定モード

選択したすべてのチャネルについて，設定モードが表示されます．カスタム波形と再生波形は，チャネルと設定モードで共有されます．

5.1 シンプル設定モード(Simple)

シンプル設定モード(Simple)は，簡単で標準的な信号設定モードです(図2-3)．

TypeはDC，正弦波(Sine)，矩形波(Square)，三角波(Triangle)，ランプアップ波(Ramp-Up)，ランプダウン波(Ramp-Down)，ノイズ信号(Noise)，台

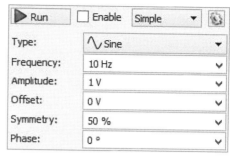

図2-3 シンプル設定モード

形波(Trapezium)，および正弦波電力(Sine-Power)などの標準的な信号タイプを表します．オプション・メニューから，作成したカスタム波形や，パターンまたはデータを再生するファイルをインポートしたりすることもできます．

ノイズ信号の場合，周波数(Frequency)はDACの更新レートを表し，対称性(Symmetry)または位相(Phase)パラメータは無効になります．

正弦波電力信号(Sine-Power)では，電力属性が0の正弦波信号になります．電力属性を高くすると，波形は正方形に近づきます．電力属性の関数定義は次のとおりです．

```
if(power＞0) = Sin(x)(100/(100-power))
if(power＜0) = Sin(x)((100＋power)/100)
```

Frequency(周波数)，Amplitude(振幅)，Offset(オフセット)，Symmetry(対称性)，Phase(位相)の信号パラメータを設定できます．

Trigger，Wait，Run，Repeat設定では，バースト信号の生成ができます．

詳細な情報は「イントロダクション」の「6. ステート」を参照してください．

5.2 基本設定モード(Basic)

基本設定モード(Basic)は，標準的な信号設定モードです．信号アイコンは，標準的な信号のタイプを表しています(図2-4)．

Frequency(周波数)，Amplitude(振幅)，Offset(オフセット)，Symmetry(対称性)，Phase(位相)は，スライダーを使用すると信号パラメータの値を最小値と最大値の間に簡単に変更することができます．これらの制限値は，スライダーの上下にあるコンボ・ボックスで変更できます．

Trigger，Wait，Run，Repeat設定では，バースト信号を生成できます．詳細な情報は「イントロダクション」の「6. ステート」を参照してください．

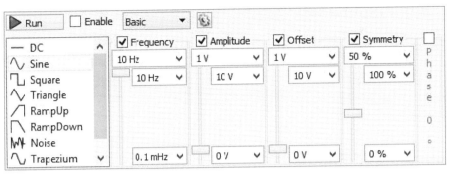

図2-4　基本設定モード

5.3　カスタム設定モード（Custom）

カスタム設定モード（Custom）では，次のような設定を行います（図2-5）．

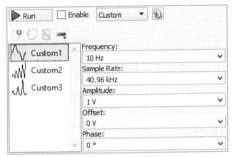

図2-5　カスタム設定モード

- Newボタン：カスタム波形の新規作成と編集ができる．詳細は，「7. エディタ」を参照のこと
- Importボタン：ファイルから波形を読み込むことができる．詳細は，「8. インポート」を参照のこと
- Editボタン：現在選択している信号を編集できる
- Removeボタン：選択した信号，またはすべての信号を削除できる

- Frequency（周波数），Amplitude（振幅），Offset（オフセット），Symmetry（対称性），Phase（位相）：信号パラメータを設定できる
- Trigger，Wait，Run，Repeat：バースト信号を生成できる．詳細は，「イントロダクション」の「6. ステート」を参照のこと

5.4　スイープ設定モード（Sweep）

スイープおよびダンプ信号を簡単に設定するには，スイープ設定モードを選択します（図2-6）．

- Sweep to/Dump to：チェック・ボックスでこれらのモードの有効または無効を選択する．Sweep toモードでは，指定した時間内に信号周波数が最初の値から2番目の値まで直線的に変化する．Dump toモードでは，指定した時間内に信号の振幅が最初の値から2番目の値まで直線的に変化する
- Type：標準またはカスタムを選択できる．信号タイプの右にあるオプション・メニュー（歯車のアイコン）でカスタム波形の生成またはファイルからの読み込みができる．これらは信号タイプ・リストに追加される
- Frequency（周波数），Amplitude（振幅），Offset（オフセット），Symmetry（対称性），Phase（位相）：信号パラメータを設定できる

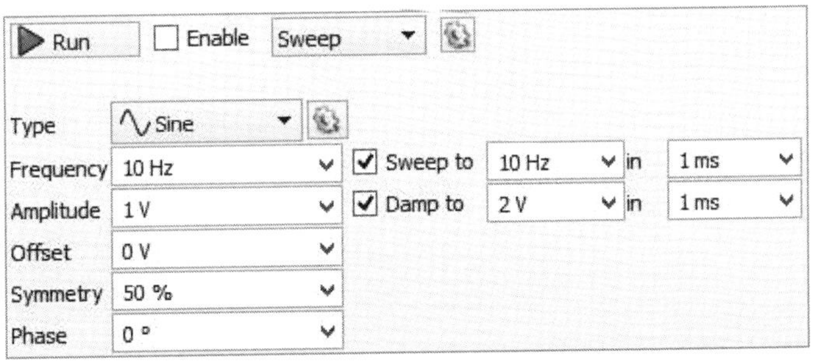

図2-6　スイープ設定モード

		Carrier	FM	AM
		✓ Carrier	✓ FM	✓ AM
Type		∿ Sine	⊓ Square	∧ Triangle
Frequency		1 kHz	100 Hz	100 Hz
Amplitude/Index		1 V	10 %	10 %
Offset		0 V	0 %	0 %
Symmetry		50 %	50 %	50 %
Phase		0 °	0 °	0 °

図2-7 詳細設定モード

- Trigger, Wait, Run, Repeat：バースト信号を生成できる．詳細は，「イントロダクション」の「6. ステート」を参照のこと

5.5 詳細設定モード（Advanced）

より詳細な設定をするには，詳細設定モード（Advanced）を選択します（図2-7）．

- Trigger, Wait, Run, Repeat：バースト信号を生成できる．詳細は，「イントロダクション」の「6. ステート」を参照のこと
- Carrier, FM, AM：各信号は，個別のカラムで設定する
- Type：標準またはカスタムを選択できる．信号タイプの右にあるオプション・メニュー（歯車のアイコン）でカスタム波形の生成またはファイルからの読み込みができる．これらは，信号タイプ・リストに追加される

設定項目は，以下のようになります．

- Type：信号のタイプは，標準的な信号やユーザが定義した信号または読み込んだカスタム信号を含む*
- Frequency：生成された波形の周期を調整する．ノイズ信号は，DACの更新レートを表す
- Amplitude：キャリア信号の振幅を示す
- Index：AM/FMの変調指数をパーセンテージで表す
- Offset：キャリアの場合は，オフセットをボルト単位で調整する．変調オフセットは，変調器のパーセンテージとして表す
- Symmetry：対称性をパーセンテージで表す
- Phase：位相を度数で表す

　＊：Electronics ExploreボードのChチャネルでは，AMまたはFMのどちらか1つをカスタム信号タイプとして指定できる

6. ステート

詳細な情報は，「イントロダクション」の「6.2 信号発生器ステート」および本章の「4. チャネル」のアイドル出力を参照してください．

（Trigger），Wait, Run, Repeat設定を使用すると，バースト信号を生成できます．

- Trigger：波形発生器チャネルのトリガ・イベントを指定する
- Wait：信号生成を開始するまでの待機時間を指定する
- Ru：シグナル生成の発生時間を指定する．Continuousオプションを選択すると，信号発生器が連続して動作する
- Repeat：(Trigger)→Wait→実行サイクルを何回繰り返すかを指定する．無限オプションは，連続オプションと同様
- Repeat Trigger：リピート・サイクルを選択

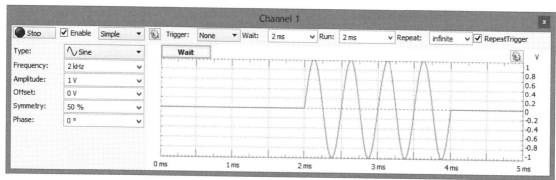

図2-8 バースト信号

して，TriggerをWait→実行サイクルに含めるかどうかを選択します

図2-8は，バースト信号を示しています．

7. エディタ

エディタを使うと，任意の信号の形やカスタムのキャリア信号，変調を簡単に作成できます．

カスタム・エディタを起動するには，Custom，Sweep，またはAdvancedの設定欄からNew signalオプションを選択するか，既存のカスタム信号のEditを選択します．これにより，数学関数から信号を生成することができます（図2-9）．

- Name：カスタム波形の名前を指定または変更する
- Samples：サンプル数を指定できる．ステップのようないくつかのサンプルで波形を作成するのに便利．カスタム波形は，使用可能な空きデバイス・バッファを満たすように引き伸ばされる
- X from/to：数学関数で使用するX変数の値の範囲を指定する
- Enter Function：このテキスト・ボックスにカスタム関数を入力できる．入力した関数が有効な場合は，1つのサンプルの結果の番号が表示され，それ以外の場合はエラーの説明が表示される．共通インターフェースは，「イントロダクション」の「5.6 スクリプト」を参照のこと．Xは，各データ・サンプルを生成するために呼びだされるローカル変数である
- Normalize：チェックすると，データは生成後に自動的に正規化される
- Generate：指定された関数を生成する
- 上矢印アイコン：プロットの頂点の値が，-1〜1，-100〜100％に正規化される
- 元に戻すアイコン：直前の変更を元に戻したり，やり直したりすることができる
- 右側にあるSampleリストは，編集可能

OKボタンをクリックすると，直前の有効な関数を保存します．エディタを開く前に保存した関数を使用するには，Cancelボタンをクリックします．

以下は，関数の例です．

- Math.sin(2*Math.PI*X)+Math.cos(4*Math.PI*X)
- Math.random()*2-1

8. インポート

Custom，Sweep，Advanced設定欄にデータ・ファイルをインポートするには，Importをチェックして Fileを選択します（図2-10）．

Browseボタンをクリックすると，ファイル選択ダイアログボックスが開きます．

インポートするときにファイルのコーディングが正しく検出されない場合は，Formatグループのオプションを調整して次の項目を指定します．

- Skip heading：データにインポートしない先頭行（通常はコメントやファイル情報）をスキップする
- Column header：チェックすると先頭行が列名になる
- Column count：ファイル内のデータ列数を指定する
- Row count：ファイル内のデータ行数を指定する
- List separator：データ区切り子を指定する

Importグループには，以下のパラメータがあります．

- Column：ファイルに複数の列のデータが含まれている場合は，使用する列を選択する
- First/Count：インポートする最初のサンプル・インデックスとインデックス数を指定する
- Offset/Amplitude：波形のスケールを指定する．

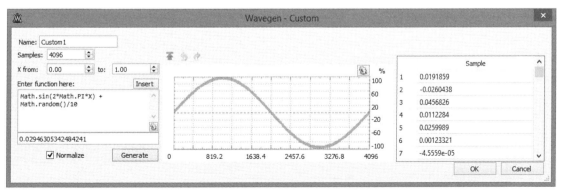

図2-9 エディタの機能

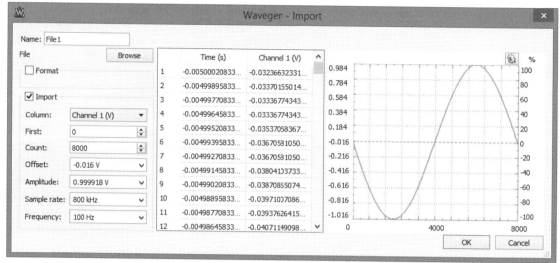

図2-10 インポートの画面

指定したレンジがデバイスの許容範囲内であれば適用される
- Samples rate/Frequency：波形のレートを指定する

プロット・エリアに選択したデータ・レンジが表示されます．

第3章　電源

電源のインターフェースは，他のデバイスとは異なります．

1. Analog Discovery

この機器では，Analog Discoveryの電源を有効にすることができます．設定できる項目は次のとおりです（図3-1）．

▶Master Enable is ON/OFFボタン
主電源のON/OFFを切り替えるスイッチです．

▶Positive/Negative Supplyボタン
正電源または負電源を以下の状態で有効にするスイッチです．

- 電源が有効でマスタ・スイッチがOFFのときにRDYが表示される
- マスタ・スイッチがONで電源が有効な場合は，ONが表示される
- 電源が有効になっていないときはOFFが表示される

▶電源状態バー
2つの電源の消費電力状況を0から最大許容レベルまで表示します．

メニューの共通インターフェースの詳細は，「イントロダクション」の「5.1　メニュー」を参照してください．

2. Analog Discovery 2

この機器では，Analog Discovery 2の電源を有効にすることができます．設定できる項目は次のとおりです（図3-2）．

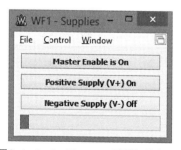

図3-1　Analog Discoveryの電源の設定画面

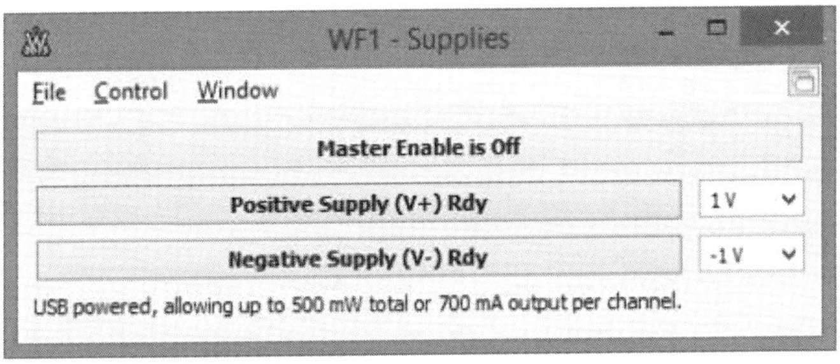

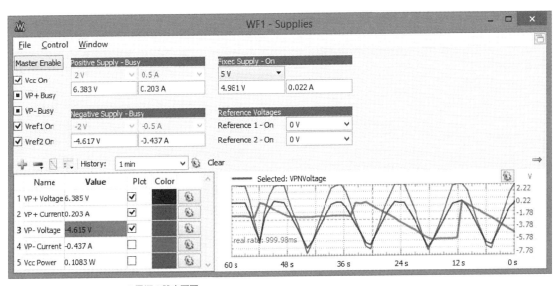

図3-2 Analog Discovery 2の電源の設定画面

図3-3 Electronics Exploreの電源の設定画面

▶ Master Enable is ON/OFFボタン
主電源のON/OFFを切り替えるスイッチです。

▶ Positive/Negative Supplyボタン
正電源または負電源を以下の状態で有効にするスイッチです。
- 電源が有効でマスタ・スイッチがOFFのときにRDYが表示される
- マスタ・スイッチがONで電源が有効な場合は,ONが表示される
- 電源が有効になっていないときはOFFが表示される

▶ Voltage fields
電源状態バーでは,2つの電源の消費電力状況を0から最大許容レベルまで表示します。
メニューの共通インターフェースの詳細は,「イントロダクション」の「5.1 メニュー」を参照してください。

3. Electronics Explorer

Electronics Explorerの電源設定には,コントロール・エリアとプロット・エリアの2つの主要エリアがあります(図3-3).

コントロール・エリアには,電圧/電流を可変できる電源があります.メニューの共通インターフェースは,「イントロダクション」の「5.1 メニュー」を参照してください.

コントロール・エリアでは,下記の設定でさまざまな電圧計および電源の設定の調整を行います.

- Master Enable:電源および基準電圧のON/OFFを切り替えるためのマスタ・スイッチ
- On/Off:各電源を有効にするスイッチ
- Voltage/Currentフィールド:コンボ・ボックスから値を選択するか数値を入力して,電源装置の値を調整できる.調整フィールドの下に電圧値や電流値が表示される

第4章　データ・ロガー

データ・ロガー(図4-1)は，オシロスコープ・チャネルを使用します．ロガーの実行中は，ロガーがオシロスコープの2つの物理的なチャネルを制御し，オシロスコープの状態は"busy"となります．同様に，オシロスコープが起動するとロガーは停止します．オシロスコープの掃引ウィンドウが開き，DC，AC，およびDCのRMS値が計算されます．RMS値がTrueの場合，DC電圧と同じ取得データを使用し，値は次式で計算されます．

$$\mathrm{Sqrt}\left(\frac{\mathrm{sum}(x_i{}^2)}{N}\right)$$

ACのRMSの値は，次式で計算されます．

$$\mathrm{Sqrt}\left(\frac{\mathrm{sum}((x_i - \mathrm{dc})^2)}{N}\right)$$

1. プロット

履歴のプロットには，以下の項目があります．
- Add(+)：ウィンドウを開き，プロット・リストに追加する項目をリストから選択する．Addボタン(またはダブル・クリック)でプロット・リストに追加される
- Remove(-)：プロット・リストから選択した項目を削除する
- Edit：現在選択している項目を編集する
- Show：履歴プロットから最小値と最大値を表示するカラムを有効化または無効化する
- History：プロットの期間を指定する．履歴オプションでは，更新レートとサンプル数を指定できる
- Clear：履歴プロットをクリアする

各チャネルに対して，色と履歴プロットをもとにしたオート・スケールまたは手動で指定されたオフセットと範囲などのスケール・オプションを指定できます．共通インターフェースの詳細は，「イントロダクション」の「5.6　スクリプト」を参照してください．ローカル変数は基本ロガー・チャネルで，デバイスによって異なります．

機能の例；
- C1DC - C2DC
- 25 + C1DC/0.47

2. エクスポート

エクスポートの共通インターフェースの詳細は，「イントロダクション」の「5.5　エクスポート」を参照してください．

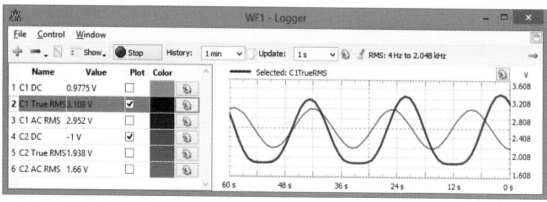

図4-1　データ・ロガーの設定画面

第5章　ロジック・アナライザ

ロジック・アナライザは，ディジタル入力の取得と可視化を可能にします．

可視化する情報の設定ができます．可視化する信号を選択したり，バス内の信号をグループ化したり，プロトコル解析を構成したり，特定の順序で視覚化したりすることができます（図5-1）．

1. メニュー

メニューの共通インターフェースの詳細は，「イントロダクション」の「5.1　メニュー」を参照してください．

1.1　View

- Data：データ・ビューをオープン/クローズする
- Logging：ロギング・ツールをオープン/クローズする

2. コントロール

コントロール・ツールバー（図5-2）の機能は，次のようになります．

▶ Single

シングル・アクイジション（1データ取得）を開始します．

▶ Run/Stopボタン

実行および停止を行います．また，このボタンで繰り返し，連続，またはストリーミング・データの取得を開始します（Runモード参照）．データの取得を実行中は，RunボタンはStopボタンになります．

▶ Buffer

取得されたデータは，時間順にPCバッファに格納されます．これにより，繰り返される一連の取得データを簡単に確認することができます．新規に取得されたデータは，現在選択されているバッファ位置の後に格納されます．このため，Bufferでバッファ内の位置を変更して新しいデータの取得を開始すると，指定したバッファ位置より後の位置の取得データは新しく取得したデータで上書きされます．

▶ Run

Runモードには，Repeated，Scan Screen，Scan Shift，Streamの4つのオプションがあります．

- Repeated：繰り返しデータの取得を開始する
- Scan Screen：サンプリングされたデータが左から右に描画され，右端に達すると，信号カーブ・プロットは左から続けられる
- Scan Shift：Scan Screenモードと似ているが，信号プロットが右端に達すると，曲線プロットが左にスライドする
- Stream：低いレートで大量のサンプルをキャプチャする．このモードでは，サンプルはシス

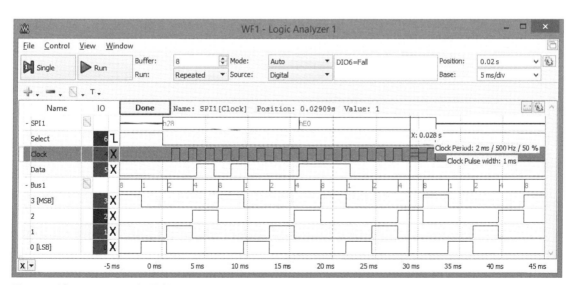

図5-1　ロジック・アナライザの設定画面

テムや他の接続されたデバイスに応じて約1Mサンプル/秒でUSBの限界レートでキャプチャされる．Scan ScreenとScan Shiftは，時間軸が1秒間隔，100ms/divよりも大きい場合に使用できる

▶Mode
3つのトリガ・モードがあります．
- Nomal：指定した条件でのみデータ取得のトリガがかかる
- Auto：約2秒以内にトリガ条件が満たされない場合，自動的にデータの取得が開始される．繰り返しデータ取得モードの場合，機器がオート・トリガに変更されると，トリガ・イベントが起こらず構成も変更されなければ，タイム・アウトを待たずに次のデータの取得が実行される．新しいトリガ・イベントが起きるか，構成が変更された場合は，現在のデータ取得は終了し，次のデータ取得は再びトリガを待つ．このモードは，多数の信号を観察していて，その都度トリガ設定に煩わされたくないときに便利
- None：トリガを待たずにデータの取得が開始される

▶Source
ピン上のアナライザ・トリガ条件や他のデバイス機器，または外部トリガ信号間のトリガ・ソースを選択します．

▶Trigger
トリガ設定は，ModeとSourceの右側の欄に表示されます．

▶Position
トリガの水平軸上の位置を設定します．

▶Base
時間軸を設定します．

▶Gear
次のようなメニューを選択できます．
- Position as division：位置パラメータの単位をディビジョンまたは秒から選択する
- Range Mode：時間軸の表示モードを選択する．Division(ディビジョン単位)，PlusMinus(中心からみた左右端差分),Full(時間軸フルスケール)
- Rate：サンプル・レートを変更する
- Samples：取得するデータのサンプル数を変更する
- Clock：ロジック・アナライザの内部または外部クロック源を選択する．これは，Electronics Explorerで有効になる
- Noise：バッファの半分をノイズ・サンプルの取得に使用するかどうかを設定する
- Buffers：PCバッファの数を設定する
- Update：アプリケーションがオシロスコープのステータスをチェックし，繰り返し実行モードで取得したデータを読み取る時間を指定できる．時間を増やせば更新速度が遅くなる

3. 信号グリッド

信号グリッド(図5-3)は，関心のある信号の表示をカスタマイズすることができます．操作については，「イントロダクション」の「5.2 リスト」を参照してください．

グリッド・メニューのオプションは次のようになります．

▶Addボタン
信号の追加,定義,バスまたはプロトコル解析の追加ができます．一度に複数の信号を選択して追加することも可能です(図5-4)．

バス，SPI，I²C，およびUARTメニューは，対応するプロパティ・エディタを開き，設定後にグリッドに追加します．

▶Remove
選択した項目またはリスト全体を削除します(図5-5)．

図5-2 コントロール・ツールバー

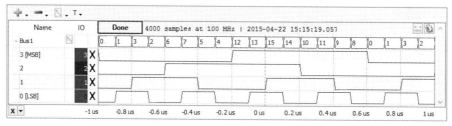

図5-3 Removeのドロップダウン・メニュー

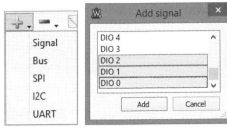

図5-4　Addで信号を追加する

図5-5　Removeのドロップダウン・メニュー

図5-6　Editでプロパティ・エディタを開く

▶ Edit

以下の編集ができます．

- Property：現在選択している項目のプロパティ・エディタを開く（図5-6）

グリッドのカラムは次のとおりです．

- Height（高さ）：行の高さは，第1カラムで変更できる
- Expand/Collapse（展開/折りたたみ）：各バスとプロトコル解析を個別に展開したり，折りたたむことができる
- Edit（編集）：信号，バス，またはプロトコル解析の行の編集アイコンをクリックすると，エディタが開く
- IO：デバイスのディジタルIOピン番号を表示する．使用しているピンには星印（例：*3）が付く．未定義の信号はNDと表示される
- Trigger（トリガ）：ロジック・アナライザのトリガ条件を設定する．この列では，マウスを左または右クリックすると，トリガ条件の選択ができるドロップダウンが開く

複数の行が選択されている場合，右クリックすると，選択したすべてのピンに対してトリガを設定します．全体のトリガ条件は，すべてのレベル条件と各ピンのエッジ条件でのORの結果を，AND結合することで作成できます．各ピンには，以下のトリガ条件があります．

- ✕ Don't Care：トリガ条件不使用
- 0 Low：ロー・ロジック・レベル
- 1 High：ハイ・ロジック・レベル
- ⌐ Rising Edge：ロー・レベルからハイ・レベルへの信号の遷移
- ⌐ Falling Edge：ハイ・レベルからロー・レベルへの信号の遷移
- ↕ Any Edge：すべての信号の遷移

グリッド・コンテキスト・メニューは，マウスの右クリックで開きます．コンテキスト・メニューには，グリッド・ツールバーと同様のAdd，Remove，Editメニューがあります（図5-7）．

波形エリアは，上，中，下の3つのセクションに分かれています．波形エリアの上部では，左クリックし

図5-7　グリッド・コンテキスト・メニュー

ながら水平方向にマウスをドラッグすると，波形の時間位置を調整でき，右クリックしながらマウスをドラッグすると，時間軸の位置を調整できます．

- 上部エリア：ロジックの状態，およびアクイジション情報の表示（サンプル数，レート，キャプチャ時間）が表示される．詳細は「イントロダクション」の「6.1　アクイジションのステート」を参照のこと
- 下部エリア：大まかな時間軸の目盛りが表示される
- 中央部エリア：波形をグラフィカルに表した行が表示される

3.1　HotTrack

HotTrackの共通インターフェースの詳細は，「イントロダクション」の「5.3　プロット」を参照してください．

HotTrack機能を使用すると，マウス・カーソルが信号行にある場合，パルス幅と周期を測定する2本の右方向線と垂直カーソルが表示されます．それ以外の場合は，時間位置と波形との交点に波形のレベルを示す垂直カーソルが表示されます（図5-8）．

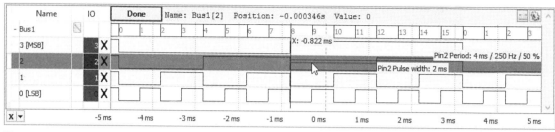

図5-8 HotTrack機能を使用した例

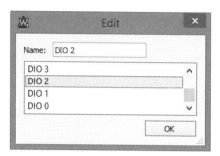

図5-9 信号プロパティ・エディタ

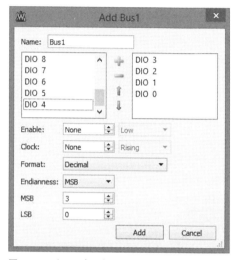

図5-10 バス・プロパティ・エディタ

3.2 カーソル

メインの時間表示でカーソルを利用できます．詳細は，「イントロダクション」の「5.3 プロット」を参照してください．

カーソルのドロップダウン・メニューでは，位置，リファレンス・カーソル，X差分値の調整，および削除ボタンが利用できます．

4. プロパティ・エディタ

グリッド・ツールバーのEditメニューから，選択した信号，バス，またはプロトコル解析のプロパティ・エディタを開くことができます．

4.1 信号

信号プロパティ・エディタで，信号名の指定とデバイス・ピンの変更が可能です（図5-9）．

4.2 バス

バス・プロパティ・エディタ（図5-10）では，次のような変更ができます．

▶Name

バスの表示名を編集します．左側のリストは利用可能な信号を示し，右側のリストは，選択されているバス信号を示しています．信号は，＋／－ボタンあるいはマウスのドラッグ・アンド・ドロップで追加や削除が可能です．

▶Enable

オプションのイネーブル・ピンとその極性を選択します．

▶Clock

オプションのクロック・ピンとサンプリング・エッジを選択します．

▶Format

以下のようなバスの値の形式を選択します．
- Binary：バイナリ値は，"b"を先頭文字として表示される
- Decimal：10進数を表示する
- Hexadecimal：16進数値は，"h"を先頭文字として表示される
- Vector：ベクタ値は，"v"を先頭文字として表示される．ベクタ値はインデックスなしのロウ・バイナリ値である
- Signed：符号付き整数を表示する
- One's complement：1の補数を表す
- Two's complement：2の補数を表す

▶Endianness

ビッグ・エンディアン，最下位ビット（LSB），最上位

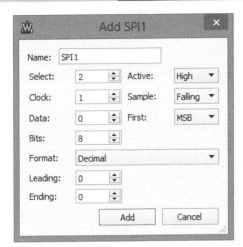

図5-11 SPIインタープリタ

図5-12 I²Cインタープリタ

図5-13 UARTインタープリタ

ビット(MSB)の順に選択できます．
▶LSB/MSB
　最初と最後のインデックス，LSB，MSBの値を選択します．－32～＋32の範囲に収まるインデックス値を設定できます．

4.3　SPI

　SPIインタープリタ(図5-11)を使用すると，オプションから同期シリアル・データ・リンクを定義できます．
▶Select
　オプションのスレーブまたはチップを選択します．アクティブ・レベルがHighまたはLowの信号を選択できます．
▶Clock
　シリアル・クロックとデータ・サンプリングを，立ち上がりエッジ(Rising)で行うか立ち下がりエッジ(Falling)で行うか選択します．
▶Data
　シリアル・データ信号(MOSIまたはMISO)を，最初にシフトするのがLSBかMSBかを指定します．
▶Bits
　伝送ワードのデータ・ビット数はを指定します．
▶Format
　値の表示モードを2進，10進，または16進の形式で選択できます．
- Binary：バイナリ値は，"b"を先頭文字として表示される
- Decimal：10進数を表示する
- Hexadecimal：16進数値は，"h"を先頭文字として表示される
- Vector：ベクタ値は，"v"を先頭文字として表示される．ベクタ値はインデックスなしのロウ・バイナリ値である
- Signed：符号付き整数を表示する
- One's complement：1の補数を表す
- Two's complement：2の補数を表す

▶Leading
　最初の指定ビット数を値計算の対象から外すことができます．
▶Ending
　最後の指定ビット数を値計算の対象から外すことができます．

4.4　I²C

　I²Cまたは2線式インターフェース・インタープリタ(図5-12)では，クロックとデータ信号の選択ができます．

4.5　UART

　UART非同期シリアル・インタープリタ(図5-13)では，次の項目を選択できます．
- Data：データ信号の選択
- Bits：伝送ワード中のデータ・ビット数の指定
- Parity：奇数，偶数，マーク(高)，およびスペ

ース(低)パリティ・モードを選択
- Baud rate：ライン伝送スピード(ビット/秒)を指定

5. 表示(View)

5.1 データ表示

データ表示では，データ・サンプルを表示します(図5-14)．

カラム(列)・ヘッダにはサンプル・インデックスが表示され，最初のカラムはタイム・スタンプを表示し，続いて追加されたチャネルのコンポーネントの値が表示されます．

5.2 ロギング表示

Loggingの共通インターフェースの詳細は，「イントロダクション」の「5.7 ロギング」を参照してください．

次のスクリプトは，データや処理された情報のカスタム保存を可能にします．Localsは，Logic機器オブジェクトです．IndexおよびMaximumはスクリプト上で表示される値です．

```
// DIO0のときの保存条件
if('DIO0' in Logic.Channels){
    // 取得のためにファイル・オブジェクトをインスタンス化
    var file = File("C:/temp/
                dio0_"+Index+".csv")
    var data = Logic.Channels.DIO0.data
    // ファイルにデータを書き込む
    file.write(data)
    // Indexをインクリメント
    Index++
}
```

5.3 カーソル表示

Xカーソルの情報を表形式で表示します(図5-15)．詳細は，「イントロダクション」の「5.3 プロット」を参照してください．

6. エクスポート

Exportの共通インターフェースの詳細は，「イントロダクション」の「5.5 エクスポート」を参照してください．

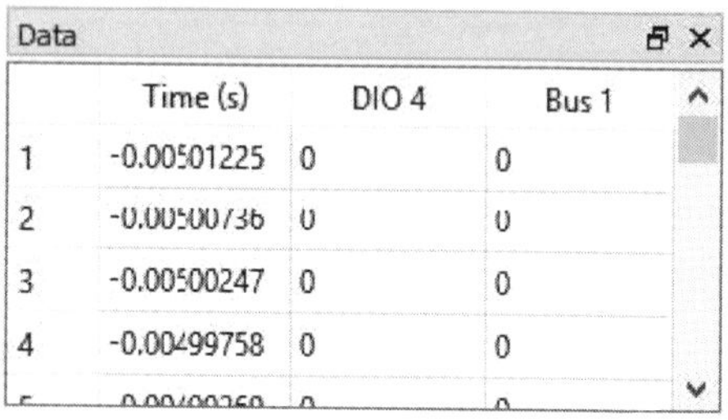

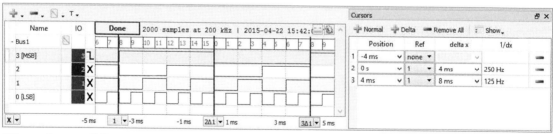

図5-14 データの表示

図5-15 カーソルの情報

第6章　ディジタル・パターン・ジェネレータ

ディジタル・パターン・ジェネレータ(Patterns)を使用すると，標準タイプまたはユーザ定義型を使用してディジタル・ライン上の出力を定義できます(図6-1).

スタティックI/Oが，出力(スライダ，ボタン，スイッチ)としてディジタル・ラインを使用する場合は，ディジタル・パターン・ジェネレータの信号設定よりも優先されます.

1. メニュー

メニューの共通インターフェースの詳細は，「イントロダクション」の「5.1 メニュー」を参照してください.

2. コントロール

図6-2は，コントロールのツールバーです.
- Run/Stopボタン：信号生成を開始または停止する
- Trigger，Wait，Run，Repeat：バースト信号の生成ができる．詳細は，「イントロダクション」の「6. ステート」を参照のこと

3. 信号グリッド

信号グリッドは，信号の表示をカスタマイズします(図6-3).

信号グリッドのメニューは，次のようなオプション

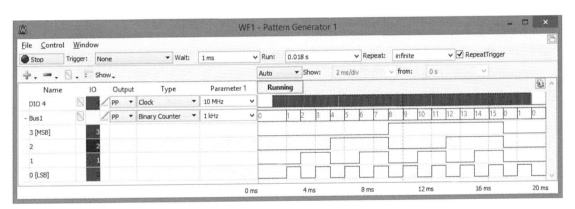

図6-1　ディジタル・パターン・ジェネレータ

図6-2　コントロール・ツールバー

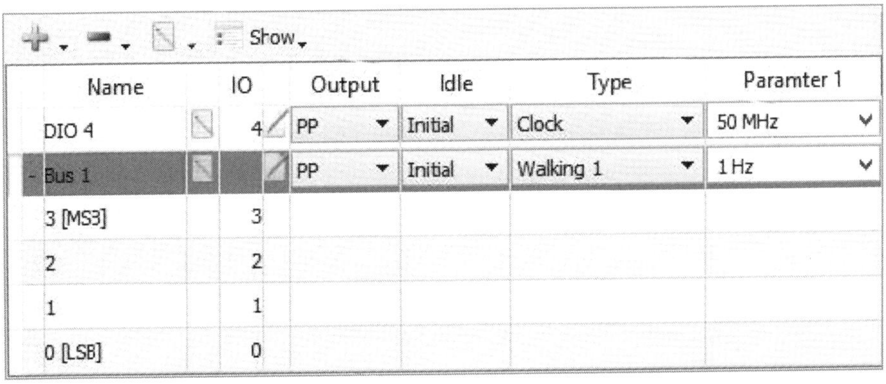

図6-3　信号グリッド

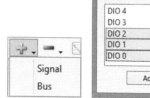

図6-4 信号の追加ができる

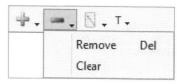

図6-5 信号の削除やリストの消去ができる

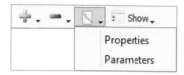

図6-6 Editメニュー

になります．

- Add：信号の追加，定義，バスの追加を行う．複数の信号を選択し，一度に追加することもできる（図6-4）
  バス・メニューは，対応するプロパティ・エディタを開き，コンフィグの設定後にグリッドに追加される
- Remove：選択したアイテムの削除，またはリスト全体の消去ができる（図6-5）
- Edit：Editメニューには，次のオプションが用意されている（図6-6）．
  Properties：直前に選択した項目のプロパティ・エディタを開く
  Parameters：直前に選択した項目のパラメータ・エディタを開く
- Show：グリッド・カラムの表示方法を選択できる

グリッド・カラムは，以下のとおりです．

- Height：行の高さは，最初の列で変更できる
- Expand/Collapse：各バスを個別に展開/折りたたみできる
- Name：信号またはバス名を表示する
- Edit：信号またはバスの行の編集アイコンをクリックすると，エディタが開く
- DIO：デバイスのディジタルIOピン番号を表示する
- Parameter：信号またはバスの行の編集アイコンをクリックすると，パラメータ・エディタが開く
- Type：信号またはバスのタイプ（定数，クロック，パルス，乱数，カスタムなど）を選択する
- Output：このカラムをクリックするとコンボ・ボックスが開き，対応する信号またはバスの出力を選択することができる
- Idle：ディジタル・パターン・ジェネレータが実行されていないとき（Config，Armed，Done，Stopped，Waitステート）のIdleステートの出力を選択する
- Parater #：選択されている信号またはバスのパラメータ値を変更する．パラメータ値は，パラメータ・エディタで選択した最小値と最大値の間の値に指定できる

グリッド・コンテキスト・メニュー（図6-7）はマウスの右クリックで開き，グリッド・ツールバーのAdd，Remove，Editメニューと同様のボタンがあります．違いは信号，バス，インタープリタの追加の代わりに，最後に選択された行の上に挿入されることです．

波形エリアは，上，中，下の3つのセクションに分かれています．

下部エリアでは，左クリックしながら水平方向にマウスをドラッグすると，波形の時間位置を調整でき，右クリックしながらマウスをドラッグすると，時間軸の位置を調整できます．

- 上部エリア：波形エリアの上部には，ロジックの状態，およびアクイジション情報の表示（サンプル数，レート，キャプチャ時間）が表示される．詳細は「イントロダクション」の「6.1 アクイジションのステート」を参照のこと
- 下部エリア：下部エリアには大まかな時間軸の目盛りが表示される
- 中央部エリア：このエリアには波形をグラフィカルに表した行が表示される

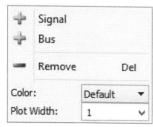

図6-7 グリッド・コンテキスト・メニュー

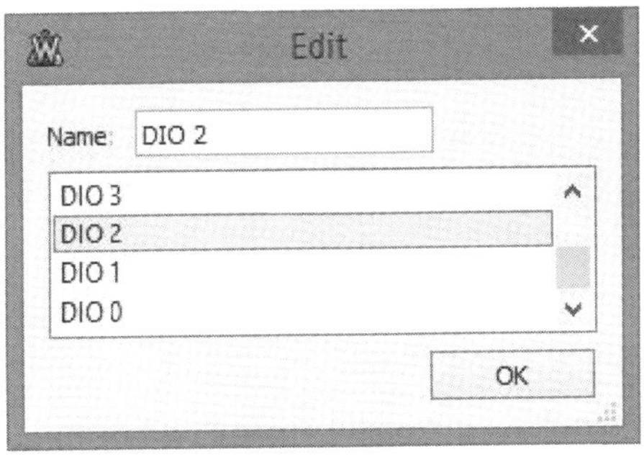

WaveForms 2015 和訳マニュアル

図6-8　信号プロパティ・エディタ

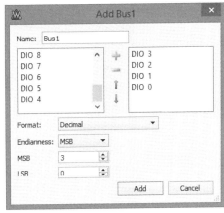

図6-9　バス・プロパティ・エディタ

4. プロパティ・エディタ

選択されている信号，バス，インタープリタのプロパティ・エディタは，グリッド・ツールバーのEditメニューから開くことができます。

4.1　信号

信号プロパティ・エディタ（図6-8）で，信号名の指定とデバイス・ピンの変更が可能です。

4.2　バス

バス・プロパティ・エディタ（図6-9）では，次のような変更ができます。

▶Name
バスの表示名を編集します。左側のリストには利用可能な信号が表示され，右側のリストには選択されているバス信号が表示されます。信号は，＋/-ボタンあるいはマウスのドラッグ・アンド・ドロップで追加や削除が可能です。バス信号の順番は，上/下矢印ボタンまたはマウスのドラッグ・アンド・ドロップで変更できます。

▶Format
バスの値の形式を以下から選択します。
- Binary：バイナリ値は，"b"を先頭文字として表示される
- Decimal：10進数を表示する
- Hexadecimal：16進数値は，"h"を先頭文字として表示される
- Vector：ベクタ値は，"v"を先頭文字として表示される。ベクタ値はインデックスなしのロウ・バイナリ値である
- Sign and Magnitude：符号付きの値を表示する
- One's complement：1の補数を表す
- Two's complement：2の補数を表す

▶Endianness
ビッグ・エンディアン，最下位ビット（LSB），最上位ビット（MSB）の順に選択します。
▶LSB/MSB
最初と最後のインデックス，LSB，MSBの値を選択します。−32～＋32の範囲に収まるインデックス値を設定できます。

5. パラメータ・エディタ

パラメータ・エディタ（図6-10）は，グリッド・ツールバーのEditメニュー，コンテキスト・メニュー，または行の上でマウスをダブル・クリックすると開きます。

5.1　パラメータ

Type，Output，Idleパラメータは，信号定義グリッドに専用の列があります。その他のパラメータについては最小値と最大値を指定し，トラック・バーを使用して線形に変更することができます。

Idleパラメータでは，実行していないときに信号またはバス出力を選択できます。

Outputパラメータによって，信号またはバスの出力動作が決まります。OD信号およびOS信号の場合は，外部プルアップまたはプルダウン抵抗を使用してください。出力タイプは，次のとおりです。
- PP-Push Pull：指定できる値は0と1である
- OD-Open Drain：許容値は0とZである。バス値は，Zを1として扱うことによって計算される
- OS-Open Source：許容値はZと1である。バス値は，Zを0として扱うことによって計算される

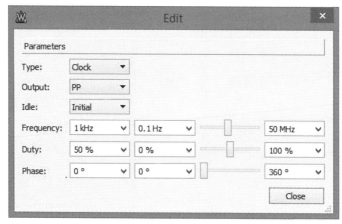

図6-10 パラメータ・エディタ

- TS‐Three State：許可される値は0，1，Zである．0と1のみを含むバス値は，通常の数として表示される．バス信号の少なくとも1つにZを含む値に対して疑問符（？）が表示される

その他，選択できるTypeパラメータには，次のようなものがあります．

▶Constant

デフォルトでは，新しく追加された信号またはバスは値Zの定数です．

- Output：PP，OS，OD，TSから選択する
- Idle：未実行時の出力値を選択する
- Constant：信号の値を指定する

▶Clock

クロック信号の定義をするパラメータで，次のようなものがあります．

- Output：PP，OS，ODから選択する
- Idle：未実行時の出力値を選択する
- Frequency：クロック周波数をHzで指定する．最大クロック周波数は，ディジタル・ベース周波数の半分である
- Duty：デューティ比を0〜100%で調整できる
- Phase：クロックの位相を0〜360°で指定する

▶Pulse

初期ディレイを実行中の状態で入力するときに，分周器とカウンタの初期値と初期遅延の値を指定します．分周器はクロックの分割を指定します．このレートがカウンタのためのステップになります．実行状態になると，Divider Initで指定した初期値がロードされます．指定した期限が経過した後，分周器で指定した値が期限ごとにロードされます．カウンタの初期値の期限が経過した後，LowおよびHighの値が以後の期限でロードされます．カウンタの期限では，レベルはLowまたはHighをロードして反転します．カウンタの初期値または分周器の初期値のどちらかが0の場合は反転しま

せん．以下のパラメータをパルス信号の定義に使用します．

- Output：PP，OS，ODから選択する
- Idle：未実行時の出力値を選択する
- Start：パルスをLowまたはHighのどちらで開始するかを選択する
- Low/High：カウンタのLow/High値を指定する
- Counter Init：カウンタの初期値を指定する．0は，Startパラメータに応じてカウンタをLowまたはHighに設定する
- Divider：分周器の値を指定する．ベース周波数（100MHz）がこの値で分周されてカウンタに設定される
- Divider Init：分周器の初期値を指定する

▶Random

乱数値はデバイスで生成され，プレビューを表示することはできません．出力を見るには，ロジック・アナライザを使用するか，カスタム/ランダム・データを生成してください．

- Output：PP，OS，OD，TSから選択．TS出力では，出力レベルの可能性は次のとおり．Z 50%，0(Low) 25%，1(High) 25%
- Idle：未実行時の出力値を選択する
- Frequency：乱数の更新周波数を指定する

▶Number

バス値が一定の値として生成されます．

- Output：PP，OS，OD，TSから選択．TSモードでは，デバイス・バッファの利用可なサイズは，他のモードの場合の半分になる
- Idle：未実行時の出力値を選択する
- Frequency：サンプルの更新周波数を指定する

▶Binary/Gray/Johnson Counter

これらの3つのタイプでは，バス値はバイナリ/グレ

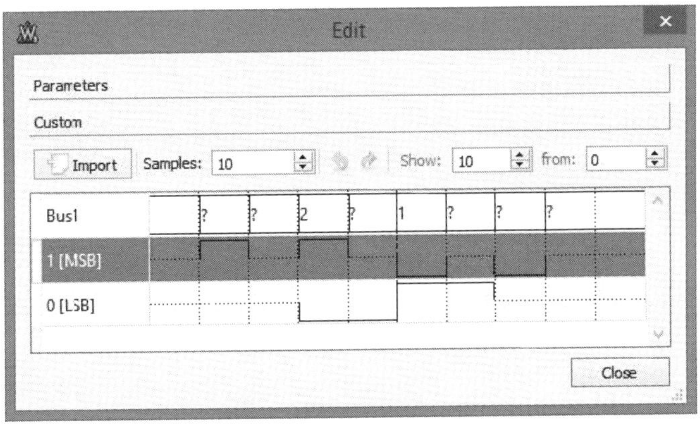

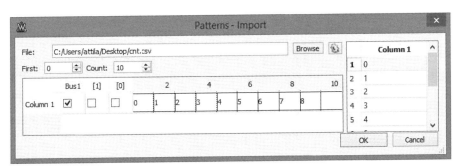

図6-11 カスタム・プロット

図6-12 カスタム・インポート

イ・コード/ジョンソン・カウンタの値として生成されます．

- Output：PP，OS，ODから選択する
- Idle：未実行時の出力値を選択する
- Frequency：バス値の更新レートを指定する．例えば，1kHzに指定したバイナリ・カウンタは1msごとにインクリメントする
- Number：バイナリまたはグレイ・コード・カウンタのカウンタ開始値を選択する．ジョンソン・カウンタの場合は，常に0の値で開始する

▶Walking 0/1

バス値は，左または右に移動していく0または1のビット列として生成されます．

- Output：PP，OS，ODから選択する
- Idle：未実行時の出力値を選択する
- Frequency：ビットのシフト・レートを指定する
- Direction：左または右のシフト方向を指定する
- Length：ビット列の長さを指定する

5.2 カスタム・プロット

カスタム・プロット（図6-11）は，カスタム・データのバッファを表示して，マウスによる編集を行うことができます．マウス・ボタンを押すことで，行中の垂直位置と許容される値によって，バッファの対応する項目を変更します．マウス・ドラッグにより，（動作開始点から終了点のすべての位置において）複数のバッファ位置を同じ値に変更することができます．バス波形では，すべての信号は0，1，またはZに変更可能です．マウスを左クリックしながら垂直方向にドラッグすると，入力値を変更できます．右クリックしながらマウスをドラッグすると，初期値が保たれます．

- Samples：デバイス・サンプル・バッファのサイズを指定する．生成時，バッファは実行中に繰り返される
- Undo/Redoボタン：直前の変更を元に戻すことができる
- Show：指定された値から始まるバッファ・サイズよりも少ないサンプル数を選択できる

5.3 カスタム・インポート

サポートされるインポート・ファイル形式は，カンマ区切りとタブ区切りテキスト・ファイルです（図6-12）．

▶File
開いているファイルのパスを表示し，新しいファイルをBrowseボタンで選択することができます．インポート・オプションは，Browseボタンの隣のメニューで変更できます．
▶First
インポートする先頭サンプルの位置を指定します．
▶Count
インポートするサンプル数を指定します．指定可能な値は，ファイル中のサンプル数またはデバイス・バッファ・サイズの小さい方までです．
▶Plot
以下のオプションがあります．
- File Column：ファイルのカラム名を表示する
- Rows：ファイルのデータのプロット
- ［#］columns：このチェック・ボックスでファイル中の信号データをインポートするカラムを選択する

第7章 スタティックI/O

スタティックI/O(Static I/O)機器を使うと，ディジタル・ラインの入力および出力デバイスを簡単に設定できます(図7-1)．ディジタル・ラインからの値は，入力/出力デバイスによって生成または読み取られる値に直接対応するため，「静的」と呼ばれます．信号値は一度設定されると，新しい値を設定するまでその値を維持します．

メニューの共通インターフェースの詳細は，「イントロダクション」の「5.1 メニュー」を参照してください．

1. グループ

スタティックI/Oは，デバイスのディジタル信号を制御します．ディジタル信号は8個の信号(31-24，23-16，15-8，7-0)のグループで管理します．I/O信号の数はデバイスに依存します(図7-2)．

グループ・タイプはグループ・メニューから選択します．各ライン・グループに対してビットI/O，スライダ，プログレス・バー，または7セグメントが設定できます(以下のセクションで説明します)．

2. Bit I/O

Bit I/Oコントロール(図7-3)は，グループ内の8つの信号のそれぞれに特定のコントロールを割り当てます．コントロールには，LED，ボタン，スイッチがあります．これらについて，以下で説明します．

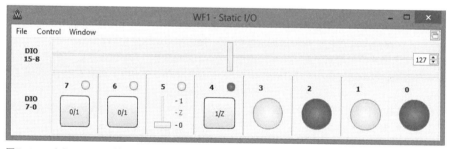

図7-1　スタティックI/O機器

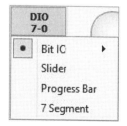

図7-2　グループ・メニュー

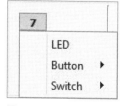

図7-3　Bit I/Oコントロール

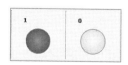

図7-4　LEDのディジタル・ラインの状態

2.1 LED

ディジタル・ラインのステートを表示する入力デバイスになります(図7-4).

2.2 Button(ボタン)

Button(図7-5)は，入力と出力の両方のデバイスで，LEDインジケータ付きのプッシュボタンを実装しています．ボタンには，押したときと離したときの2つの状態があり，それぞれの状態に対応する出力を選択します．

2.3 Switch(スイッチ)

Switch(図7-6)は，LEDインジケータを持ったプッシュまたはプル・スイッチで，入出力デバイスとなります．

3. スライダ

スライダ(図7-7)で，つまみの位置による値，または入力フィールドへの直接入力値にしたがって8つのディジタル・ラインの設定を行います．値は8ビット2進数として扱われ，最大インデックスのディジタル・ラインを最大有効ビット(MSB)として，各ディジタル・ラインは対応するビットの値に設定されます．

4. プログレス・バー

このタイプは，0～255の値をプログレス・バー(図7-8)の値として表示するための入力デバイスを実装します．8本の入力ラインのディジタル値は，0～255の値に変換されます．ディジタル・ラインの2進数(バイナリ)値は，2進数表現の各ビットとして使用され，最も高い数値のディジタル・ラインが最上位ビット(MSB)になります．

5. 7セグメント

このタイプは，7セグメントによる桁と小数点を表示する入力デバイスを実装します(図7-9)．数字の右側に表示される凡例にしたがって，8つのディジタル・ラインのそれぞれがセグメントまたは小数点の1つに対応します．

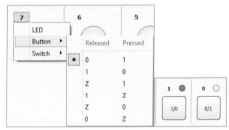

図7-5 Buttonのタイプと状態

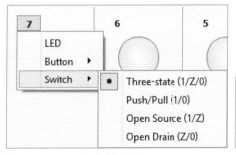

図7-6 Switchのタイプと状態

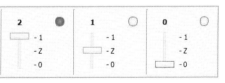

図7-7 スライダ・バー

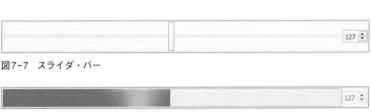

図7-8 プログレス・バー

図7-9 7セグメント・ディスプレイ

第8章　ネットワーク・アナライザ

ネットワーク・アナライザは，伝達関数(出力関数と入力関数間の比)の解析に用いられます．ボード線図は，周波数に対する関数のゲインと位相を表します．詳細は，「4. ボード線図」を参照してください．

● ネットワーク・アナライザの基本的な使用方法

図8-1に示すように，WaveGen1の出力(AWG1)とオシロスコープのチャネル1入力(Scope1)をフィルタ入力に接続し，オシロスコープのチャネル2(Scope2)をフィルタ出力に接続します．

ネットワーク・アナライザをスタートさせるとオシロスコープと任意波形発生器は停止し，ステータスはBusyと表示されます．ネットワーク・アナライザが実行している間は，これらの機器をコントロールします(図8-2)．

スタート周波数からストップ周波数まで指定したステップ数で解析が行われます．各ステップでは，任意波形発生器のチャネルが固定周波数に設定され，オシロスコープはアクイジションを実行します．現在の周波数ステップのインデックスに対応する周波数で，ゲインと位相値を計算します．チャネル1(フィルタ入力)のゲインは，任意波形発生器の振幅と比較して計算され，他のチャネルのゲインと位相値は，チャネル1と比較して計算されます．ゲインは，$20 \times \mathrm{Log}10(\mathrm{gain})$の式によりデシベルで表されます($1 \times$ゲイン $= 0\,\mathrm{dB}$, $2 \times$ゲイン $= $ 約$6\,\mathrm{dB}$). 位相は，位相オフセット$\pm 180°$を最小または最大値としてプロットされます．

WaveGenオプションで，チャネルをExternalに設定した場合は，任意波形発生器のチャネルは制御されません．オシロスコープのアクイジションは，カスタムまたは外部周波数掃引信号を前提に行われます．周波数ステップは，指定した任意波形発生器の振幅値の，最低でも半分の値のゲインの周波数のピークから決定します．

ScopeオプションでReferenceをnoneに設定すると，各チャネルのゲインは任意波形発生器の振幅設定と比較して計算され，位相は計算されません．

1. メニュー

メニューの共通インターフェースについては，「イントロダクション」の「5.1 メニュー」を参照してください．

1.1 View

Viewメニュー(図8-3)からTime, Nyquist(ナイキスト線図), Nichols(ニコルス線図), Cursors表示の

図8-1　ネットワーク・アナライザの基本的な使い方

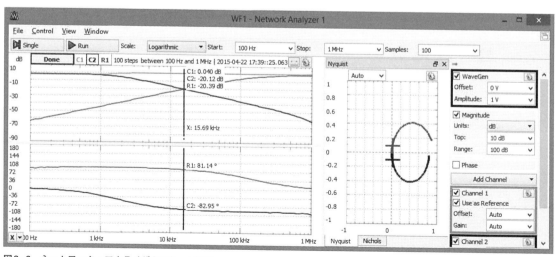

図8-2　ネットワーク・アナライザのスタート画面

WaveForms 2015 和訳マニュアル

オープンまたはクローズを行うことができます.

2. コントロール

コントロール・エリア(図8-4)では,ネットワーク解析の設定を変更できます.
- Singleボタン:シングル解析を行う
- Run/Stopボタン:繰り返し解析の開始と停止を行う
- Scale:リニア周波数のスイープか,対数周波数のスイープかを選択する
- Start:掃引のスタート周波数を指定する
- Stop:スイープのストップ周波数を指定する
- Step:解析のステップ数を指定する

3. チャネル

3.1 WaveGenチャネル

WaveGenにチェックを入れると生成信号の設定を行うことができます(図8-5).
- Offset:生成信号のオフセットを指定する
- Amplitude:生成信号の振幅を指定する
  歯車アイコンでは,次の設定ができます.
- Channel:使用する任意波形発生器のチャネルを選択する.noneを選択すると,外部またはカスタム・スイープ生成器が使用される.この場合,ネットワーク・アナライザは,スタート周波数とストップ周波数の間の成分のピークを検知する
- Settle:収束時間を秒単位で指定する.周波数が変更された後,各ステップで,指定時間が経過した後にアクイジションが行われる.このオプションは,共振回路(例えばスピーカ)での共振効果を低減するために使用できる
- Min Periods:取得する正弦波生成期間の最小数を指定する

3.2 Magnitudeチャネル

Magnitudeにチェックを入れると,ゲインの設定を行うことができます(図8-6).
- Units:ボード線図のゲインの単位をdBあるいはゲインから選択する
- Top:ゲイン・プロットの最大値を指定する
- Range:ゲイン・プロットのレンジを指定する

3.3 Phaseチャネル

Phaseにチェックを入れると,位相の設定を行うことができます(図8-7).
- Offset:位相プロットの最大値を指定する
- Range:位相プロットのレンジを指定する

3.4 Addチャネル

Addチャネルは,比較するためのリファレンスとしてチャネルを保存します.

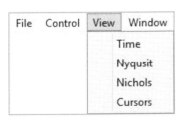

図8-3 Viewメニューのオプション

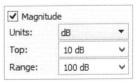

図8-6 Magnitudeチャネル

図8-5 WaveGenチャネル

図8-7 Phaseチャネル

図8-4 コントロール・エリア

3.5 チャネル

Channel設定には，次のようなオプションがあります（図8-8）．

- Use as Reference：オシロスコープ・チャネル1を他のチャネルに対するリファレンスとして使用する
- Offset：オシロスコープ・チャネルのオフセットを指定する
- Gain：オシロスコープ・チャネルの任意波形発生器の振幅に対するゲインを指定する

歯車アイコンでは，次の設定ができます．

- Color：チャネル波形の色を設定する
- Attenuation：使用するプローブの減衰率を指定する
- Range：オシロスコープ・チャネルのレンジを指定する
- Export：各チャネル・データのExportウィンドウを開く．Exportの共通インターフェースの詳細は，「イントロダクション」の「5.5 エクスポート」を参照のこと
- Name：チャネル名を指定する
- Label：チャネル・ラベルを指定する

3.6 リファレンス

リファレンスのオプションでは，次の設定ができます（図8-9）．

- Color：チャネル波形の色を設定する
- Update：リファレンス・チャネルを，選択したチャネルの波形で更新する
- Export：各チャネル・データのExportウィンドウを開く．Exportの共通インターフェースの詳細は，「イントロダクション」の「5.5 エクスポート」を参照のこと
- Name：チャネル名を指定する
- Label：チャネル・ラベルを指定する

4. ボード線図

ボード線図は，ゲインと位相を表示します（図8-10）．

デフォルトでは，チャネル1の振幅はWaveGenの振幅に比例します．他のチャネルの振幅値および位相値は，チャネル1に対するものです．

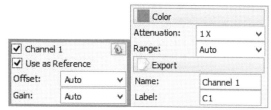

図8-8 チャネルの設定

図8-9 リファレンスのオプション

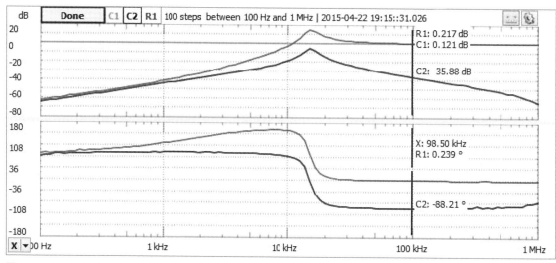

図8-10 ボード線図

歯車アイコンには，以下のオプションがあります．
- Color：プロットのカラー・テーマを選択する
- Plot Width：波形の太さをポイント数で設定する

4.1 HotTrack

HotTrackでは，対応する位置が，ニコルス線図およびナイキスト線図上に十字マークで表示されます．HotTrackの詳細は，「イントロダクション」の「5.3 プロット」を参照してください．

4.2 カーソル

カーソルの共通インターフェースの詳細は，「イントロダクション」の「5.3 プロット」を参照してください．

5. 表示

5.1 Time表示

Time表示では，最後の周波数ステップのオシロスコープの取得データを表示します（図8-11）．この表示は，オシロスコープの入力チャネルのオフセットとゲインを調整するときに便利です．

5.2 Nyquist表示

Nyquist表示は，極座標上にプロットされたナイキスト線図を表示します（図8-12）．

5.3 Nichols表示

Nichols表示は，デカルト座標系でプロットされたニコルス線図を表示します（図8-13）．

5.4 カーソル表示

カーソル表示は，カーソル情報を表形式で表示します（図8-14）．

この表は，1/デルタx周波数，デルタy垂直方向差分および$\Delta y/\Delta x$のカーソルの詳細情報をツール・チップに表示します．

6. エクスポート

エクスポートの共通インターフェースの詳細は，「イントロダクション」の「5.5 エクスポート」を参照してください．

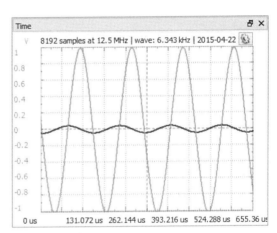

図8-11　Time表示

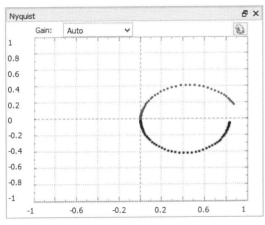

図8-12　Nyquist表示

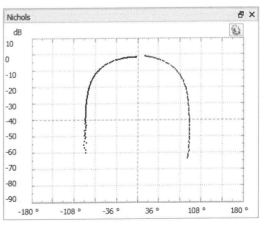

図8-13　Nichols 表示

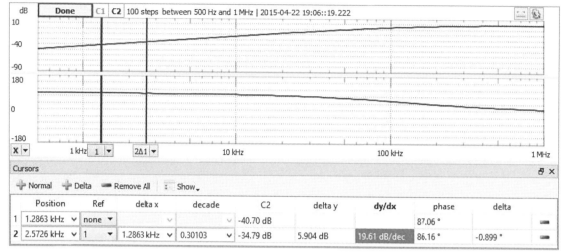

図8-14 カーソル表示

第9章 スペクトラム・アナライザ

スペクトラム・アナライザは，入力信号の振幅とその周波数を測定します(図9-1)．

スペクトラム・アナライザは，入力信号を取得するためにオシロスコープのチャネルを使用します．したがって，スペクトラム・アナライザがサンプリングを開始すると，オシロスコープのチャネルを使用するすべての計測器はデータの取得を停止します．

1. メニュー

メニューの共通インターフェースの詳細は，「イントロダクション」の「5.1 メニュー」を参照してください．

1.1 View

Viewメニューでは，次のオプションを選択できます(図9-2)．

- Time：Time表示をオープンまたはクローズする
- Measures：計測表示をオープンまたはクローズする
- Components：コンポーネント表示をオープンまたはクローズする
- Cursor：カーソル表示をオープンまたはクローズする

2. コントロール

デフォルトの状態では，コントロール・ツールバーは重要なオプションだけを表示しています(図9-3)．右上にある上／下矢印アイコンで，その他のオプションを表示/非表示することができます．コントロール・ツールバーの機能は，次のようなものです．

▶Singleボタン

シングル・アクイジション(1データの取得)を開始します．

▶Run/Stopボタン

Runボタンで繰り返しデータの取得を開始します．データを取得中はRunボタンがStopボタンに変わります．Stopボタンで停止します．

▶Freq.Range

周波数レンジを設定できるオプションで，スペクトラム・アナライザの動作レンジを指定します．Autoオプションを選択すると，最大周波数またはサンプリング・レートはStopによって決まるか，あるいはStartとStopの間の最大値で決まります．

▶Scale

リニア周波数軸か対数周波数軸かを選択します．

▶Center/Span, Start/Stop

スタート周波数とストップ周波数の中央の周波数を，Center周波数と呼びます．これは画面に表示される周波数軸の中央にある周波数です．Spanでは，スタート周波数とストップ周波数間のレンジを指定します．また，Start/Stopでスタート周波数とストップ周波数を指定することもできます．

▶BINs

周波数ビンの数を調整します．

WaveForms 2015 和訳マニュアル

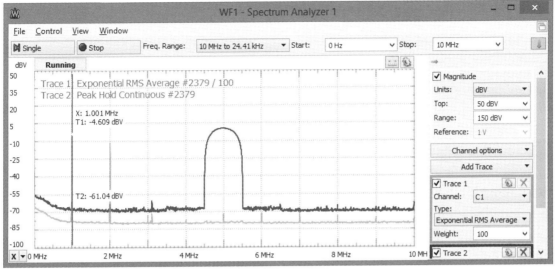

図9-1 スペクトラム・アナライザ

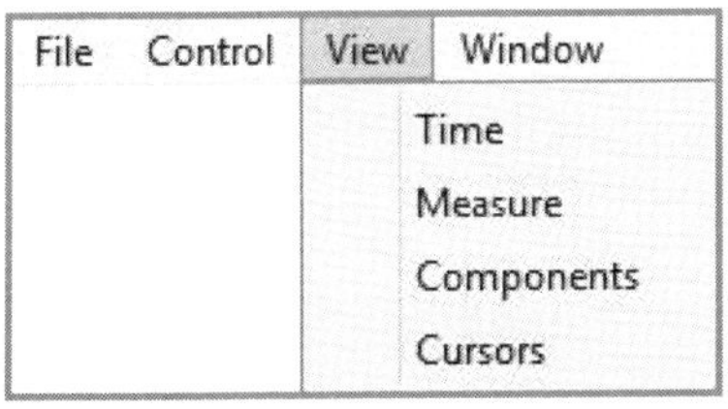

図9-2 スペクトラム・アナライザの表示オプション

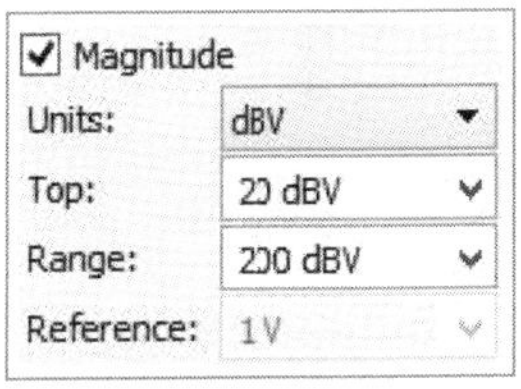

図9-4 Magnitude Traceオプション

▶Samples
　時間軸およびオシロスコープが取得するデータのサンプル数を調整します.

▶Resolution
　周波数帯域の分解能を指定します.
　歯車のアイコンをクリックすると,次のようなアルゴリズムを設定できます.

▶FFT
　高速フーリエ変換(クイック・プロセス)では,複数の入力サンプル(常に2の累乗)が必要です.次に,サンプル数の半分(0からサンプリング周波数の半分までのリニアな周波数)のビンで出力します.

▶CZT
　ブルースタインのチャープZ変換(離散フーリエ変換)は,任意の数の入力サンプルを必要とします.その後,任意の数の周波数ビンを出力し,指定された開始点から停止周波数まで直線的になります.これにより,補間によって解像度を上げることができます.柔軟な入力サンプル数と出力ビンで分解能帯域幅をスムーズに調整できます.

▶Update
　アプリケーションがオシロスコープ・デバイスのステータスのチェックと取得データの読み込みを行う期間の指定をします.

3. トレース

3.1 Magnitude

　Magnitudeには,次のような値を指定するオプションがあります(図9-4).

▶Units
　ゲインの単位を選択します.
　　V_{peak}：1Vの振幅の正弦波に比例する
　　V_{RMS}：$1V_{RMS}$(1.41Vの振幅)の正弦波に比例する
　　dBV：$1V_{RMS}$の正弦波電力を基準として,

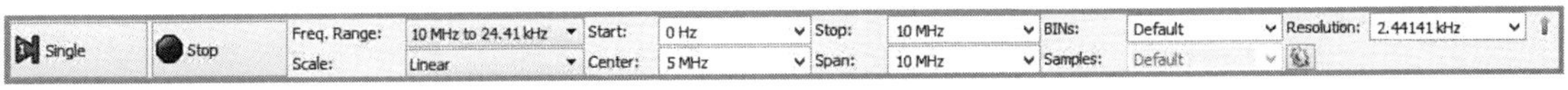

図9-3 コントロール・ツールバー

3.1 Magnitude　227

$$dB = 20 \times \text{Log}_{10}(V_{RMS})$$
$dB\mu$：0.775Vrmsの正弦波電力を基準として,
$$dB = 20 \times \text{Log}_{10}(V_{RMS}/0.775)$$
dB：dBはピーク電圧値を基準とする

▶ Top
上限ゲイン・レベルを調整します.Autoオプション時のチャネル入力レンジは,この設定にしたがって設定されます.

▶ Range
振幅範囲を設定します.

▶ Reference
単位にdBを選択した場合のピーク電圧基準を設定します.

3.2 Channel

ドロップダウン・メニューのオプションで,各オシロスコープのチャネルの設定を,Offset, Range, Attenuation, Sample Modeで行うことができ,トリガを設定します(図9-5).

RangeでAutoオプションを選択すると,範囲はMagnitudeのTopオプションの値で設定されます.

3.3 Trace

Traceのドロップダウン・メニューには,次の項目があります.

- Add Normal Trace：デフォルトまたは直前の設定のトレースを追加する
- Reference：既存のトレース設定とホールド・オプション付きデータのコピーを作成し,リファレンス・トレースとして使用する

トレースを8個まで追加できます.各トレースについて個別に次のオプションを設定することができます.

▶ Channel
チャネル・オプションでは,トレースの入力,接続されたデバイスのオシロスコープの入力を選択します(図9-6).また,ホールドしたまま新しいスイープによる変更や影響を受けないようにします.

▶ Type
以下のオプションから選択します.
- Sample：トレースは各スイープ後に更新される
- Peak Hold Cont.：連続したスイープ中の各ビンの最大値を保持する
- Peak Hold：指定した回数(Count)をスイープした後に,トレースは各ビンの最大値で更新される
- Min Hold Cont.：連続したスイープ中から各ビンの最小振幅値を保持する
- Min Hold：指定した回数(Count)をスイープした後に,トレースが更新される
- Linear RMS Average：指定した回数(Count)をスイープした後に,トレースは各ビンのVrms振幅のリニア平均値で更新される
- Linear dB Average：指定した回数(Count)をスイープした後に,トレースは各ビンのdB振幅のリニア平均値で更新される
- Exp. RMS Average：Vrms振幅の指数平均を行う.これは,次の式で計算される.
  ```
  Averagei = Vrms(Sweep)/
  Weight+Vrms(Average)
  (i-1)*(Weight-1)/Weight
  ```
- Exp. dB Average：dB振幅の指数平均を行う.これは,次の式で計算される.
  ```
  Averagei = dB(Sweep)/
  Weight+dB(Average)
  (i-1)*(Weight-1)/Weight
  ```

▶ Count/Weight
選択した平均方法のカウント数(Count)または重み(Weight)を指定します.
オプションのドロップダウン・オプションには,次のような設定があります.

▶ Color：チャネル波形の色を設定します.
▶ Window：次のような窓関数を選択できます.
- Rectangular：矩形窓.近接した正弦波や白色雑音の解析に適している
- Triangular：三角窓
- Hamming：ハミング窓.近接した正弦波に適している

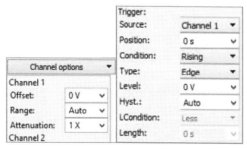

図9-5 チャネル・オプションのドロップダウン・メニュー

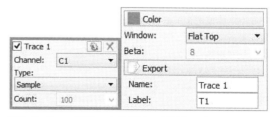

図9-6 Traceオプションのドロップダウン・メニュー

- Hnn(ing)：ハン（ハニング）窓．未知のコンテンツ，狭帯域，正弦波の組み合わせなどに適している
- Cosine：コサイン窓
- Blackman-Harris：ブラックマン-ハリス窓
- Flat Top：フラット・トップ窓．分解能は低下するが，振幅の精度が良好
- Kaiser：カイザー窓

▶ Beta：カイザー窓関数の$\pi*\alpha$パラメータを指定します．

▶ Export：それぞれのトレース・データを含むExportウィンドウを開きます．Exportの共通インターフェースの詳細は，「イントロダクション」の「5.5 エクスポート」を参照してください．

▶ Name：チャネル名を指定します．
▶ Label：チャネルのラベルを指定します．

4. プロット

メインのスペクトルのプロットは，ゲイン-周波数を表示します（図9-7）．ゲインと周波数の設定については，「2. コントロール」と「3.1 Magnitude」を参照してください．

プロットの共通インターフェースの詳細は，「イントロダクション」の「5.3 プロット」を参照してください．

4.1 HotTrack

HotTrackの共通インターフェースの詳細は，「イントロダクション」の「5.3 プロット」を参照してください．

マウス・カーソルをプロットの上半分側に移動させると，近くのピークをHotTrackが検索して移動します．プロットの下半分側ではピーク検索は行われません．

4.2 カーソル

Cursorsの共通インターフェースの詳細は，「イントロダクション」の「4.2 カーソル」を参照してください．

5. 表示

5.1 Time表示

Time表示は，直前のオシロスコープの取得データを表示します．この表示は，各チャネルの最適なオフセットとレンジを調整するのに役立ちます（図9-8）．

5.2 Measurements表示

Measurements表示は，選択した測定値のリストを表示します（図9-9）．リストの第1カラムはチャネルを表示し，第2カラムは名前，第3カラムは測定値，周波数，成分のエイリアス周波数，さらにその他の測定値を表示します．上部にはAdd, Remove, Optionsのドロップダウン・ボタンがあります．

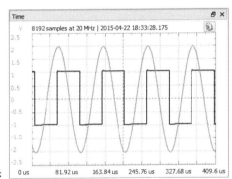

図9-8 Time表示

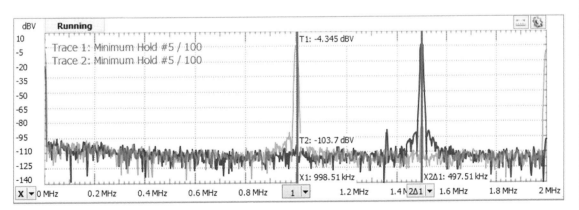

図9-7 メイン・スペクトル・プロット

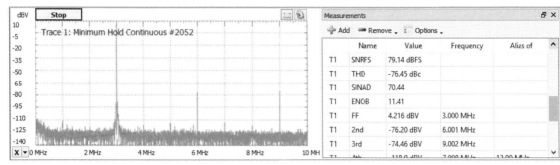

図9-9 Measurements表示

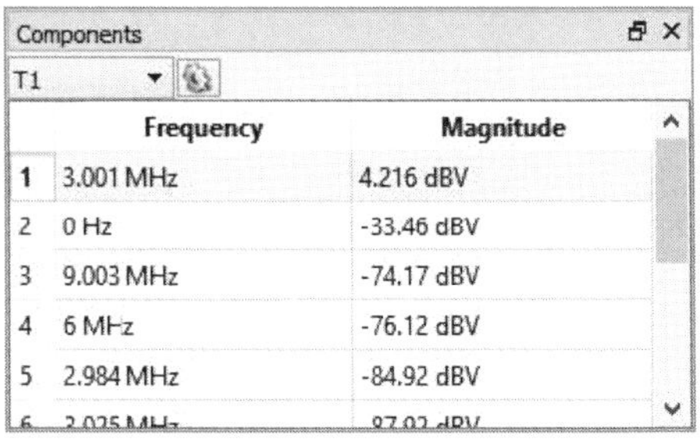

Addボタンをクリックすると，Add Measurementsウィンドウが開きます．左側にはチャネル・リストがあり，右側にはグループ分けした測定タイプがツリー表示されます．下部には，グループの測定と簡単な説明が表示されます．Addボタンを押す（または項目をダブル・クリックする）と，選択した項目が測定リストに追加されます．測定オプションは，次のとおりです．

- Harmonics：高調波の検索数の最大数
- Alias：サンプリング周波数に反映された解析周波数の上限を超える高調波を検索する
- Excursion：有効な高調波とみなすためのピークの最小検知レベル

▶定数(Constant)
- ENBW：窓関数の正規化等価ノイズ帯域を示す
- Resolution：ビンの分解能．ビン-ビン間の距離を表す
- RBW：分解能帯域幅を示し，変換分解能および窓帯域から計算される
- FS：フルスケールの正弦波のクリッピングしない最大振幅入力レンジを示す
- DNR：ダイナミック・レンジを表す．検出可能な最小信号値と最大信号値の比 [dB] は以下の式から計算できる

$$DNR = 20 \times Log_{10}(2^{Bits} \times 2\sqrt{3/2}) + 10 \times Log_{10}(Bins)$$

- Bits：A-D変換ビット数を示す
- BINs：周波数ビンの数．周波数ツールバーで選択できる
- Samples：周波数ツールバーから選択可能な時間領域の取得サンプルの数を指定できる

▶Dynamic
- NF：ノイズ・フロア．ピーク信号とその高調波を除くすべてのビンの2乗平均平方根(RMS)
- WoSpur：ワースト（一番大きい）スプリアス・レベルのこと．元信号の高調波またはノイズと同じかそうでない場合がある．DCおよび立ち

図9-10 Components表示

上がりスロープ上のビンは除外される
- SFDR：スプリアス・フリー・ダイナミック・レンジのこと．ピーク信号のRMS値のワースト・スプリアスのRMS値に対する比率を示す．実際の信号の振幅に対してdBc単位で表される
- SFDRFS：フルスケールを基準とするdBFS単位で表したスプリアス・フリー・ダイナミック・レンジを示す
- SNR：信号対ノイズ比(S/N)で，以下の式から計算する．

$$SNR = 20 \times Log_{10} \frac{Vrms_{peak}}{\sqrt[2]{\sum_{i=1}^{N}(Vrms_i^2)}}$$

ここでV_{rmsi}は，ピーク信号，その高調波およびDC以外のすべてのビンである．例外は，ピーク信号およびその高調波の立ち下がりスロープのビンである
- SNRFS：フルスケールを基準とするdBFS単位で表した信号対ノイズ比を表す
- THD：全高調波の歪み(S/D)で，以下の式から計算する．

$$THD = 20 \times Log_{10} \frac{\sqrt[2]{\sum_{i=1}^{N}(Vrms_i^2)}}{Vrms_{peak}}$$

ここでV_{rmsi}は，高調波ピークの値である
- SINAD：信号のノイズおよび歪に対する比率$S/(N+D)$を示し，次の式から計算する

WaveForms 2015 和訳マニュアル

$$SINAD = 20 \times \mathrm{Log}_{10} \frac{Vrms_{peak}}{2\sqrt{\sum_{i=1}^{N}(Vrms_i{}^2)}}$$

ここでの V_{rmsi} は，ピーク信号，DCおよびその立ち下がりスロープのビン以外のすべてのビンである．
- ENOB：有効ビット数を示し，以下の式から計算する．

$$ENOB = \frac{SINAD - 1.76}{6.02}$$

▶ 高調波（Harmonics）
- FF：基本周波数および振幅
- Nth：基本周波数に対する高調波周波数と振幅の値．高調波の最大数はMeasurementsオプションで設定できる

5.3 Components表示

Components表示は，選択したトレースの振幅順に列記したスペクトル成分リストです（図9-10）．Countパラメータは，リストする成分数を設定します．

5.4 カーソル表示

Cursorsの共通インターフェースの詳細は，「イントロダクション」の「5.3 プロット」を参照してください．

6. エクスポート

Exportの共通インターフェースの詳細は，「イントロダクション」の「5.5 エクスポート」を参照してください．

第10章 スクリプト

Scriptウィンドウ（図10-1）では，WaveFormsスクリプトを実行することができます．このスクリプト言語は，ECMA Script standardに準拠したJavaScriptです．スクリプト・コードからユーザ・インターフェースの背後にあるオブジェクトにアクセスすることができます．これにより，インターフェースを使用した設定とスクリプトを使用して，その一部を自動化することができます．

1. メニュー

メニューの共通インターフェースの詳細は，「イント

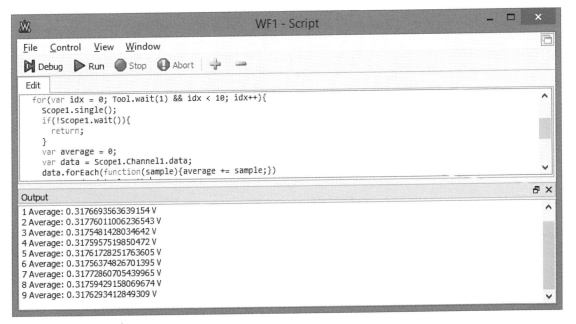

図10-1 Scriptウィンドウ

ロダクション」の「5.1　メニュー」を参照してください．

2. コントロール

図10-2　コントロール・ツールバー

図10-2に示すコントロール・ツールバーで，スクリプトのデバッグと実行を行うことができます．
- ▶ Debug：Qt Script Debuggerを起動します．
- ▶ Run：スクリプトを実行します．
- ▶ Stop：デバッグまたは実行を停止します．これが機能するためには，スクリプトや計測器が停止したときにfalseを返すinstrument.wait()関数を使用する必要があります．また，この関数がfalseを返すときに戻る必要のあるwait()関数を呼び出します．
- ▶ Abort：実行を強制的に中断します．
- ▶ Zoom In/Out：コードのフォント・サイズを拡大／縮小します．

3. Output

Output表示は，print()メッセージとエラー・ログを表示します．

4. コード

計測器のオブジェクトにはスクリプトからアクセスでき，以下の表に最も関連性の高い子オブジェクトとパラメータがあります．

計測器パラメータは，以下のプロパティを持つオブジェクトに格納されます．
- text：パラメータのテキスト表現
- 値：離散的な設定のインデックス(モード：なし，自動，標準)，または値を単位で表す
- プリセット：個別設定または良い値のステップのリスト

▶ wait(秒)：指定された数値を秒単位で待機します．値が0の場合，または引数が指定されていない場合，関数は無視されます．負の値を指定すると，停止するまで待機します．スクリプトが停止したときはfalseを返します．それ以外の場合はtrueを返します．
▶ print(arg0, arg1, ...)：引数をOutputウィンドウに表示します．

▶ デバイス
- `.isConnected`：デバイスに接続されています．
- `.name`：デバイス名
- `.SN`：シリアル番号

▶ 計測器#：共通する計測器のオブジェクト
- `.single()`：シングル・アクイジション
- `.run()`：計測器を実行する．
- `.stop()`：計測器を停止する．
- `.wait()`：アクイジションが完了するか，計測器が停止するまで待ちます．
- `.State`
    - `.text`計測器の状態：無効，準備完了，完了，停止，ビジー，エラー，構成，アーム，トリガ，実行中，自動，スキャン，待機
    - `.running()`：計測器がアクティブ状態(>= Config)のときにtrueを返します．
    - `.Rate.value`：計測器のリフレッシュ・レート，計測器の通信レート
- `.Time`
    - `.Position.value`
    - `.Base.value`
    - `.Samples.value`
    - `.Rate.value`

▶ Scope#
- `.measure(name)`：グローバル測定
- `.Trigger`：トリガ設定
    - `.Mode.text`：取得モード：通常，自動，なし
    - `.Run.text`：実行スキャン・モード(繰り返し，画面，シフト)

    - `.Type.text`：トリガ・タイプ (エッジ，パルス，遷移)
    - `.Source.text`：トリガ・ソース
    - `.Condition.text`：条件 (上昇/下降または正/負)
    - `.Level.value`
    - `.Hysteresis.value`
    - `.LCondition.value`
    - `.Length.value`
    - `.HoldOff.value`
    - `.Filter.text`：トリガ条件を検索する際に使用するサンプル・タイプ (Decimate, Average)
- `.BufferSize.value`：PCバッファ・サイズ
- `.Buffer.value`：選択したPCバッファ・インデックス
- `.Digital.checked`：ディジタル・チャネルを有効または無効にする．
- `.DigitalChannels`：ディジタル・チャネル．`Analyzer#.Channels`と同じです．
- `.DigitalTrigger`：`Analyzer#.Trigger`と同じです．
- `.channel#`：以下のプロパティは，MathおよびRefチャネルでも使用できます．
    - `.checked`：データ配列を取得する
    - `.measure(name)`：チャネル測定 (最小値, 最大値, 平均値, ピークtoピーク, Low, High, 振幅, Middle, ...)
    - `.Offset.value`
    - `.Range.value`
    - `.histogram`：ヒストグラム配列を取得する．
    - `.HistogramIndex2Data(index)`：ヒストグラム配列索引に対応する"電圧"値を返します．
- `.Channel#`：実チャネル
    - `.Attenuation.value`
    - `.Noise.checked`
    - `.SampleMode.text`：サンプリング・モード (デシメート, 平均, 最小/最大)
- `.Ref#`：参照チャネル
    - `.data`：データを設定する．
    - `.clone(channel)`：チャンネルで複製する．
    - `.TimeRef`：基準チャネル時間
    - `.Units.text`
    - `.Noise.checked`
- `.Math#`：数学チャネル
    - `.Operation.text`：シンプル・モード操作
    - `.A`：シンプル・モード・チャネルA
    - `.B`：シンプル・モード・チャネルB
    - `.Custom.checked`：カスタム・モードを有効にする
    - `.Function.text`：カスタム関数
    - `.Units.text`
- `.Histogram`
    - `.Autoscale.checked`
    - `.Top.value`：自動スケールがチェックされていないときに使用するスケールの先頭．
▶ `.Wavegen#`
- `.Synchronization.text`：同期モード (同期なし, 独立, 同期, 自動同期)
- `.States`：共通の同期状態の設定
    - `.Trigger.text`
    - `.Wait.value`
    - `.Run.value`
    - `.Repeat.value`

- `.RepeatTrigger.checked`
- `.Channel#`
  - `.Mode.text`：設定モード（シンプル，ベーシック，...）
  - `.Options`
    - `.IdleOutput.text`：アイドル出力値（オフセット，初期値，無効）
  - `.States`：チャネル状態のコンフィグレーション
  - `.Simple`
    - `.Type.text`：波形タイプ（正弦波，方形波，...）
    - `.Frequency, オフセット, 振幅, 対称, 位相`
      - `.value`
  - `.Basic`
    - `.Type.text`
    - `.Frequency, Offset, Amplitude, Symmetry, Phase`
      - `.value`
      - `.Min.value`
      - `.Max.value`
  - `.Custom`
    - `.Type`
      - `.text`
      - `.set(name,array)`：名前で指定されたカスタム波形データを設定します（±1に正規化）．
      - `.add(array)`：カスタム波形を追加し，波形の名前を返します．
    - `.Frequency, オフセット, 振幅, 対称性, 位相`
      - `.value`
  - `.Sweep`
    - `.Type`
      - `.text`
      - `.set(name,array)`：名前で指定されたカスタム波形データを設定します（±1に正規化）．
      - `.add(array)`：カスタム波形を追加し，波形の名前を返します．
    - `.Offset, Symmetry, Phase`
      - `.value`
    - `.Frequency`
      - `.checked`：スイープを有効にします．
      - `.Start.value`：周波数開始
      - `.Stop.value`：周波数停止
      - `.Time.value`：スイープ時間
    - `.Amplitude`
      - `.checked`：ダンピングを有効にする．
      - `.Start.value`：振幅開始
      - `.Stop.value`：振幅停止
      - `.Time.value`：ダンプ時間
- ▶ `.Analyzer#`
- `.Trigger`：トリガ設定
  - `.Mode.text`：アクイジション・モード（ノーマル，自動，なし）
  - `.Clock.text`：クロック源（内部，外部）
  - `.Source.text`：トリガ源
  - `.Run.text`：実行スキャン・モード（繰り返し，画面，シフト）
- `.BufferSize.value`：PCバッファ・サイズ
- `.Buffer.value`：選択したPCバッファ・インデックス
- `.Channels`

WaveForms 2015 和訳マニュアル

```
        .channel：チャネルに似たもの(DIO1, Bus1, SPI1)
            .name：チャネル名
            .data：データ配列を取得します.
        .DIO#
            .DIO.value：ディジタルI/Oピン・インデックス
            .Trigger.text：トリガ(無視, 立ち上がり, 立ち下がり, エッジ, High, Low)
        .Bus#
            .Enable.DIO.value：ピンを有効にします.
            .Clock.DIO.value：クロック・ピン
            .Active.text：アクティブ・レベルを有効にする(Low, High)
            .Polarity.text：サンプリング・クロック・エッジ(立ち上がり, 立ち下がり)
            .Format.text
            .Endianness.text
            .MSB.text
            .LSB.text
            .Pin#
                .DIO.value：ディジタルI/Oピン・インデックス
        .SPI#
            .Select, Clock, Data
                .DIO.value：ディジタルI/Oピン・インデックス
            .Active.text：アクティブ・レベルを選択します(Low, High)
            .Sample.text：サンプリング・クロック・エッジ(立ち上がり, 立ち下がり)
            .First.text：データ・ビットの順序(LSB, MSB)
            .Bits.value：ワード・ビット
            .Format.text
            .Leading.value：先頭のビットをスキップします.
            .Ending.value：最後のビットをスキップします.
        .I2C#
            .Clock, Data
                .DIO.value：ディジタルI/Oピン・インデックス
        .UART#
            .Data
                .DIO.value：ディジタルI/Oピン・インデックス
            .Bits.value：ワード・ビット
            .Parity.text：パリティ設定(なし, 偶数, 奇数, マーク(High), スペース(Low))
            .Rate.value：ボーレート設定
▶ .Patterns#
● .States
    .Trigger.text
    .Wait.value
    .Run.value
    .Repeat.value
    .RepeatTrigger.checked
● .Preview.text：プレビュー・モード(手動, 自動)
● .Channels
    .channel：チャネルに似たもの(DIO1, Bus1, SPI1)
        .name：チャネル名
        .data：データ配列を取得します.
    .DIO#
```

                .DIO.value：ディジタルI/Oピン・インデックス
            .Bus#
                .Format.text
                .Endianness.text
                .MSB.text
                .LSB.text
                .Pin#
                    .DIO.value：ディジタルI/Oピン・インデックス
▶ .StaticIO
- .Channel#：8つの信号のグループ
    .Mode.text：I/O，スライダ，プログレスのいずれかを選択します．
    .Input.value：入力値
    .DIO#：I/O
        .Input.checked：入力値
        .Mode.text：LED，ボタン，スイッチのいずれかを選択します．
        .Button.text:0/1，1/0，Z/1，1/Z，Z/0，0/Zのいずれかを選択します．
        .Switch.text:TS，PP，OS，ODのいずれかを選択します．
▶ Supplies
- .MasterEnable.checked
- .Output：アナログ検出
    .PositiveSupply.Enable.value
    .NegativeSupply.Enable.value
- .Output：Electronics Explorer用
    .PositiveSupply，NegativeSupply
        .Enable.value
        .Voltage.value
        .Current.value
    .DigitalSupply，Refernce1，Reference2
        .Enable.value
        .Voltage.value
- .Input：Meter#.Inputと同じくElectronics Explorer用
▶ Meter
- .Input：スコープ入力を使用するアナログ検出用
    .Channel#
        .DC，TrueRMS，ACRMS
            .value
- .Input:Electronics Explorer用
    .PositiveSupply，NegativeSupply，DigitalSupply
        .Voltage.value
        .Current.value
    .Voltmeter#
        .Voltage.value
- .Meters:履歴リストのチャネル
- .History.value
- .Samples.value
▶ File(path-name)：ファイル・オブジェクト・コンストラクタ
- .exists()：ファイルが存在する場合はtrueを返し，そうでなければfalseを返します．
- .getName()：ファイル名を返します．
- .getPath()：ファイル・パスを返します．

- `.getSize()`：ファイル・サイズをバイト単位で返します．
- `.isReadOnly()`：ファイルが読み取り専用の場合は`true`を返し，そうでなければ`false`を返します．
- `.isHidden()`：ファイルが非表示の場合は`true`を返し，そうでなければ`false`を返します．
- `.getLastModified()`：ファイルが最後に変更された日時を返します．
- `.getCreation()`：ファイルが作成された日時を返します．
- `.rename(name)`
- `.copy(path)`
- `.move(path)`
- `.deleteFile()`
- `.read()`：ファイルの内容を文字列として読み込みます．
- `.read(size)`：文字列としてファイルから`size`バイトまでを読み込みます．
- `.readArray()`：ファイル全体を文字列配列として読み込み，コンマ，空白または改行で分割された値が必要です．
- `.write(string)`：ファイルに文字列として引数を書き込みます．
- `.writeLine(string)`：引数を文字列としてファイルに書き出し，改行します．
- `.append(string)`：ファイルに引数を文字列として追加します．
- `.appendLine(string)`：文字列として引数をファイルに追加します．
- `.readInteger()`：ファイルの内容を整数(32ビット)配列として読み込みます．
- `.writeInteger([])`：配列引数を整数配列として書き込みます．
- `.appendInteger(number)`：整数をファイルに追加します．
- `.readFloat()`：ファイルの内容を浮動小数点数(32ビット)の配列として読み込みます．
- `.writeFloat([])`：配列引数を浮動小数点数の配列として書き込みます．
- `.appendInteger(number)`：ファイルに浮動小数点数として引数を追加します．
- `.readDouble()`：ファイルの内容を倍精度浮動小数点数(64ビット)の配列として読み込みます．
- `.writeDouble([])`：配列の引数を倍精度浮動小数点数の配列として書き込みます．
- `.appendDouble(number)`：倍精度浮動小数点数として引数をファイルに追加します．

▶ `Tool`：ヘルパー関数

- `.question(text)`：指定したテキストの`Yes`または`No`の質問メッセージ・ボックスを開きます．`Yes`が押された場合は`true`を返し，それ以外の場合は`false`を返します．
- `.getText(label, text)`：ユーザからの文字列を取得します．
- `.getNumber(label, value, minimum, maximum, decimal places)`：ユーザからの浮動小数点入力を取得します．
- `.getInteger(label, value, minimum, maximum)`：ユーザからの整数入力を取得します．
- `.getItem(label, value, items array, current index, editable)`：ユーザがリストから項目を選択できるようにします．選択されたテキストを返します．
- `.start(program, argument array, work directory)`：与えられた引数でプログラムを開始します．成功すると`true`を返し，それ以外の場合は`false`を返します．

5. 例

次のコードは，波形発生器をスタートさせ，オシロスコープの取得データを計算して平均値を出力します．

```
Wavegen1.run()
Scope1.single()
Scope1.wait()
var average = 0
var data = Scope1.Channel1.data
data.forEach(function(sample){
    average += sample
})
average /= data.length
print("Average: "+average+"V")
```

次のコードは，取得データのサンプル配列をファイルに保存します．

```
File("C:/temp/acquisition.csv").
        write(Scope1.Channel1.data)
```

次のコードは，トリガ・ソースとオシロスコープ機器のレベルをユーザの入力により設定します．

```
Scope1.Trigger.Source.text = Tool.
    getItem("Source", Scope1.Trigger.
    Source.preset, Scope1.Trigger.
```

```
                      Source.value)
Scope1.Trigger.Level.value = Tool.
   getNumber("Level", Scope1.Trigger.
                      Level.value)
```

次のコードは，カスタム波形を作成し，さらに使用できるように設定します．

```
wave = Array()
for(var i = 0; i < 10; i++){
  wave.push(0)
  wave.push(i/10)
}
Wavegen1.Channel1.Mode.text =
                      "Custom"
Wavegen1.Channel1.Custom.Type.
              set("MyWave", wave)
Wavegen1.Channel1.Custom.Type.text =
                      "MyWave"
```

次のコードは，オフセット・レベルを増加させます．

```
Wavegen1.Channel1.Mode.text =
                      "Simple"
Wavegen1.start()
while(!Tool.question("Are we there
                      yet?")){
  Wavegen1.Channel1.Simple.Offset.
                      value += 0.1
  print("Offset: "+ Wavegen1.
        Channel1.Simple.Offset.text)
}
```

次のコードは，スライダをあるスタティックI/Oに対して設定し，毎秒2回ずつ値をインクリメントします．

```
StaticIO.Channel0.Mode.text =
                      "Slider"
for(var i = 0; wait(0.5); i++,
                      i%=256){
  StaticIO.Channel0.Slider.value =
                      i
}
StaticIO.Channel0.Mode.text =
  "Progress"
```

5.1　SDKおよびランタイム

　WaveFormsのインストーラには，WaveForms SDKが含まれています．WaveForms SDKは，カスタム・アプリケーションを作成するためのソフトウェア開発キットで，ユーザ・マニュアル，PythonとC＋＋のサンプル・プログラム，ライブラリ・ヘッダ・ファイルから構成されています．

　WaveFormsのインストーラには，WaveFormsランタイムも含まれています．WaveFormsランタイムは，カスタム・アプリケーションを実行するために必要な，共有ライブラリ（dwf）とデバイス・サポート・ファイルから構成されています．

5.2　LabView用WaveFormsツールキット

　Digilent WaveFormsツールキット（LabView用）は，LabViewを使用してDigilent機器を簡単に自動化できます．この標準APIは，Analog Discovery，Analog Discovery 2，およびElectronics Explorerをサポートしています．ミクスト・シグナル・オシロスコープ，FGEN VIからファンクション・ジェネレータで波形を出力するためのDIG VIや，ディジタルI/Oの読み取り/書き込みをするためのDIG VI，さらに電源の設定と制御用のPWS VIからデータを取得するためのMSO VIが含まれています．

　National Instruments社から，「Getting Started with LabView and Analog Discovery 2」が提供されています．

索引

【記号・数字】
0Ω調整 ················· 13, 25, 32
10：1プローブ ··················· 85
1：1プローブ ··················· 86
3ピンACプラグ ············· 59, 61

【アルファベット】
CMRR（同相成分除去比） ········· 104
DUT（Device Under Test） ······· 56
FFT（高速フーリエ変換） ········· 127
IoT（Internet of things） ············ 6

【あ・ア行】
アース ························ 59
アクセサリ ···················· 91
アクティブ・プローブ ······· 85, 87, 102
アナログ・テスタ ················ 10
アベレージ ···················· 126
インピーダンス ·················· 27
オートセット ················ 66, 117
オーバーシュート ················ 88
オームの法則 ··············· 7, 35, 49
オシロスコープ ················ 9, 55

【か・カ行】
寄生インダクタンス ··············· 91
寄生容量 ······················ 91
グラウンド（接地） ··············· 58
グラウンド・マーカ ··············· 67
グラウンド・リード ··············· 90
減衰 ······················ 96, 99
高調波ひずみ ·················· 133
コモン・モード・ノイズ ············ 95

【さ・サ行】
差動プローブ ··············· 103, 109
サンプリング・レート ············· 81
実時間サンプリング ··············· 82
シャント抵抗 ·················· 107
周波数帯域 ··········· 79, 89, 100, 101
周波数特性 ················ 132, 134
シングル・トリガ・モード ·········· 120
垂直軸 ························ 57
垂直軸エリア ··················· 55
水平軸 ························ 58
水平軸エリア ··················· 55
スキュー ····················· 111
スペクトラム・アナライザ ··········· 9
測定誤差 ··················· 39, 79

【た・タ行】
立ち上がり時間 ·············· 80, 100
ディジタル・テスタ ··············· 10
ディジタル・マルチメータ ··········· 7
テスタ ······················ 7, 10
テスト・リード ············· 22, 29, 31
デフォルト・セットアップ ·········· 62
電圧プローブの補正 ······· 63, 65, 88, 116
電流プローブ ················ 85, 107
等価時間サンプリング ········· 82, 123
トリガ ························ 58
トリガ・エリア ·················· 55
トリガ・カップリング ············· 75
トリガ・スロープ ················ 70
トリガ・ソース ·················· 74
トリガ点 ······················ 70
トリガ・ホールドオフ ············· 77
トリガ・ポジション ··············· 73
トリガ・レベル ·················· 70

【な・ナ行】
内部抵抗 ················· 28, 33, 39
入力カップリング ················ 68
ノーマル・モード・ノイズ ·········· 94

【は・ハ行】
パーシスタンス表示 ·············· 119
反射 ······················ 96, 97
ハンド・テスタ ··················· 7
ヒストグラム ·················· 122
バッファ ····················· 121
ファンクション・ジェネレータ ······· 9
負荷効果 ······················ 56
フックチップ ··················· 91
プリ・トリガ領域 ················ 73
フローティング測定 ··············· 59
プローブ ················ 56, 63, 84
プローブの分類 ·················· 85
プローブ補正端子 ················ 55
ベースライン・インジケータ ········ 63
ベンチトップ電源 ················· 9
ポスト・トリガ領域 ··············· 73
補正ボックス ·············· 63, 65, 89

【ら・ラ行】
レコード長 ················· 83, 119
レンジ切り換え ·············· 13, 29

- ●本書記載の社名，製品名について ── 本書に記載されている社名および製品名は，一般に開発メーカーの登録商標または商標です．なお，本文中ではTM，®，©の各表示を明記していません．
- ●本書掲載記事の利用についてのご注意 ── 本書掲載記事は著作権法により保護され，また産業財産権が確立されている場合があります．したがって，記事として掲載された技術情報をもとに製品化をするには，著作権者および産業財産権者の許可が必要です．また，掲載された技術情報を利用することにより発生した損害などに関して，CQ出版社および著作権者ならびに産業財産権者は責任を負いかねますのでご了承ください．
- ●本書に関するご質問について ── 文章，数式などの記述上の不明点についてのご質問は，必ず往復はがきか返信用封筒を同封した封書でお願いいたします．勝手ながら，電話でのお問い合わせには応じかねます．ご質問は著者に回送し直接回答していただきますので，多少時間がかかります．また，本書の記載範囲を越えるご質問には応じられませんので，ご了承ください．
- ●本書の複製等について ── 本書のコピー，スキャン，デジタル化等の無断複製は著作権法上での例外を除き禁じられています．本書を代行業者等の第三者に依頼してスキャンやデジタル化することは，たとえ個人や家庭内の利用でも認められておりません．

JCOPY 〈(社)出版者著作権管理機構委託出版物〉
本書の全部または一部を無断で複写複製(コピー)することは，著作権法上での例外を除き，禁じられています．本書からの複製を希望される場合は，(社)出版者著作権管理機構(TEL：03-3513-6969)にご連絡ください．

私のサイエンス・ラボ！ テスタ/オシロ/USBアナライザ入門

編　集	トランジスタ技術SPECIAL編集部	2019年1月1日発行
発行人	寺前 裕司	©CQ出版株式会社 2019
発行所	CQ出版株式会社	(無断転載を禁じます)
	〒112-8619　東京都文京区千石4-29-14	
電　話	編集 03-5395-2148	定価は裏表紙に表示してあります
	広告 03-5395-2131	乱丁，落丁本はお取り替えします
	販売 03-5395-2141	
		編集担当者　島田 義人/平岡 志磨子
		DTP・印刷・製本　三晃印刷株式会社
		Printed in Japan